# 高超声速飞行器纵向运动非线性控制技术

卜祥伟　著



西安电子科技大学出版社

## 内 容 简 介

本书针对高超声速飞行器(HFV)纵向运动飞行控制问题，讨论了基于非线性干扰观测器(NDO)的HFV输入受限鲁棒反演控制、无虚拟控制律的HFV新型神经反演控制、基于非仿射模型的HFV输入受限神经控制与HFV的新型非仿射预设性能控制等相关技术。

本书可作为控制科学与工程、计算机等专业高年级本科生、硕士研究生与博士研究生教材或教学参考书，也可供航空航天领域飞行控制专业的工程技术人员学习参考。

**图书在版编目(CIP)数据**

**高超声速飞行器纵向运动非线性控制技术**/卜祥伟著. —西安：西安电子科技大学出版社，2018.6

ISBN 978-7-5606-4927-6

Ⅰ.①高… Ⅱ.①卜… Ⅲ.①高超音速飞行器—飞行控制—非线性控制系统—研究 Ⅳ.①V47

**中国版本图书馆CIP数据核字(2018)第105842号**

责任编辑 武翠琴 陈 婷

出版发行 西安电子科技大学出版社(西安市太白南路2号)

电　　话 (029)88242885 88201467　　邮　　编 710071

网　　址 www.xduph.com　　电子邮箱 xdupfxb001@163.com

经　　销 新华书店

印刷单位 北京虎彩文化传播有限公司

版　　次 2018年6月第1版 2018年6月第1次印刷

开　　本 787毫米×1092毫米 1/16 印张 11.25

字　　数 262千字

印　　数 1～1000册

定　　价 28.00元

ISBN 978-7-5606-4927-6/V

**XDUP 5229001-1**

# 前 言

高超声速飞行器(HFV)作为一种新型快速突防和远程打击与运输工具，在未来国防装备发展与民用空天技术应用中将发挥极其重要的战略作用。由于特殊的机体/发动机一体化设计、超高的飞行速度与复杂多变的飞行环境，HFV 的纵向运动模型表现出比传统飞行器更加显著的快时变、强耦合、不确定、非线性与多约束等动力学特性，使得其控制系统设计面临着前所未有的困难与挑战。

HFV 有着与传统飞行器截然不同的、独特的动力学特性，因此不能将对传统飞行器控制系统的现有设计技术简单、机械地移植到 HFV 的飞行控制中，必须充分结合 HFV 的自身特点，开展为其“量身定做”却又不失通用性的控制新技术研究。作者由此萌生了编写本书的想法。

本书是作者的研究团队近几年在 HFV 飞行控制研究方面的最新成果总结和提炼，针对 HFV 纵向运动飞行控制问题，详细介绍了其鲁棒反演控制、输入受限控制、自适应神经控制、非仿射控制与预设性能控制等技术。全书共五章：第 1 章为绪论，简要介绍了 HFV 的国内外发展现状、HFV 飞行控制研究现状及局限性；第 2 章为基于 NDO 的 HFV 输入受限鲁棒反演控制，介绍了 HFV 的纵向运动模型，分别探讨了在输入不受限和受限两种情况下鲁棒反演控制器的设计问题；第 3 章为无虚拟控制律的 HFV 新型神经反演控制，分别介绍了基于严格反馈模型和纯反馈模型的 HFV 新型神经反演控制方法；第 4 章为基于非仿射模型的 HFV 输入受限神经控制，介绍了 HFV 的非仿射简约神经控制方法和高阶受限系统控制方法；第 5 章为 HFV 的新型非仿射预设性能控制，分别介绍了不依赖初始误差的 HFV 新型非仿射预设性能控制方法和 HFV 的小超调非仿射预设性能神经控制方法。

在本书出版之际，作者由衷感谢西北工业大学自动化学院侯明善教授，火箭军工程大学控制工程系张合新教授，空军工程大学防空反导学院吴晓燕教授、雷虎民教授、李炯副教授、邵雷副教授、张东洋副教授、赵岩讲师和叶继坤讲师的悉心指导与热情帮助。

本书的研究内容得到了国家自然科学基金项目(编号：61603410、61573374、61503408、61703424、61703421)、陕西省高校科协青年人才托举项目(编号：20170107)和航空科学基金项目(编号：20150196006)的资助。

由于作者水平有限，书中难免存在纰漏，敬请广大读者批评指正。

作 者

2018 年 2 月

# 目 录

# 第1章 绪论

## 1.1 引言

高超声速飞行器(Hypersonic Flight Vehicle, HFV)通常是指以超燃冲压发动机(Supersonic Combustion Ramjet, Scramjet)作为动力，在临近空间以大于5马赫速度飞行的一类新型飞行器[1-4]。HFV飞行速度快，突防能力强，作战距离远，探测、拦截难度大，具有极强的生存能力，可用于执行高空侦察与突防、远程运输与投送以及战略打击任务，并可重复使用，效费比高。由于飞行在距离海平面20～100 km的临近空间，HFV具备传统航空航天飞行器所不具有的战略、战术与效费比方面的突出优势，已经成为各航空航天大国争夺空天权的优先发展方向。美国是HFV发展的引领者，在该领域一直处于世界领先地位。同时，苏联/俄罗斯、法国、德国、英国、日本、中国与印度等国也都开展了HFV的相关研究工作。面向国家需求，抓住发展机遇，紧跟国际HFV发展步伐，提炼和解决其中的关键基础科学问题与技术难题，不仅对于保障国家空天安全与满足国计民生福祉具有重要意义，还能推动相关领域的巨大发展。

控制系统是飞行器的“神经中枢”，是保证飞行器安全飞行、顺利完成任务使命的关键，飞行控制问题更是HFV研制中的关键与核心问题之一[5,6]。HFV的飞行控制任务是：通过调整燃料当量比$\Phi$与升降舵偏角$\delta_e$，在纵向运动平面内实现速度$V$与高度$h$对各自参考输入的精确跟踪，并稳定飞行姿态与弹性状态，还要保证控制律对模型不确定性与外界扰动的强鲁棒性。其中，对参考输入的精确跟踪是控制的目标，飞行姿态与弹性状态的稳定是控制的关键前提，系统的鲁棒性是控制的重要保证。但是，由于HFV特殊的动力学特性、超高的飞行速度与复杂多变的飞行环境，其控制系统设计面临着传统飞行器所未曾遇到过的复杂新问题，这些问题主要有以下几个方面：

(1) HFV采用的是机体/发动机一体化设计、乘波体气动外形布局、轻质柔性材料与薄壳结构，这导致其空气动力学、推进系统、结构动力学与控制系统之间存在严重的交叉耦合效应，以至于在大攻角、高马赫数飞行条件下，其动力学与运动学模型表现出极强的非线性；

(2) HFV采用乘波体气动外形，在进行高超声速飞行时，机身前体下表面产生附体激波以提供主升力，以尾部升降舵作为控制舵面，俯仰运动是静不稳定的，凸显了姿态控制的重要性；

(3) HFV大包线飞行时的燃料消耗以及多变的飞行条件都导致其动力学特性具有显著的快时变特性；

(4) 由于实验条件限制，给定的气动数据误差较大，HFV 的动力学与运动学模型具有显著的不确定性；

(5) HFV 大量采用柔性复合材料，导致其机体弹性振动显著，轻则影响机载仪器工作精度，重则降低机体疲劳强度甚至导致飞行器解体；

(6) HFV 大包线飞行时，阵风干扰极易引起升降舵偏角 $\delta_e$ 瞬时饱和，机体弹性振动引起的攻角摄动容易诱发 Scramjet 燃烧室热阻塞，因此存在控制输入受限问题；

(7) HFV 的大包线高超声速飞行对其控制系统的动态性能与实时性都提出了极高的要求。

由上可见，HFV 有着与传统飞行器截然不同的、独特的动力学特性，不能将传统飞行器控制系统的现有设计理论与方法简单、机械地移植到 HFV 的飞行控制中，必须充分结合 HFV 的自身特点，开展为其"量身定做"却又不失通用性的控制新理论与新方法研究，从而为我国未来 HFV 的发展提供知识储备与技术积累，加快我国 HFV 的预研步伐，使其在世界 HFV 的发展中抢占先机。

## 1.2 HFV 概述

### 1.2.1 HFV 国内外发展现状

HFV 是 21 世纪世界航空航天技术发展的新制高点，在未来国防装备发展与民用空天技术应用中将发挥极其重要的战略作用。自 20 世纪 50 年代以来，世界各主要航空航天大国(如美国、苏联/俄罗斯、法国、德国、英国、日本、印度与中国等)都对 HFV 的相关技术进行了不懈探索，纷纷制定了各自的 HFV 发展规划，进行了大量的飞行与地面试验，在相关技术上取得了一系列的突破性进展。

美国在 HFV 的发展中扮演着"领头羊"的角色，一直处于 HFV 研究的技术最前沿。经过多年的持续发展，美国已建成 HFV 相关试验设备 60 余套，开展了大量的高超声速燃烧机理与试验研究[7]。为了开发一种单级入轨空天飞机 X－30 并解决其所需的氢燃料 Scramjet 与高温防护材料等关键技术，美国在 1986 年提出了国家空天飞机(National Aerospace Plane，NASP)计划，在历时 10 年、总花费约 100 亿美元后，终因某些关键技术无法突破而遗憾放弃。但该计划还是对美国 HFV 技术的发展起到了巨大的推动作用。在此期间，美国的研究机构进行了大量的 Scramjet 试验，获得了丰富的第一手资料与试验数据，并已初步具备研发马赫数不超过 8 的 Scramjet 的技术实力，这为其 HFV 工程样机的研制奠定了坚实的理论与技术基础[8]。

20 世纪 90 年代以后，美国的 HFV 研究主要围绕空军的 HyTech 计划[9]、海军的 HyFly 计划[10]、国防高级研究计划局的 Scramjet 计划[11]以及国家航空航天局(National Aeronautics and Space Administration，NASA)的 Hyper－X 计划[12]开展。特别是开始于 1996 年的 Hyper－X 计划，由兰利研究中心牵头，其科研团队成功研制了一种代号为 X－43的 HFV 验证机。按任务需求的不同，X－43 验证机分为 X－43A、X－43B、X－43C 与 X－43D 四种型号。其中，X－43A 验证机分别在 2004 年 3 月与 11 月两次成功试飞(见图 1.1)，其飞行速度更是分别达到了 7 马赫与 10 马赫，这已被公认是继人类发明飞机与突破音障之后第三个划时代的成就，也标志着 HFV 的发展正式由实验室研究阶段向工程样机研制阶段迈进。

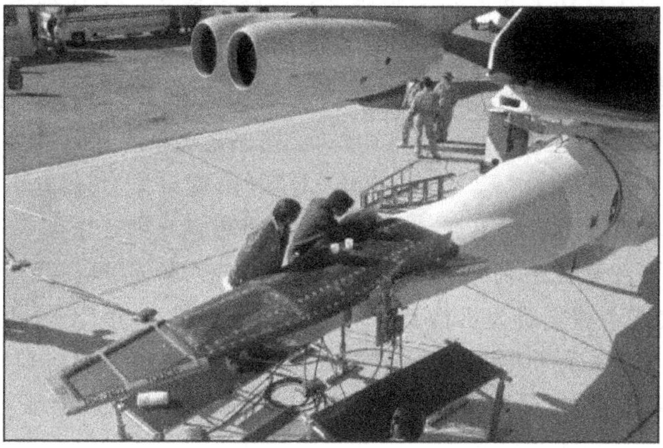

(a) X-43A 验证机

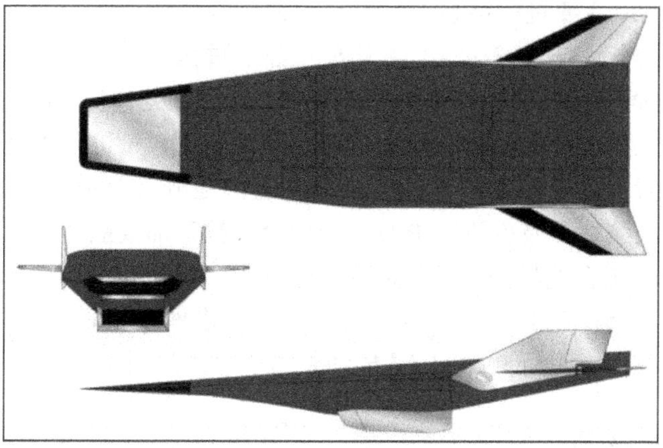

(b) X-43A 验证机三视图

图 1.1 X-43A 验证机及其试飞试验示意图

以具备常规打击能力的高超声速巡航拦截弹为背景，由美国波音公司与普惠公司联合研发的 X-51A 验证机在 2010 年 5 月首次试飞即获成功，飞行速度达到了 5 马赫，表明其关键技术已趋成熟[13,14]。2013 年 5 月，X-51A 再次试飞成功，在 18 km 的高空以 5.1 马赫的速度持续飞行了约 240 s，进一步验证了其乘波体气动外形、碳氢燃料、长时间飞行时的热防护以及飞行器制导与控制等关键技术的可行性，标志着美国的 HFV 与 Scramjet 技术已经开始面向工程化应用。

苏联/俄罗斯是世界上最早进行 Scramjet 与高超声速飞行试验的国家，在 HFV 设计、高超声速空气动力学、Scramjet 燃料与高温防护材料等领域均处于世界领先地位。多年来，苏联/俄罗斯的中央空气流体动力研究院、图拉耶夫联盟设计局、彩虹设计局、巴拉诺夫中央航空发动机研究院及莫斯科航空学院等研究单位一直致力于 HFV 的基础理论研究，先后开展了“冷”计划、“彩虹-D2”计划、“鹰”计划及“鹰-31”计划，在相关领域取得了一系列的突破性成果[7,15-17]。1991 年 11 月，以“冷”计划为依托成功进行了冲压发动机的高空试验。在“彩虹-D2”计划中，研制了一种以 Scramjet 为动力的高超声速巡航导弹。在“鹰”计划与“鹰-31”计划中，还成功进行了 HFV 的飞行试验。目前，俄罗斯的 HFV 研究已经处于飞行验证阶段，并且还正在研制下一代飞行速度可达 6～14 马赫的新型 HFV。

法国是紧随美国与苏联/俄罗斯之后较早开展 HFV 技术研究的国家之一，在 20 世纪 60 至 70 年代完成了“ESOPE”计划后，又于 1992 年实施了“PREPHA”计划，并与俄罗斯联合进行了 Scramjet 的空中运行试验[16,17]。此外，法国还先后开展了“JAPHAR”、“WRR”、“PROMETHEE”、“A3CP”及“PTAH - SOCAR”等研究计划[18]，积累了丰富的 Scramjet 与 HFV 研发经验。德国的研究重点是发展高超声速防空导弹，并在 2002 年成功进行了一次低空试飞试验，飞行速度达到了 6.5 马赫[15]。英国在 2001 年提出了一个发展 HFV 的“Shyfe”计划，并成立了独立研究机构 QinetiQ[17]。日本在 20 世纪 70 年代就开始进行超声速燃烧的基础理论研究，到 90 年代初，建成了大规模的自由射流试验系统[19]。印度则已研制了一种名为“艾瓦塔”的空天飞机，该空天飞机在 2001 年的“全球动力推进大会”上首次露面[20]。

与国外相比，国内的 HFV 研究工作起步较晚，从 20 世纪 80 年代后期开始一直对国外的相关研究进行跟踪，主要进行高超声速燃烧与冲压发动机的概念研究。近几年来，国内加快了 HFV 的研究步伐。2002 年，“空天安全若干重大基础问题”课题正式立项。2007 年，又启动了“近空间飞行器的关键基础科学问题”重大研究计划，以临近空间 HFV 关键基础科学问题为研究核心，重点围绕高超声速空气动力学、先进推进理论与方法、新型材料与结构以及先进智能自主控制理论与方法等关键问题开展研究[21]。2009 年，国防科技大学成立了高超声速飞行器技术研究中心。2010 年，教育部成立了新型飞行器联合研究中心。此外，我国还建成了名为“JF12”的 9 倍音速风洞，为 Scramjet 与 HFV 的研究提供了关键试验装置。2017 年 12 月 28 日，据美国《外交》杂志网站报道，我国成功进行了 HFV 的自主飞行试验。我国自主研制的 HFV 气动外形假想图如图 1.2 所示。

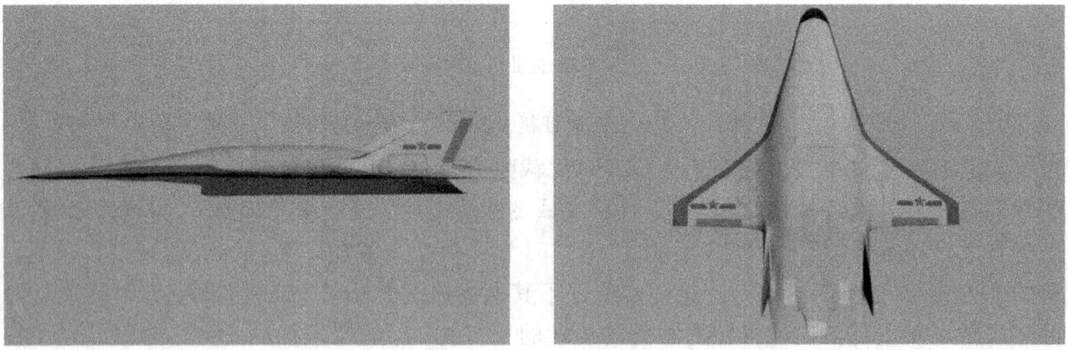

图 1.2　中国 HFV 的气动外形假想图

### 1.2.2　HFV 动力学特性

HFV 是一个高动态、快时变、不稳定、强耦合、多变量、不确定与多约束的非线性系统，加之其复杂多变的飞行环境和对控制系统的特殊要求，使得 HFV 的飞行控制成为控制领域的前沿问题[22-27]。HFV 在临近空间大包线快速飞行，其飞行空域的大气密度、压力、辐射情况、温度和风场与传统航空航天飞行器所处环境明显不同，这使得HFV在动力学特性上表现出比传统飞行器更加显著的交叉耦合、非线性、非最小相位行为与模型不确定性，且对飞行姿态异常敏感，其控制系统设计受到多重约束[5,24]。与传统飞行器相比，HFV独特的动力学特性主要表现在以下几个方面。

**1. 高不确定性**

由于HFV独特的气动力特性与气动热特性以及飞行过程中所面临的各种大气干扰，其模型具有高度不确定性。HFV飞行在大气特性剧烈变化的临近空间，机体表面大气流动特性十分复杂，现有的飞行试验、风洞试验及流体计算都不足以对其进行精确描述，模型参数存在很大误差[15,26]。HFV高超声速飞行时会带来显著的气动加热效应，机身表面材料会因气动加热与烧蚀而改变其结构强度与固有频率，将直接影响飞行器的结构动力学特性。气动加热还会带来真实气体效应，此时空气的热力学特性偏离完全气体假设，空气的比热容不能再视为常数。当马赫数大于6以后，真实气体效应尤为显著，会直接影响机身特定表面载荷与俯仰力矩系数[28]。HFV飞行跨度大，飞行环境较传统飞行器更为复杂，飞行过程中更易受到各种未知大气干扰，这对其控制系统的鲁棒性提出了极高的要求[29]。

**2. 强非线性**

HFV的动力学与运动学模型是高阶复杂非线性微分方程，气动力是飞行姿态、速度、高度与控制输入的非线性解析或非解析函数。HFV在临近空间大跨度飞行时，空气密度、温度、压力与辐射情况变化显著，气动特性也随之发生剧烈的非线性变化，这进一步加剧了HFV模型的非线性。因此，传统飞行器所采用的小扰动线性化与分离通道设计控制器的做法对HFV来讲已经不再适用[5]，HFV控制系统的设计难度大大增加。HFV模型对控制输入而言是非线性的，表现出一种非仿射特性。在小攻角低速飞行时，HFV模型还可以近似简化为关于控制输入的仿射形式。但在大攻角高超声速飞行时，这种非仿射特性表现得十分显著，以至于不能将其忽略或仿射化。因此，对于HFV的飞行控制而言，现有的仿射控制理论不再完全适用[30,31]。

**3. 动态交叉耦合**

为了减小飞行阻力，HFV普遍采用细长体气动外形，机身前体下表面不仅是飞行器的主升力面，同时也是发动机进气道的预压缩面，故飞行姿态直接影响发动机工况。发动机安装在HFV的机身腹部，其燃气尾流膨胀波除了提供推力之外，还将产生升力与抬头力矩[15]。HFV大量采用柔性复合材料与壳式结构，大包线快速飞行时会产生显著的气动弹性效应[32,33]。弹性振动还会产生附加攻角进而影响发动机的工作模态。HFV高超声速飞行时还会带来严重的气动加热效应，这将直接改变其结构动力学特性，造成机身固有振动频率降低，以至于刚体状态与弹性模态之间产生明显耦合。由此可见，HFV是一个控制/气动/推进/结构/热耦合系统（见图1.3）。显著的动态交叉耦合效应又会进一步加剧模型的不确定性与非线性特性[34-36]，这给控制系统的设计带来了新的挑战。气动/推进耦合凸显了姿态控制的重要性，对飞行姿态（尤其是攻角）提出了严格要求。结构/热耦合效应使得机体固有频率已接近控制系统的工作带宽，控制量有可能激励弹性自由度。因此，弹性模态已不可再被忽略，在稳定刚体状态的同时，还要确保弹性自由度不被激励而失稳[37-39]。

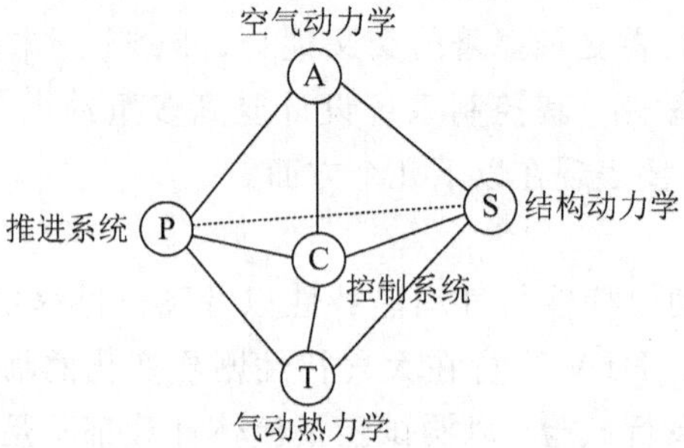


图 1.3 HFV 的动态交叉耦合关系示意图

**4. 多约束与快时变**

HFV 采用一体化构型设计，这导致发动机对飞行姿态异常敏感。为了保证发动机良好的工作模态，必须对飞行姿态进行严格约束。HFV 在低空高机动快速飞行时会产生极大的热流密度、动压与过载，但其机身多采用柔性材料与薄壳结构，故控制律设计过程中必须充分考虑由热流密度、动压与过载所决定的狭长飞行走廊约束[25]。HFV 控制系统执行机构的 $\Phi$ 与 $\delta_e$ 也要受到其固有取值范围的限制，存在输入受限控制问题。大包线飞行过程中，飞行环境变化和因燃料消耗而带来的机体质量变化，使得 HFV 具有明显的时变特性。HFV 模型气动参数随飞行高度与速度的变化而变化，而高度与速度又随时间而变化，故气动参数是高度与速度的非线性时变函数。再考虑到 HFV 的大跨度快速飞行，其时变特性又表现出大而快的特点[5]。

**5. 非最小相位行为**

依据乘波体理论，HFV 的机身前体下表面被设计成主升力面，高超声速飞行时会在前体下表面产生附体激波而形成高压流场以提供主升力。升力与发动机推力将产生绕质心的抬头力矩，该抬头力矩只能被发动机出口膨胀波与机体上表面产生的绕质心的低头力矩部分平衡。因此，HFV 的俯仰运动是静不稳定的，这进一步加大了姿态控制的难度。HFV 的飞行航迹角是由安装在机体尾部的升降舵来控制的，这必将在飞行航迹角系统中引入非最小相位行为，严重影响控制系统的稳定性与输出响应的快速性。

### 1.2.3 HFV 对控制科学的挑战

HFV 是一个多变量与强耦合的非线性系统，其飞行空域跨度大，飞行环境复杂多变，这导致其模型具有大而快的时变特性和高度不确定性。同时，HFV 的飞行姿态与控制输入又受到多重约束，飞行航迹角具有非最小相位行为。HFV 这些独特的动力学特性都给其控制系统的设计带来了前所未有的困难与挑战。

**1. 对控制品质提出多重要求**

HFV 特殊的一体化构型使得空气动力学、推进系统与结构动力学之间存在交叉耦合效应，导致其动力学特性异常复杂，模型存在很大不确定性。由于缺乏足够多的飞行与地面试验，HFV 的空气动力学特性很难精确描述，建模精度十分有限。HFV 飞行环境多变，飞行过程中还会遇到各种未知干扰。上述因素都导致 HFV 控制系统的基础结构失真，模型参数存在高度不确定性。美国的 X-43A 验证机首次试飞时就是因为不确定性超出了控制系统的稳定边界而失控坠毁的[29]。因此，控制系统必须具有足够强的鲁棒性，才能克服大范围飞行环境变化、外界干扰、参数摄动、建模误差与未建模动态带来的不利影响，确保飞行安全[24]。除了鲁棒性之外，还要求 HFV 的控制系统具有良好的控制品质。由于控制系统与结构动力学之间存在耦合效应，控制量极易激励弹性自由度，这就要求控制输入要足够平滑，必须避免高频抖振现象。Scramjet 对飞行姿态尤其是攻角特别敏感，这对姿态角的响应过程提出了严格要求，姿态角响应要做到平稳过渡。同时，为了顺利完成控制任务，还应保证控制系统具有足够高的控制精度。因此，HFV 控制系统的鲁棒性不能以牺牲其他控制品质为代价，要在控制精度、鲁棒性与控制输入的平滑性之间很好地拿捏平衡，以满足 HFV 对其控制系统提出的多重要求。

**2. 仿射控制与非仿射控制问题**

所谓仿射模型是指对控制输入而言模型是线性的。例如，$\dot{x}=f(x,t)+g(x,t)u$ 为仿射模型，而 $\dot{x}=f(x,t)+g(x,u,t)$ 则为非仿射模型，这里 $x$ 为状态变量，$t$ 为时间，$u$ 为控制输入，$f(\cdot)$、$g(\cdot)$为未知或已知函数且 $g(\cdot)\neq 0$。基于仿射模型开展的控制研究称为仿射控制，反之则为非仿射控制。HFV 有着比传统飞行器更加显著的非线性、强耦合与快时变特性，并且这些特性已不能被忽略或被简单地视为扰动。HFV 还具有显著的气动弹性效应，机体与发动机又采用一体化设计，这使得 HFV 的动力学特性极其复杂，为其所建立的模型必是高阶强非线性微分方程。已有的 HFV 控制研究几乎全部都是基于其仿射模型开展的，这需要在相当的假设前提下，将 HFV 的非仿射模型简化为关于控制输入的完全仿射形式，再基于简化后的仿射模型开展控制研究。但事实上，气动力却是控制舵偏角、攻角、速度与高度的非线性函数，呈现出一种非仿射关系。尤其在大攻角高超声速飞行时，这种非仿射特性表现得愈发显著，以至于不能将其忽略或仿射化[30,31]。此时，若仍采用传统的仿射控制方法，就会降低控制效果甚至导致控制任务失败。因此，在已有仿射控制研究的基础上，必须加大对 HFV 非仿射控制方法的研究力度。

**3. 控制执行器饱和问题**

HFV 以尾部升降舵作为执行机构来控制纵向运动的飞行姿态与高度，其飞行空域的大气特性变化剧烈。随着飞行高度的增加，升降舵的执行效率会显著下降。例如，以 5 马赫速度飞行时，在 10 km 高空处的升降舵执行效率相对 100 m 处将下降三分之一以上[25]。因此，高空飞行时，升降舵需要偏转更大的角度才能满足控制要求，这就极易造成升降舵饱和现象。尽管在进行航迹规划时，已将抗执行器饱和问题考虑在内，但 HFV 在飞行过程中仍会受到诸如阵风、湍流等气流干扰，容易导致升降舵瞬时饱和。同时，未知气流也会干扰飞行姿态，对 Scramjet 的工作模态造成影响，极易诱发 $\Phi$ 的饱和现象。因此，HFV 存在控制执行器饱和问题。而一旦执行器达到饱和状态，理想的控制律就无法得到有效执行，闭环控制系统不再稳定，极有可能造成控制系统失效，这就迫切要求开展 HFV 的抗饱和控制研究。

**4. 控制系统的动态性能与实时性**

HFV 的超机动、大包线与高超声速飞行，使得其控制系统对性能品质的要求比现有其他任何飞行器都要高。HFV 以升降舵作为纵向姿态控制的执行机构，其姿态控制力矩几乎完全依靠升降舵偏转来产生[30,31]。在进行低空飞行时，升降舵的执行效率尚能满足要求。但随着飞行高度的不断上升，控制系统的动态性能会随着升降舵执行效率的降低而显著下降[16]。HFV 以超燃冲压发动机作为动力，采用机体/发动机一体化设计，飞行攻角直接影响发动机工况。为了保证发动机良好的工作模态，要求攻角响应过程的超调量应尽可能小。为了实现 HFV 的超机动飞行，控制系统必须响应迅速。HFV 的控制系统在执行控制指令时均有一定的响应时间，存在一定的时间延迟。超音速与亚音速飞行时，控制延迟一般可以忽略。而高超声速飞行时，一个很小的控制延迟都将引起显著的控制误差。例如，以 10 马赫速度飞行时，若控制延迟 1 ms，飞行弹道就会变化约 3 m[26]。较大的控制延迟轻则导致控制精度显著降低，重则造成控制任务失败。因此，在保证 HFV 控制系统的鲁棒性与稳态精度的同时，必须将更多的关注投入到其动态性能与实时性上。

## 1.3 HFV 飞行控制研究现状

HFV 的建模与控制研究都主要在其纵向运动平面内开展，这一方面是因为其纵向运动模型对飞行控制而言已经足够复杂；另一方面是考虑到 Scramjet 对飞行姿态异常敏感，为了节省燃料，实际飞行中 HFV 应尽量避免横向机动[15,25]。用于 HFV 飞行控制研究的模型主要包括：NASA 的 Winged-Cone 刚体模型[40,41]、Mirmirani 的数值模型[42]、Chavez 与 Schmidt 的一体化解析式模型[43]以及 Bolender 与 Doman 的改进型一体化解析式模型[31]。Winged-Cone 模型是一个刚体模型，无法反映出 HFV 的结构动力学特性，仅在飞行控制研究的早期被较多采用。Mirmirani 的数值模型是单纯采用 CFD 软件与工程预估方法建立的，数据的可信度并不高。Chavez 与 Schmidt 的一体化解析式模型是基于拉格朗日方程与虚功原理建立的，在理论力学上刻画了 HFV 刚体运动与结构弹性振动的耦合关系。Bolender 与 Doman 则在以上研究的基础上，通过分别建立弹性动力学模型、气动力模型及发动机模型，最终得到了一个气动/推进/结构耦合的纵向一体化解析式模型。Parker 则在 Bolender 与 Doman 的工作基础上，通过忽略模型中的一些弱耦合关系，建立了一个面向控制的 HFV 参数拟合模型[30]。由于该参数拟合模型能够较准确地描述 HFV 的强非线性、强耦合、非最小相位行为以及结构弹性振动等主要的动力学特性，已被广泛应用于 HFV 的飞行控制研究中。

### 1.3.1 鲁棒控制

经典鲁棒控制在本质上是考虑不确定性为最坏情况时优化解的求取问题，虽能保证控制律具有满意的鲁棒性，但其他控制性能会有所牺牲，算法具有一定的保守性。文献[44]采用 $\mu$ 综合分析方法为 HFV 设计了一种鲁棒控制律，仿真结果表明，当存在建模误差与未知扰动时，该算法仍能提供满意的控制效果。由于弹性振动会导致攻角摄动进而影响发动机的工作模态，文献[45]研究了 HFV 的弹性建模与精细姿态控制问题，建立了 HFV 的弹性模型，综合运用 $H_\infty$ 理论与 LQR(Linear Quadratic Regulator)方法为 HFV 设计了一种姿态控制律，在模型参数存在较大摄动的情况下仍能实现对攻角的高精度控制。为了克服传统鲁棒控制的保守性缺点，文献[46]提出了一种新型非脆弱最优 $H_2$/LQR 控制方法，仿真结果表明该方法相对于传统鲁棒控制具有一定的优势。针对 HFV 的纵向一体化弹性模型，文献[47]设计了一种鲁棒协调控制律，仿真结果证明了该方法的有效性与鲁棒性。文献[48]为 HFV 设计了一种分通道的鲁棒解耦控制律。针对 HFV 的速度与高度跟踪控制问题，文献[49]提出了一种基于在线同步更新算法(Online Simultaneous Policy Update Algorithm，SPUA)的 $H_\infty$ 控制方法，将 $H_\infty$ 状态反馈控制问题转化为对 HJI(Hamilton-Jacobi-Isaacs)方程的求解问题，并引入 SPUA 简化 HJI 方程的求解过程，仿真结果表明所提方法具有良好的跟踪效果与鲁棒性。文献[50]为 HFV 提出了一种鲁棒 $L_\infty$ 增益控制方法，采用 T-S(Takagi-Sugeno)模糊系统对模型未知动态进行逼近，并设计出一种新型模糊干扰观测器对扰动进行估计，保证了控制律的强鲁棒性。文献[51]为 HFV 设计了一种具有 $H_\infty$ 性能的自调度鲁棒解耦控制律，仿真结果验证了该方法的可靠性。文献[52]针对 HFV 子系统与控制器的异步切换问题，提出了一种新型 Lyapunov 函数，有效克服了异步切换给控制器设计带来的困难，在此基础上为 HFV 设计了一种鲁棒 $H_\infty$ 控制律，实现了控制输入的平滑切换，保证了对参考输入的高精度跟踪。针对 HFV 大包线飞行控制问题，文献[53,54]提出了一种参数依赖滚动时域鲁棒 $H_\infty$ 控制方法。文献[55]将 HFV 的纵向弹性模型表示为一个 T-S 模糊系统，进而设计了一种 $H_2/H_\infty$ 跟踪控制律，实现了对速度与高度参考输入的鲁棒跟踪。

### 1.3.2 线性变参数控制

线性变参数(Linear Parameter Varying，LPV)控制是一种有着特殊优势的增益调度(Gain Scheduling，GS)控制方法，其基本思想是通过选择合适的调度变量将原非线性模型转化为 LPV 模型，再基于 LPV 模型设计控制律。该方法不仅可以在大包线范围内保证控制系统的鲁棒性，而且还能避免传统 GS 控制方法的插值问题，可有效降低调参工作量[56,57]。文献[58]在不确定性具有结构摄动的鲁棒控制框架内，为 HFV 设计了一种基于 LPV 的鲁棒变增益控制律。文献[59]将文献[58]的理论成果拓展到了存在输入受限问题的 HFV 飞行控制中。文献[60]综合运用雅可比线性化方法与张量积模型转换方法建立了 HFV 的多胞 LPV 模型，进而设计了一种基于 $H_\infty$ 与 GS 理论的鲁棒变增益控制律，实现了对 HFV 参考输入的大包线鲁棒跟踪控制。文献[61]为 HFV 设计了一种基于最优间隙度量的 LPV 控制律，通过引入一种基于重叠区域的滞后切换策略，实现了控制输入的平滑切换，仿真结果表明该控制方法在 HFV 的飞行包线内均具有满意的鲁棒性。针对 HFV 的纵向运动模型，文献[62]提出了一种依赖变参数的 LPV 控制方法，通过引入松弛变量，有效降低了控制方法的保守性。文献[63]为 HFV 弹性模型设计了一种非脆弱 LPV 控制律。文献[64-67]为 HFV 提出了一种基于 LPV 模型的非脆弱切换控制方法，当模型存在参数摄动时仍能提供良好的轨迹与姿态控制效果。文献[68]针对 HFV 的再入控制问题，利用 LPV 理论，设计了一种攻角控制律。文献[69]采用张量积模型转换方法将 HFV 的纵向运动模型平滑地转化为用于控制律设计的 LPV 模型，在此基础上，为 HFV 设计了一种具有 $H_\infty$ 性能的动态解耦控制律。

### 1.3.3 滑模控制

滑模控制(Sliding Mode Control，SMC)是一种具有不连续控制输入的特殊非线性控制方法，它能够根据系统的当前误差或误差函数，有目的地改变控制输入，以获得满意的鲁棒性或其他性能[70-72]。SMC对模型本身的不确定性与外部扰动都不敏感，具有良好的鲁棒性。由于无需在线辨识参数，SMC具有较好的工程实用性。但是，传统SMC存在控制输入高频抖振问题，会对控制性能带来不利影响。针对HFV的Winged-Cone刚体模型，文献[73]设计了一种多输入/多输出的自适应滑模控制律，通过设计能确保速度跟踪误差与高度跟踪误差均指数收敛的滑模面，保证了模型参数摄动时满意的控制精度，但控制输入存在高频抖振。由于这些不理想的高频抖振极有可能激励HFV的弹性自由度，该算法的工程可靠性还有待进一步验证。为了解决HFV模型的强耦合与不确定问题，文献[74]将原耦合系统改写为含有非匹配不确定项的关联大系统，依据关联大系统稳定性理论与Riccati方程设计滑模控制律，并采用饱和函数替换控制律中的符号函数以削弱控制抖振。文献[75]研究了HFV的双环滑模控制方法，引入滑模观测器对未知扰动进行观测，进一步增强了控制律的鲁棒性。文献[76，77]则利用滑模观测器有效削弱了控制输入的高频抖振。文献[78]针对倾斜转弯HFV的飞行控制问题，提出了一种全局积分滑模控制方法。文献[79-81]研究了HFV的终端滑模控制方法，在保证控制律鲁棒性的同时，实现了跟踪误差的快速收敛。针对HFV的纵向运动模型，文献[82]提出了一种积分滑模控制方法，当模型存在不确定性并受到外部干扰时，控制律仍能保证速度跟踪误差与高度跟踪误差有限时间收敛，又通过引入一个非线性干扰观测器(Nonlinear Disturbance Observer，NDO)，有效削弱了控制输入的抖振现象。针对HFV的纵向弹性模型，文献[83]提出了一种自适应滑模控制方法，仿真结果表明该方法可实现对高度参考输入的高精度跟踪。传统滑模控制的高频抖振现象有可能激励HFV的弹性状态，弹性振动又会耦合到刚体状态，这对控制系统的稳定性十分不利。为此，文献[84-88]深入研究了HFV的高阶滑模控制策略，实现了控制输入的准连续/连续切换。

### 1.3.4 反演控制

反演控制(Back-stepping Control)又称反步控制、后推控制、回推控制、回馈递推控制或后退控制，是一种非线性系统的控制律直接设计方法。它将高阶系统分解为若干个子系统，通过为每个子系统分别设计中间虚拟控制律与最终的实际控制律，以使整个闭环系统满足期望的动态性能与稳态性能，并实现对系统的全局调节或跟踪[89,90]。与反馈线性化控制抵消系统所有非线性项的做法不同，反演控制能充分利用系统有用的非线性项，也可通过增加非线性阻尼来控制不利的非线性项，从而获得更好的动态性能。反演控制通过引入虚拟控制律，将非匹配不确定系统转化为匹配不确定系统，使之在处理系统非匹配不确定问题方面表现出得天独厚的优势[17, 89-91]。但对于高阶系统，反演控制需要对虚拟控制律反复求导，即所谓的“微分项膨胀”问题，这已成为制约反演控制发展的一个关键难题[92-94]。

近年来，国内外学者对HFV的反演控制方法进行了深入研究，取得了一大批代表性成果[92-108]。针对HFV的纵向运动模型，文献[109，110]分别采用动态逆与反演设计速度控制律与高度控制律，假设模型气动参数存在有界摄动，引入投影算子对不确定参数进行在线估计，基于Lyapunov理论设计估计参数的自适应律，保证了闭环控制系统的稳定性与控制律的鲁棒性，但对“微分项膨胀”问题未作考虑。文献[111，112]研究了 HFV 的鲁棒反演控制方法，采用微分器对虚拟控制律的一阶导数进行近似估计，消除了“微分项膨胀”问题，又通过设计干扰观测器对模型摄动参数与外部扰动进行观测，保证了对速度与高度参考输入的鲁棒跟踪。文献[113]将 HFV 模型的高度子系统转化为严格反馈形式，通过采用 Kriging 系统对模型的未知动态进行自适应估计，为 HFV 设计了一种鲁棒反演控制律，仿真结果表明所提方法比传统神经反演控制具有更好的动态性能。文献[114]为 HFV 设计了一种基于指令滤波器的反演控制律，采用指令滤波器对虚拟控制律进行滤波，避免了复杂的求导计算。针对 HFV 纵向运动的飞行控制问题，文献[115]提出了一种神经反演控制方法，通过引入奇异摄动系统，避免了对虚拟控制律的复杂求导计算。鉴于干扰观测器在改善控制律鲁棒性方面的突出优势[116-118]，文献[119，120]在每一步反演设计过程中都引入一个干扰观测器，对模型的未知动态进行平滑观测并在控制律中进行补偿，不仅保证了反演控制律的鲁棒性，还能有效抑制 HFV 的弹性振动。文献[121]研究了 HFV 的离散反演控制方法，通过引入一个预测模型，避免了传统反演控制的“微分项膨胀”问题。针对工程实际中攻角 $\alpha$ 与航迹角 $\gamma$ 等小角度值测量困难的问题，文献[104，120，122]研究了 $\alpha$ 与 $\gamma$ 的重构策略，基于重构状态为 HFV 设计了一种反演控制律，仿真结果证明了重构策略与控制律的有效性。

### 1.3.5 智能控制

智能控制是自动控制与人工智能相结合而发展起来的一门新兴交叉学科。在 HFV 控制律设计过程中，引入智能系统(如模糊系统、神经网络等)对模型的未知动态或难以被直接执行的控制律进行逼近，可以很好地处理模型的非线性、快时变、强耦合与不确定问题，并能保证控制律良好的鲁棒性与其他性能[123-133]。文献[134]采用模糊系统对 HFV 模型每个子系统的未知函数进行在线逼近，基于 Lyapunov 稳定性理论设计的参数调整自适应律保证了闭环系统的稳定性，但算法要求待逼近的未知函数严格为正且有界。针对 HFV 的姿态控制问题，文献[135]提出了一种基于非线性开关系统的鲁棒模糊控制方法，利用模糊系统逼近模型的未知函数，保证了控制律的鲁棒性，该方法还设计了具有自适应增益的鲁棒控制律，对模糊逼近误差进行补偿，在一定程度上降低了控制方法的保守性，仿真结果表明该方法可实现对参考输入的鲁棒跟踪。文献[136,137]分别研究了 HFV 的控制输入含有死区及执行器存在故障时的神经控制方法。针对 HFV 纵向运动的速度与高度跟踪控制问题，文献[138]将高度子系统表示为严格反馈形式，并假设未知的控制增益严格有界，在此基础上，引入神经网络对模型的未知函数进行逼近，又通过设计一种切换新机制，保证了闭环信号的全局一致最终有界，仿真结果证明了所提策略的可行性。与文献[138]不同，文献[139]先为 HFV 的各个子系统设计理想的反演控制律，再引入神经网络对所设计的反演控制律而不是模型的未知函数进行在线逼近，进而提出了一种 HFV 的非奇异神经网络直接控制方法。文献[139]还研究了攻角与航迹角的重构方法，仿真结果表明，无论是基于真实状态还是重构状态，所提出的控制策略均能实现对速度与高度参考输入的稳定跟踪。为了避免传统反演控制的复杂设计过程，文献[131]将 HFV 的高度子系统改写为标准的纯反馈形式，接着设计了一种无需反演设计的自适应神经控制律，同时采用高增益观测器对控制律所需的高阶导数信息进行估计，保证了控制律的可实现性。在文献[131]的基础上，文献[140]引入最少学习参数(Minimal Learning Parameter，MLP)算法对神经网络权值向量的范数进行在线调整，减少了所需的在线学习参数，算法的实时性得到有效保证。进一步，文献[141]放宽了文献[131,140]要求未知的控制增益严格为正的假设条件，为HFV提出了一种基于滑模微分器的自适应神经控制方法，仿真结果表明，当HFV模型参数存在有界摄动时，该控制方法依然可以保证飞行速度与高度对各自参考输入的稳定跟踪。文献[142,143]提出了两种新颖的神经反演控制方法，分别将HFV的高度子系统改写为严格反馈形式与纯反馈形式，采用改进的反演策略设计控制律，只有最终的实际控制律需要被执行，再采用MLP算法减少在线学习参数，控制方法的实时性得到有效保证，对速度与高度参考输入的跟踪仿真结果表明，所提方法具有很好的鲁棒性与控制效果。

### 1.3.6 输入受限控制

从实际角度出发，当HFV的控制执行器处于饱和状态时，理想控制律将无法得到有效执行，会显著降低控制效果并严重影响闭环控制系统的稳定性，甚至导致控制系统失效。因此，国内外学者都对HFV的控制输入受限问题给予了高度重视[144-153]。文献[154]仅考虑发动机节流阀饱和问题，研究了基于时标分离的HFV神经控制方法。针对存在参数不确定和控制输入受限的HFV飞行控制问题，文献[155，156]提出了一种鲁棒控制策略，采用辅助线性矩阵不等式解决了执行器饱和问题。考虑控制执行器饱和问题，文献[157，158]借鉴文献[159]的做法，分别为HFV的速度子系统与高度子系统设计了一个辅助系统，以便对跟踪误差进行修正，并基于Lyapunov稳定性理论证明了修正误差的有界性，虽然仿真结果表明该方法在处理执行器瞬时饱和问题方面具有一定的可行性，但无法在理论上保证跟踪误差有界。文献[160]进一步将文献[157]的方法拓展到控制输入与状态(飞行姿态)都受限的HFV飞行控制中，但在工程实际中，HFV并没有相应的机构对飞行姿态进行限制。针对弹性HFV的控制输入受限问题，文献[161]引入文献[162]所提出的辅助系统对速度子系统与高度子系统的理想控制律进行补偿，虽然仿真结果证明执行器饱和时控制方法依然有效，但辅助系统过于复杂，并且当辅助系统状态变量$\sigma_\varphi$与$\sigma_{\delta_e}$的绝对值小于各自的给定值$\psi_\varphi$与$\psi_{\delta_e}$时，$\sigma_\varphi$与$\sigma_{\delta_e}$将不会再被激励，此时，不管执行器是否处于饱和状态，$\sigma_\varphi$与$\sigma_{\delta_e}$都将保持不变，因此该算法的可靠性还有待进一步验证。针对文献[159]方法的不足，文献[163]提出了一种新型补偿策略，通过设计一种新型辅助系统对理想控制律进行有界补偿，不仅保证了闭环控制系统的稳定性，还在理论上保证了跟踪误差的有界性，仿真结果表明，该方法可以有效处理HFV的执行器瞬时饱和问题，且较文献[159]的补偿策略具有一定的优势。基于文献[163]的补偿思想，文献[164]将HFV的高度子系统转化为标准的纯反馈形式，通过设计一种新型高阶辅助系统对理想的高度控制律进行补偿，保证了所有闭环信号的有界性，仿真结果证明该方法具有一定的可行性与有效性。

### 1.3.7 其他控制方法

除了上述控制策略之外，国内外学者还开展了HFV的其他控制方法研究。考虑到工程实际中不可避免地会遇到飞行器控制机构卡死而导致其部分或瞬时全部失效的问题，文献[165-173]深入探讨了HFV的容错控制方法，主要包括故障诊断算法、容错控制律、自适应补偿器与故障估计观测器等。预测控制具有多步预测、在线优化和反馈校正的特点，特别适合处理多变量系统，通过滚动优化还可显著增强控制律的鲁棒性。因此，近年来在HFV的预测控制研究方面也取得了丰硕的成果[174-179]。除此之外，文献[180－183]研究了HFV的轨迹线性化控制方法，文献[184，185]提出了HFV的切换控制策略，文献[186]为HFV设计了基于模糊神经网络的自适应解耦控制律，文献[187]为HFV提出了一种连续渐近控制方法，文献[188，189]通过解算一系列线性代数方程来为HFV设计了一种新型跟踪控制律，文献[190－192]研究了HFV的预设性能控制方法。

### 1.3.8 已有研究的局限性

HFV的飞行控制一直是控制领域的热点与难点问题。多年以来，国内外科技人员对HFV的飞行控制理论与方法进行了广泛而深入的探索。从古典控制到现代控制，从线性控制到非线性控制再到智能控制，研究内容几乎涵盖了控制理论的所有分支，取得了一大批极具代表性的研究成果。但是，由于相关理论与技术的缺乏，研究的侧重点和所考虑的具体情形的不同，现有研究虽已取得了较多突破性进展，但面临的问题与挑战也同时存在，具体表现在以下几个方面。

(1) 开展HFV的非仿射控制研究迫在眉睫。

控制必始于建模，建立HFV的运动学与动力学模型是为其开展飞行控制研究的必要前提[30,31,40]。现有的HFV控制研究几乎均是基于其仿射模型开展的，这就需要采用飞行试验、风洞试验与流体计算三种主要途径，先将HFV的非仿射原理模型近似转化为适合控制律设计的参数拟合模型(即将气动力拟合成飞行器状态的多项式形式)，再经过进一步的假设与简化，才能得到最终控制律设计所需的仿射模型[193]。但是，采用上述三种途径所能获得的气动数据不仅十分有限[194]，而且模型简化会进一步增大模型的不确定性，使得保证控制律的鲁棒性变得更加困难。事实上，由于HFV的特殊构型和极其复杂的飞行环境，为其所建立的模型必是高阶强非线性微分方程(甚至是非解析的)。气动力是飞行姿态、速度、高度与控制输入的非线性函数。因此，对控制输入$\Phi$与$\delta_e$而言，HFV的模型是非仿射的。而且，与传统的低、慢飞行器相比，这种非仿射特性是如此之显著，以至于不能将其忽略或仿射化。此时，若仍采用现有的仿射控制理论(即基于仿射模型的控制理论)，控制系统就会有部分或完全失效的风险。考虑到几乎任何动力学系统均可用一个非仿射模型(模型可以是未知的)进行描述，而仿射模型又是非仿射模型的一种特殊形式，如果直接采用HFV的非仿射原理模型开展控制研究，则所得到的非仿射控制方法将具有更好的实用性与可靠性。

(2) HFV的控制输入受限问题研究急需进一步深化。

HFV的飞行控制研究面临的另一个挑战是控制输入受限问题。导致HFV控制输入受限的主要因素有三个方面：一是HFV控制系统执行机构的$\Phi$与$\delta_e$都有一定的物理范围，一般取$\Phi\in[0.05, 1.5]$，$\delta_e\in[-20°, 20°]$；二是为了避免机体弹性振动的不利影响，对$\delta_e$的取值有着严格要求[144]；三是为了防止Scramjet燃烧室出现热壅塞现象，对$\Phi$提出约束。由于在为HFV作航迹规划时已将执行器饱和约束考虑进去，因此目前的研究都集中在由湍流与阵风等大气干扰所导致的HFV执行器瞬时饱和问题上。当理想的控制律超过了执行器所能提供的最大(小)值时，理想控制输入与执行器所能提供的控制输入之间会存在一个差值(一般称为饱和量),控制误差就会不断积累变大,期望的控制任务也就无法完成,甚至还会导致闭环系统不稳定而引发飞行事故。因此,HFV 的控制输入受限问题是一个极富挑战性的难题,国内外科技人员也对此进行了有益的探索,并取得了一些可喜的成果。开展控制输入受限问题研究主要是为了解决两个问题:一是执行器饱和时闭环系统的稳定性;二是跟踪误差要依然有界。闭环系统稳定是 HFV 安全飞行的基本保证,跟踪误差有界则是控制任务能够顺利完成的必要前提。从目前的研究来看,第一个问题已被较好解决[157-160],但当执行器饱和时仍能保证跟踪误差有界的研究成果仍很少。

(3) HFV 控制系统的动态性能与实时性亟待提高。

HFV 的超机动、大跨度与高超声速飞行对其控制系统的动态性能与实时性均提出了极高的要求。现有控制方法都把重心放在了控制系统的稳态性能上,即证明闭环系统稳定,并求出跟踪误差随时间变化的收敛域。这样设计的控制律仅能保证跟踪误差的稳态精度,而对其随时间变化的动态过程无法进行约束,因而也就不能满足对控制系统动态性能的要求。采用现有控制理论对常规慢速飞行器进行控制时,这个问题尚不突出。但是,HFV 超快的飞行速度和对控制系统动态性能的特殊要求,就使得现有控制理论显得力不从心。HFV 是一个复杂的高阶非线性系统,其动力学与运动学模型包含多个未知动态。为了保证控制律对这些未知动态的强鲁棒性,现有控制方法通常采用多个逼近器(如神经网络、模糊系统等)对未知动态进行平滑逼近。为了获得满意的逼近效果,还需要基于 Lyapunov 稳定性理论为逼近器设计使闭环系统稳定的自适应律。这样必然会带来极其繁重的在线学习量,严重影响控制算法的实时性。

## 1.4 本书内容安排

全书共分五章,各章具体安排如下。

第 1 章为绪论。概述 HFV 的国内外发展现状,介绍 HFV 飞行控制研究现状及局限性,明确本书的主要研究内容。

第 2 章为基于 NDO 的 HFV 输入受限鲁棒反演控制。针对 HFV 纵向运动模型的非线性与非匹配不确定问题,介绍基于 NDO 的鲁棒反演控制方法。通过设计新型有限时间收敛微分器与 NDO,解决反演控制的"微分项膨胀"与鲁棒性不强的问题。针对 HFV 控制输入受限问题,介绍一种新型辅助误差补偿策略。通过设计新型辅助系统对跟踪误差与理想控制律进行修正,以保证执行器瞬时饱和时控制系统的稳定性与跟踪误差的有界性。

第 3 章为无虚拟控制律的 HFV 新型神经反演控制。针对传统反演控制方法结构复杂的问题,研究无虚拟控制律的 HFV 新型神经反演控制方法。通过引入神经网络对模型的总不确定项进行在线逼近,可以保证控制律的鲁棒性。基于 MLP 算法,为神经网络权值向量的范数设计自适应律,可以降低在线学习量,确保算法良好的实时性。

第 4 章为基于非仿射模型的 HFV 输入受限神经控制。针对现有仿射控制方法可靠性不高的问题,研究基于非仿射模型的 HFV 神经控制方法。基于隐函数定理,为 HFV 设计一种简化的非仿射神经控制律,可以避免传统反演控制的复杂递推设计过程。通过引入神经网络对模型的总不确定项进行在线逼近,可以保证控制律的鲁棒性。采用 MLP 算法对神经网络权值向量的范数进行在线调整,可以有效降低算法的计算量。将第 2 章的补偿策略推广到高阶系统，可以保证执行器瞬时饱和时控制系统的有效性。

第 5 章为 HFV 的新型非仿射预设性能控制。针对传统控制方法无法确保控制系统具有满意动态性能的缺陷，研究 HFV 的新型非仿射预设性能控制方法。通过设计新型性能函数，可以使控制律摆脱对跟踪误差初值的依赖，并确保跟踪误差小超调甚至零超调收敛。

## 1.5 本章小结

本章主要介绍了 HFV 的国内外发展现状、动力学特性及其对控制科学的挑战，重点分析了 HFV 飞行控制研究进展及不足之处，最后对全书的章节安排进行了简要说明。

# 第 2 章 基于 NDO 的 HFV 输入受限鲁棒反演控制

## 2.1 引　　言

本章针对 HFV 纵向运动模型的不确定问题与控制输入受限问题，研究基于非线性干扰观测器(Nonlinear Disturbance Observer，NDO)与辅助误差补偿的反演控制方法。简要介绍 HFV 的纵向运动模型，并将其改写为适合反演设计的严格反馈形式。为了解决传统反演控制的“微分项膨胀”问题，设计一种新型有限时间收敛微分器(Finite-time-convergent Differentiator，FD)，用以估计虚拟控制律的一阶导数，并基于 FD 设计一种新型 NDO 以保证控制律的鲁棒性。先不考虑执行器饱和问题，分别为 HFV 的速度子系统与高度子系统设计控制律，并进行稳定性分析。再充分考虑控制输入受限问题，基于辅助误差补偿策略，对速度控制律与高度控制律重新进行设计和稳定性分析。在各小节分别进行数字仿真，以验证所提方法的可行性与有效性。

## 2.2 HFV 纵向运动模型

### 2.2.1 模型描述

美国空军研究实验室学者 Bolender 和 Doman 以美国 NASA 研制的 X－43 验证机为对象，将机体横向宽度单位化(见图 2.1)，建立了 HFV 纵向运动的一体化解析式二维模型[31]。

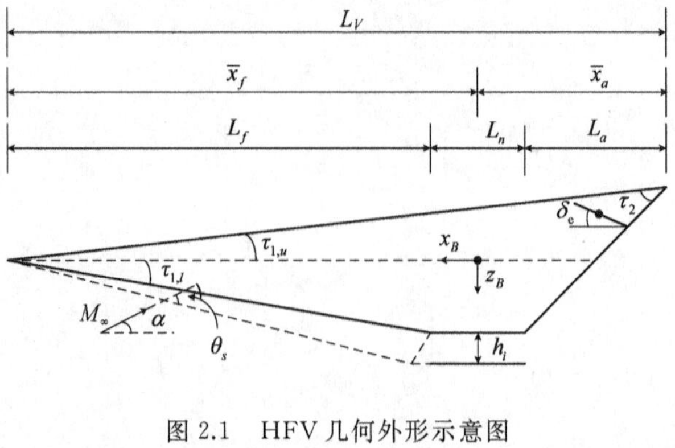


图 2.1　HFV 几何外形示意图

具体建模方法为：采用忽略黏性影响的二维激波-膨胀波理论计算定常气动力与力矩；采用一阶活塞理论近似计算非定常气动力并充分考虑刚体运动与弹性振动的影响；采用准一维定常流动假设建立发动机模型；将机体假设为固定在质心的两根悬臂梁，采用拉格朗日方程建立 HFV 的弹性动力学方程。在以上研究的基础上，美国空军研究实验室的另一位学者 Parker[30]通过忽略模型中的一些弱耦合与慢动态因素，建立了如下一个面向控制的 HFV 纵向运动参数拟合模型

$$\dot{V}=\frac{T\cos(\theta-\gamma)-D}{m}-g\sin\gamma \tag{2.1}$$

$$\dot{h}=V\sin\gamma \tag{2.2}$$

$$\dot{\gamma}=\frac{L+T\sin(\theta-\gamma)}{mV}-\frac{g}{V}\cos\gamma \tag{2.3}$$

$$\dot{\theta}=Q \tag{2.4}$$

$$\dot{Q}=\frac{M+\tilde{\psi}_1\ddot{\eta}_1+\tilde{\psi}_2\ddot{\eta}_2}{I_{yy}} \tag{2.5}$$

$$k_1\ddot{\eta}_1=-2\zeta_1\omega_1\dot{\eta}_1-\omega_1^2\eta_1+N_1-\tilde{\psi}_1\frac{M}{I_{yy}}-\frac{\tilde{\psi}_1\tilde{\psi}_2\ddot{\eta}_2}{I_{yy}} \tag{2.6}$$

$$k_2\ddot{\eta}_2=-2\zeta_2\omega_2\dot{\eta}_2-\omega_2^2\eta_2+N_2-\tilde{\psi}_2\frac{M}{I_{yy}}-\frac{\tilde{\psi}_2\tilde{\psi}_1\ddot{\eta}_1}{I_{yy}} \tag{2.7}$$

式中

$$\begin{cases} k_1=1+\dfrac{\tilde{\psi}_1}{I_{yy}} \\ k_2=1+\dfrac{\tilde{\psi}_2}{I_{yy}} \\ \tilde{\psi}_1=\displaystyle\int_{-L_f}^{0}\hat{m}_f\xi\phi_f(\xi)\mathrm{d}\xi \\ \tilde{\psi}_2=\displaystyle\int_{0}^{L_a}\hat{m}_a\xi\phi_a(\xi)\mathrm{d}\xi \end{cases} \tag{2.8}$$

式中：$\phi_f(\cdot)$与 $\phi_a(\cdot)$为振型函数[31]。

HFV 的受力情况如图 2.2 所示。式(2.1)～式(2.7)中，气动力(矩)$T$、$D$、$L$、$M$、$N_1$ 与 $N_2$的参数拟合形式为[30]

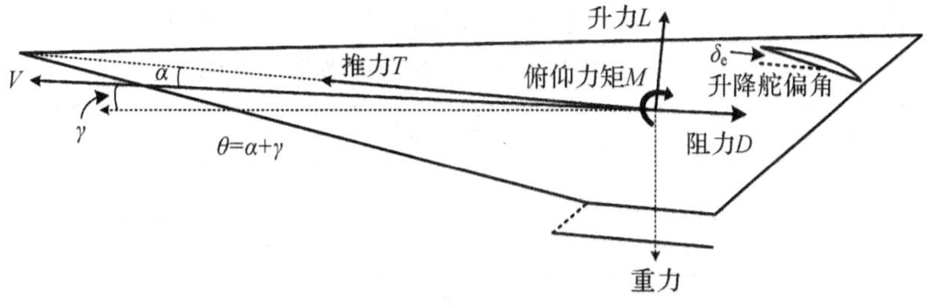


图 2.2　HFV 受力情况示意图

$$\begin{cases} T \approx C_T^{\alpha^3}\alpha^3 + C_T^{\alpha^2}\alpha^2 + C_T^{\alpha}\alpha + C_T^0 \\ D \approx \bar{q}S(C_D^{\alpha^2}\alpha^2 + C_D^{\alpha}\alpha + C_D^{\delta_e^2}\delta_e^2 + C_D^{\delta_e}\delta_e + C_D^0) \\ L \approx \bar{q}S(C_L^{\alpha}\alpha + C_L^{\delta_e}\delta_e + C_L^0) \\ M \approx z_T T + \bar{q}S\bar{c}[C_{M,\alpha}^{\alpha^2}\alpha^2 + C_{M,\alpha}^{\alpha}\alpha + C_{M,\alpha}^0 + c_e\delta_e] \\ N_1 \approx N_1^{\alpha^2}\alpha^2 + N_1^{\alpha}\alpha + N_1^0 \\ N_2 \approx N_2^{\alpha^2}\alpha^2 + N_2^{\alpha}\alpha + N_2^{\delta_e}\delta_e + N_2^0 \\ C_T^{\alpha^3} = \beta_1(h, \bar{q})\Phi + \beta_2(h, \bar{q}) \\ C_T^{\alpha^2} = \beta_3(h, \bar{q})\Phi + \beta_4(h, \bar{q}) \\ C_T^{\alpha} = \beta_5(h, \bar{q})\Phi + \beta_6(h, \bar{q}) \\ C_T^0 = \beta_7(h, \bar{q})\Phi + \beta_8(h, \bar{q}) \\ \bar{q} = \dfrac{1}{2}\bar{\rho}V^2 \\ \bar{\rho} = \bar{\rho}_0 \exp\left(\dfrac{h_0 - h}{h_s}\right) \end{cases} \tag{2.9}$$

HFV 的纵向运动模型包含 5 个刚体状态($V$、$h$、$\gamma$、$\theta$ 与 $Q$)、2 个弹性状态($\eta_1$与 $\eta_2$)和 2 个控制输入($\Phi$ 与 $\delta_e$)。$\Phi$ 与 $\delta_e$ 隐含于气动力(矩)$T$、$D$、$L$、$M$、$N_1$与 $N_2$中。由于弹性状态 $\eta_1$与 $\eta_2$完全不可测，故无法用于控制律设计。实际上，也没有相应的执行机构去控制弹性状态。因此，在控制律设计过程中，一律将 $\eta_1$与 $\eta_2$视为未知扰动。并且，只要刚体状态与控制输入有界，$\eta_1$与 $\eta_2$便有界[144]。

**注 2.1**：尽管式(2.1)～式(2.7)忽略了一些弱耦合因素，但该模型仍能较准确地描述 HFV 的非线性、强耦合、快时变、多变量、不确定与非最小相位行为等特性[30]，已广泛应用于 HFV 的飞行控制研究[83,120,123-125,141-143]。

**注 2.2**：上述 HFV 纵向运动模型的详细参数及各符号的含义分别见附录 A 和附录 B，仿真时，模型的气动系数均来自文献[30,31]。

**注 2.3**：由于弹性状态不可测，本节只针对刚体运动方程式(2.1)～式(2.5)设计控制律。虽然小角度值 $\gamma$ 与 $\alpha$($\alpha=\theta-\gamma$)不易测量，但文献[104,120,122,139]已对 $\gamma$ 与 $\alpha$ 的重构策略进行了深入研究，提出了切实可行的重构方法，本书不再进行重复研究。因此，认为刚体状态 $V$、$h$、$\gamma$、$\theta$ 与 $Q$ 全部可测并可用于状态反馈。

**注 2.4**：通常情况下，HFV 飞行包线的参数取值范围[30,110]如表 2.1 所示。

**表 2.1　HFV 飞行包线的参数取值范围**

| 参　数 | 下　界 | 上　界 | 参　数 | 下　界 | 上　界 |
|---|---|---|---|---|---|
| $V$ | 2286 m/s | 3353 m/s | $Q$ | −10°/s | 10°/s |
| $h$ | 25 908 m | 41 148 m | $\bar{q}$ | 23 940 Pa | 95 760 Pa |
| $\gamma$ | −5° | 5° | $\Phi$ | 0.05 | 1.5 |
| $\theta$ | −10° | 10° | $\delta_e$ | −20° | 20° |

### 2.2.2　控制目标与模型转换

HFV 的控制目标是：通过调整 $\Phi$ 与 $\delta_e$，在纵向平面内实现速度 $V$ 与高度 $h$ 对各自参考输入 $V_{ref}$ 与 $h_{ref}$ 的鲁棒跟踪，并稳定飞行姿态和抑制弹性振动。由式(2.1)～式(2.5)可知，由于 $\Phi$ 直接影响推力，故速度变化主要受 $\Phi$ 控制。高度变化则由 $\delta_e$ 控制，这是因为 $\delta_e$ 直接影响俯仰角速度 $Q$，进而影响俯仰角 $\theta$ 与航迹角 $\gamma$，最后控制高度变化[163,164]。因此，为了便于控制律设计，通常在形式上先将 HFV 的运动模型分解为速度子系统(式(2.1))与高度子系统(式(2.2)～式(2.5))，再分别设计控制律[92-94,103,109,111-113,120-122,134,141-143]。

对于速度子系统，控制目标是通过设计控制律使 $V$ 稳定跟踪 $V_{ref}$。将速度子系统改写为

$$\dot{V}=f_V+g_V\Phi+d_V \tag{2.10}$$

式中

$$\begin{aligned}f_V=&\frac{\cos\alpha}{m}[\beta_2(h,\bar{q})\alpha^3+\beta_4(h,\bar{q})\alpha^2+\beta_6(h,\bar{q})\alpha+\beta_8(h,\bar{q})]\\&-\frac{\bar{q}S}{m}(C_D^{\alpha^2}\alpha^2+C_D^{\alpha}\alpha+C_D^0)-g\sin\gamma\end{aligned}$$

$$g_V=\frac{\cos\alpha}{m}[\beta_1(h,\bar{q})\alpha^3+\beta_3(h,\bar{q})\alpha^2+\beta_5(h,\bar{q})\alpha+\beta_7(h,\bar{q})]\neq 0$$

$$d_V=-\frac{\bar{q}S}{m}[(C_D^{\delta_e^2}+\Delta C_D^{\delta_e^2})\delta_e^2+(C_D^{\delta_e}+\Delta C_D^{\delta_e})\delta_e]+\Delta f_V+\Delta g_V+d_{V0}$$

$$\begin{aligned}\Delta f_V=&\frac{\cos\alpha}{m}[\Delta\beta_2(h,\bar{q})\alpha^3+\Delta\beta_4(h,\bar{q})\alpha^2+\Delta\beta_6(h,\bar{q})\alpha+\Delta\beta_8(h,\bar{q})]\\&-\frac{\bar{q}S}{m}(\Delta C_D^{\alpha^2}\alpha^2+\Delta C_D^{\alpha}\alpha+\Delta C_D^0)\end{aligned}$$

$$\Delta g_V=\frac{\cos\alpha}{m}[\Delta\beta_1(h,\bar{q})\alpha^3+\Delta\beta_3(h,\bar{q})\alpha^2+\Delta\beta_5(h,\bar{q})\alpha+\Delta\beta_7(h,\bar{q})]$$

式中：$d_{V0}$ 为外部扰动，“Δ”表示气动参数摄动量，$d_V$ 为总不确定项。

高度子系统的控制目标是：采用反演控制策略，通过设计一系列的虚拟控制律及最终的实际控制律使 $h$ 稳定跟踪 $h_{ref}$。

将高度跟踪误差定义为

$$\tilde{h}=h-h_{ref} \tag{2.11}$$

将航迹角指令设计为

$$\gamma_d=\arcsin\left(\frac{-k\tilde{h}-k_I\int_0^t\tilde{h}\,d\tau+\dot{h}_{ref}}{V}\right) \tag{2.12}$$

式中：$k,k_I\in\mathbf{R}^+$ 为待设计参数。若 $\gamma$ 趋于 $\gamma_d$，则 $\tilde{h}$ 的动态响应为

$$\ddot{\tilde{h}}+k\dot{\tilde{h}}+k_I\tilde{h}=0 \tag{2.13}$$

在零初始条件下，对式(2.13)进行拉普拉斯变换，其特征方程为

$$s^2+ks+k_I=0 \tag{2.14}$$

式(2.14)的两个特征根$(-k-\sqrt{k^2-4k_I})/2$与$(-k+\sqrt{k^2-4k_I})/2$均为负实数，故式(2.13)所表示的系统稳定，$\tilde{h}$ 指数收敛[131]。

因此，只要确保$\gamma$趋于$\gamma_d$，就能实现高度对其参考输入的有效跟踪。这样，高度子系统的控制任务就变成了使$\gamma$稳定跟踪$\gamma_d$。为了便于反演控制律的设计，将高度子系统的其余部分(式(2.3)～式(2.5))改写为如下严格反馈形式

$$\begin{cases}\dot{\gamma}=f_\gamma+g_\gamma\theta+d_\gamma\\ \dot{\theta}=Q\\ \dot{Q}=f_Q+g_Q\delta_e+d_Q\end{cases}\tag{2.15}$$

式中

$$g_\gamma=\frac{\bar{q}SC_L^\alpha}{mV}\neq 0$$

$$g_Q=\frac{\bar{q}S\bar{c}c_e}{I_{yy}}\neq 0$$

$$f_\gamma=\frac{\bar{q}S(C_L^0-C_L^\alpha\gamma)+T\sin\alpha}{mV}-g\cos\gamma$$

$$f_Q=\frac{z_TT+\bar{q}S\bar{c}C_{M,\alpha}(\alpha)}{I_{yy}}$$

$$d_\gamma=\frac{\bar{q}S(C_L^{\delta_e}+\Delta C_L^{\delta_e})\delta_e}{mV}+\Delta g_\gamma+\Delta f_\gamma+d_{\gamma0}$$

$$d_Q=\frac{\tilde{\psi}_1\ddot{\eta}_1+\tilde{\psi}_2\ddot{\eta}_2}{I_{yy}}+\Delta g_Q+\Delta f_Q+d_{Q0}$$

$$\Delta g_\gamma=\frac{\bar{q}S\Delta C_L^\alpha}{mV}$$

$$\Delta g_Q=\frac{\bar{q}S\bar{c}\Delta c_e}{I_{yy}}$$

$$\begin{aligned}\Delta f_\gamma=&\frac{\alpha^3\sin\alpha}{mV}[\Delta\beta_1(h,\bar{q})\Phi+\Delta\beta_2(h,\bar{q})]+\frac{\alpha^2\sin\alpha}{mV}[\Delta\beta_3(h,\bar{q})\Phi+\Delta\beta_4(h,\bar{q})]\\&+\frac{\alpha\sin\alpha}{mV}[\Delta\beta_5(h,\bar{q})\Phi+\Delta\beta_6(h,\bar{q})]+\frac{\sin\alpha}{mV}[\Delta\beta_7(h,\bar{q})\Phi+\Delta\beta_8(h,\bar{q})]\\&+\frac{\bar{q}S}{mV}(\Delta C_L^0-\Delta C_L^\alpha\gamma)\end{aligned}$$

$$\begin{aligned}\Delta f_Q=&\frac{z_T\alpha^3}{I_{yy}}[\Delta\beta_1(h,\bar{q})\Phi+\Delta\beta_2(h,\bar{q})]+\frac{z_T\alpha^2}{I_{yy}}[\Delta\beta_3(h,\bar{q})\Phi+\Delta\beta_4(h,\bar{q})]\\&+\frac{z_T\alpha}{I_{yy}}[\Delta\beta_5(h,\bar{q})\Phi+\Delta\beta_6(h,\bar{q})]+\frac{z_T}{I_{yy}}[\Delta\beta_7(h,\bar{q})\Phi+\Delta\beta_8(h,\bar{q})]\\&+\frac{\bar{q}S\bar{c}}{I_{yy}}(\Delta C_{M,\alpha}^{\alpha^2}\alpha^2+\Delta C_{M,\alpha}^\alpha\alpha+\Delta C_{M,\alpha}^0)\end{aligned}$$

其中，$d_{\gamma0}$与$d_{Q0}$为外部扰动，$d_\gamma$与$d_Q$为总不确定项。

**注 2.5**：考虑到弹性状态不可测且没有相应的控制执行机构对其进行主动抑制[161, 188-190]，借鉴相关文献的做法[161, 163, 164, 188-190]，在式(2.15)中，将弹性状态视为总不确定项 $d_Q$ 的一部分。

## 2.3　基于 NDO 的 HFV 鲁棒反演控制律设计

由 2.2 节内容可知，HFV 的纵向运动模型含有很大的不确定性，能否保证控制律对这些不确定性有足够的鲁棒性，将是控制任务成功与否的关键。在式(2.10)与式(2.15)中，不确定项 $d_V$、$d_Q$与控制输入 $\Phi$、$\delta_e$ 位于同一个通道内，属于匹配不确定项。在设计控制律时，采用 NDO 对 $d_V$与 $d_Q$进行有效估计并在控制律中进行补偿，即可保证控制律的鲁棒性。不确定项 $d_\gamma$与控制输入 $\delta_e$ 处在两个不同的通道之内，属于非匹配不确定项。采用反演设计方法，通过在 $d_\gamma$所在通道(式(2.15)的第一式)引入一个虚拟控制量(通常选为 $\theta$)，可将原来的非匹配不确定问题转化为匹配不确定问题。再进一步引入 NDO 对 $d_\gamma$进行估计，即可保证控制律对 $d_\gamma$的鲁棒性。

### 2.3.1　新型 FD 设计

微分信号的精确提取对于多种控制理论(如 PID 控制、自抗扰控制、反演控制与滑模控制等)都具有重要意义。当需要从离散的、受到噪声污染的信号中提取微分信号时，低通滤波器与微分传递函数等传统方法往往很难奏效[195]。我国韩京清研究员首次提出了跟踪微分器(Tracking Differentiator，TD)的基本概念，并给出了几种具体的 TD[196]。近年来，国内外学者对 TD 的设计方法进行了深入研究，已提出多种形式的 TD[120, 195-201]。尽管 TD 构型简单，并具有一定的噪声抑制能力，但无法严格证明估计误差有界[120, 195, 200]。现有的 TD 只能用于提取输入信号的有限阶导数(通常是一阶导数)，对于高阶微分信号的提取，尚未取得满意结果[196]。为了获取输入信号的任意阶导数，以色列学者 Levant 提出了一种高阶滑模微分器(High-order Sliding Mode Differentiator，HSMD)[202]。HSMD 在理论上可以提供输入信号的任意阶导数，但其设计参数选取异常困难，且对噪声十分敏感。因此，设计构型简单、具有一定噪声抑制能力并能提供输入信号的任意阶导数的新型微分器势在必行。

在为 HFV 的高度子系统设计反演控制律时，需要对虚拟控制律反复求一阶导数。在后续章节，还将用到某些变量的高阶导数。为了提供这些必需的导数信息，本节设计一种新型 FD。该 FD 还将用于构造一种新型 NDO，以保证控制律对参数摄动与外部扰动的鲁棒性。

为了设计 FD，先给出如下定义。

**定义 2.1**[203]：考虑如下时变系统

$$\dot{\boldsymbol{x}} = f(\boldsymbol{x}), \quad f(0)=0, \quad \boldsymbol{x} \in \mathbf{R}^n \tag{2.16}$$

式中：$f: \Omega \to \mathbf{R}^n$ 为定义在原点的开邻域 $\Omega \subseteq \mathbf{R}^n$ 上的连续函数。如果存在一个原点的开邻域 $N \subseteq \Omega$ 和一个停息时间函数 $T_f: N\backslash\{0\} \to (0, \infty)$满足下列条件：

(1) 有限时间收敛：对于 $\forall \boldsymbol{x} \in N\backslash\{0\}$，$\boldsymbol{\psi}^x$ 是定义在$[0, T_f(\boldsymbol{x}))$上的流，其始点为 $\boldsymbol{x}$，且对 $\forall t \in [0, T_f(\boldsymbol{x}))$，有 $\boldsymbol{\psi}^x(t) \in N\backslash\{0\}$，$\lim\limits_{t\to\infty}\boldsymbol{\psi}^x(t)=0$。

(2) Lyapunov 稳定：对于原点的任意一个开邻域 $U_\varepsilon$，存在一个包含原点的 $N$ 的开子集 $U_\delta$，使得对 $\forall \boldsymbol{x}\in U_\delta\backslash\{0\}$ 和 $t\in[0, T_f(\boldsymbol{x}))$，有 $\boldsymbol{\psi}^x(t)\in U_\varepsilon$。

那么，式(2.16)所表示的系统的原点称为有限时间平衡点。

为了设计一种新型 FD，先构造如下系统

$$\begin{cases}\dot{x}_1=x_2\\ \dot{x}_2=x_3\\ \vdots\\ \dot{x}_{n-1}=x_n\\ \dot{x}_n=f_A(x_1, x_2, \cdots, x_n)\\ \quad=-a_1\tanh(x_1)-a_2\tanh(x_2)-\cdots-a_n\tanh(x_n)\end{cases} \tag{2.17}$$

式中：$a_1, a_2, \cdots, a_n\in\mathbf{R}^+$ 为待设计参数；$x_1, x_2, \cdots, x_n\in\mathbf{R}$ 为状态变量；$f_A(\cdot)$为连续函数且 $f_A(0, \cdots, 0)=0$。

针对式(2.17)所表示的系统，提出如下合理假设。

**假设 2.1**：式(2.17)所表示的系统在有限时间稳定且停息时间函数 $T_f$ 在原点连续，存在正定连续函数 $V_0$，使得 $\dot{V}_0$ 为实值并在 $N$ 上连续，且有

$$\dot{V}_0\leqslant -c_0(V_0)^\beta \tag{2.18}$$

式中，$c_0\in\mathbf{R}^+$，$\beta\in(0, 1)$。

**假设 2.2**：存在一个 Lipschitz 的 Lyapunov 函数 $V_0$ 使式(2.18)成立，且其 Lipschitz 常数为 $M_0$。

**假设 2.3**：存在 $\wp_i\in(0, 1]$ 和一个非负常数 $\bar{d}$，使得

$$|f_A(\tilde{x}_1, \tilde{x}_2, \cdots, \tilde{x}_n)-f_A(\bar{x}_1, \bar{x}_2, \cdots, \bar{x}_n)|\leqslant\bar{d}\sum_{i=1}^{n}|\tilde{x}_i-\bar{x}_i|^{\wp_{i-1}} \tag{2.19}$$

式中：$\tilde{x}_i, \bar{x}_i\in\mathbf{R}$，$i=1, 2, \cdots, n$。

**假设 2.4**[203]：输入信号 $\upsilon(t)$ 分段连续可导，在整个时域内，$\upsilon(t)$ 的前 $n-2$ 阶导数存在，且允许在某些时刻 $t_j(j=1, 2, \cdots, k)$，$n-1$ 阶不可导，但是其左导数 $\upsilon_-^{(n-1)}(t_j)$ 与右导数 $\upsilon_+^{(n-1)}(t_j)$ 均存在，并满足 $\upsilon_-^{(n-1)}(t_j)\neq\upsilon_+^{(n-1)}(t_j)$，$j=1, 2, \cdots, k$。

**注 2.6**：假设 2.1～假设 2.3 是成立的，其详细证明过程见附录 C。

**注 2.7**：FD 的设计思路是[203]：构造一个式(2.17)所表示的特殊系统，并严格证明该系统满足假设 2.1～假设 2.3，则通过等价变换，即可得到一种新型 FD。

将新型 FD 设计成如下形式。

**定理 2.1**：如果式(2.17)满足假设 2.1～假设 2.3，$\upsilon(t)$ 满足假设 2.4，则得到如下新型 FD

$$\begin{cases}\dot{\varsigma}_1=\varsigma_2\\ \dot{\varsigma}_2=\varsigma_3\\ \vdots\\ \dot{\varsigma}_{n-1}=\varsigma_n\\ \dot{\varsigma}_n=R^n\left[-a_1\tanh(\varsigma_1-\upsilon(t))-a_2\tanh\left(\dfrac{\varsigma_2}{R}\right)-\cdots-a_n\tanh\left(\dfrac{\varsigma_n}{R^{n-1}}\right)\right]\end{cases} \tag{2.20}$$

式中：$R$，$a_i(i=1, 2, \cdots, n)\in\mathbf{R}^+$ 为待设计参数，则存在 $\phi>0$ 与 $\iota\phi>n$ 使得

$$\varsigma_i-\upsilon^{(i-1)}(t)=O\left(\left(\frac{1}{R}\right)^{\iota\phi-i+1}\right)\qquad i=1, 2, \cdots, n \tag{2.21}$$

式中：$O((1/R)^{\iota\phi-i+1})$表示$\varsigma_i$ 与 $\upsilon^{(i-1)}(t)$的近似程度是$(1/R)^{\iota\phi-i+1}$阶的，$\phi=(1-\vartheta)/\vartheta$，$\vartheta\in(0, \min\{\iota/(\iota+n), 1/2\})$，$n\geqslant 2$。

**证明**：根据文献[203]中的定理 1 可知，定理 2.1 成立。证毕。

**注 2.8**：式(2.20)中，$\varsigma_1$，$\varsigma_2$，…，$\varsigma_n$ 为系统状态变量，$\varsigma_1$ 为 $\upsilon(t)$的估计值，$\varsigma_i$( $i=2, 3, \cdots, n$)为 $\upsilon(t)$的第 $i-1$ 阶导数的估计值。式(2.21)进一步表明，估计误差为$(1/R)^{\iota\phi-i+1}$的高阶无穷小，则通过选取足够大的设计参数 $R$，估计误差可以任意小。

**注 2.9**：开环频率特性能够反映一个系统的响应速度与噪声抑制能力等信息。采用文献[204]的扫频测试方法，通过分析设计参数 $R$、$a_i(i=1, 2, \cdots, n)$对 FD 开环频率特性的影响，并结合式(2.21)可得到如下规则：式(2.20)中，$R$ 直接影响 FD 的响应速度与估计精度，$R$ 越大，FD 响应越迅速，估计精度越高，但过大的 $R$ 容易引起估计误差较大的超调并降低噪声抑制能力；$a_i(i=1, 2, \cdots, n)$主要影响第 $i$ 个估计误差的收敛特性，$a_i$ 越大，第 $i$ 个估计误差越小，响应越快，但过大的 $a_i$ 也会引起不希望的超调并导致噪声抑制能力下降。

**注 2.10**：传统 TD[195, 199-201]只能对输入信号的一阶导数进行估计，本节提出的 FD 可提供输入信号的前 $n-1$ 阶导数的估计值。

**注 2.11**：与 HSMD 采用符号函数 sign(·)的做法不同，本节提出的新型 FD 主要由双曲正切函数 tanh(·)构成。与 sign(·)不同，tanh(·)在零点实现了平滑切换(见图 2.3)，从而能有效避免零点附近的抖振现象。

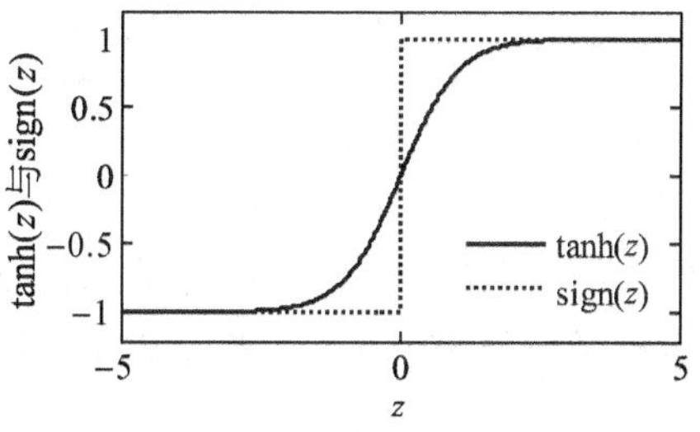


图 2.3　tanh(·)与 sign(·)对比图

**注 2.12**：在本章中，主要用低阶次的 FD(取 $n=2$)对虚拟控制律的一阶导数进行估计，以解决传统反演控制的“微分项膨胀”问题。FD(取 $n=2$)还将用于构造一种新型 NDO，用以对 HFV 模型的不确定项进行平滑估计。后续章节中，还将用到 FD 的高阶形式，用以提供某些变量的高阶导数。

**注 2.13**：定理 2.1 表明，FD 的阶次越高(即 $n$ 越大)，估计误差越小，精度越高，但相应的 FD 设计参数也随之增多，参数选取难度增大，算法也更复杂。因此，在保证估计精度满足要求的前提下，应尽量降低 FD 的阶次，以降低算法的复杂性，增强实用性。

为了验证所设计的 FD(限于篇幅，仅以 $n=2$ 的情形为例)的估计效果，将 FD 分别与下列新型 TD[205]以及 HSMD[202](考虑 $n=2$ 的情形)进行对比仿真。

TD[205]：

$$\begin{cases}\dot{\varsigma}_1=\varsigma_2\\ \dot{\varsigma}_2=R^2\left[\upsilon(t)-\varsigma_1-\dfrac{\varsigma_2}{R}\right]\end{cases} \tag{2.22}$$

式中：$\upsilon(t)\in\mathbf{R}$ 为输入信号；$\varsigma_1$，$\varsigma_2\in\mathbf{R}$ 分别为 $\upsilon(t)$ 与 $\dot{\upsilon}(t)$ 的估计值；$R\in\mathbf{R}^+$ 为待设计参数。

HSMD[202]：

$$\begin{cases}\dot{\varsigma}_1=-\sigma_1 L_0^{1/2}\left|\varsigma_1-\upsilon(t)\right|^{1/2}\operatorname{sign}(\varsigma_1-\upsilon(t))+\varsigma_2\\ \dot{\varsigma}_2=-\sigma_2 L_0\operatorname{sign}(\varsigma_2-\dot{\varsigma}_1)\end{cases} \tag{2.23}$$

式中：$\upsilon(t)\in\mathbf{R}$ 为输入信号；$\varsigma_1$，$\varsigma_2\in\mathbf{R}$ 分别为 $\upsilon(t)$ 与 $\dot{\upsilon}(t)$ 的估计值；$\sigma_1$，$\sigma_2\in\mathbf{R}^+$ 为待设计参数；$L_0$ 为 $\dot{\upsilon}(t)$ 的 Lipschitz 上界。

仿真采用四阶 Runge-Kutta 法进行求解，仿真步长取为 0.001 s。分别在以下两种情况下进行仿真。

**仿真一**：不考虑噪声影响，输入信号取为 $\upsilon(t)=\sin(\pi t)$，三种微分器的设计参数取值见表 2.2。

**表 2.2　无噪声时微分器设计参数取值**

| 微分器 | 设计参数取值 |
|---|---|
| FD | $R=600$，$a_1=15$，$a_2=0.005$ |
| TD | $R=600$ |
| HSMD | $L_0=2\pi$，$\sigma_1=1.1$，$\sigma_2=1.5$ |

三种微分器对 $\upsilon(t)$ 及其一阶导数 $\dot{\upsilon}(t)$ 的估计效果与估计误差如图 2.4～图 2.7 所示。图 2.5 与图 2.7 表明，在三种微分器中，本节提出的 FD 对 $\upsilon(t)$ 与 $\dot{\upsilon}(t)$ 的估计误差最小，精度最高。由图 2.7 进一步可见，TD 存在一个较为严重的峰值现象，HSMD 在零点附近存在严重的抖振现象。因此，当不考虑噪声时，本节提出的 FD 较 TD 与 HSMD 均具有一定的优势。

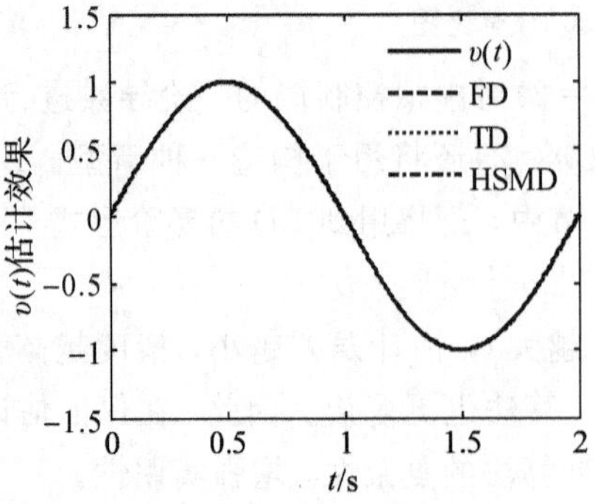


图 2.4　$\upsilon(t)$ 估计效果

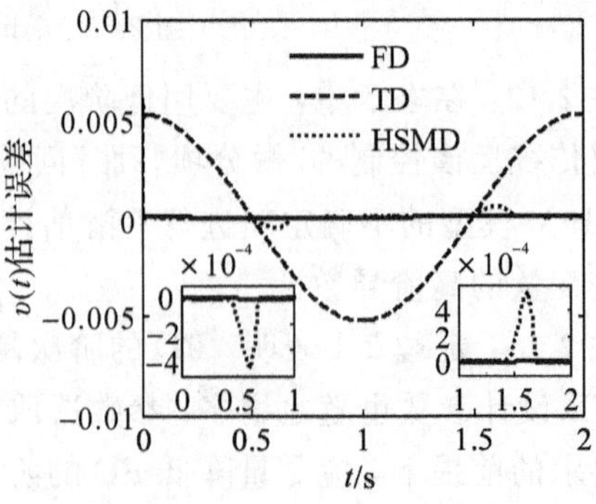


图 2.5　$\upsilon(t)$ 估计误差

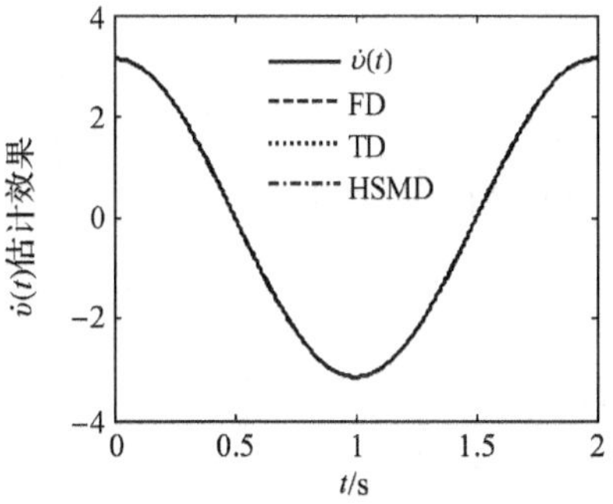


图 2.6　$\dot{v}(t)$估计效果

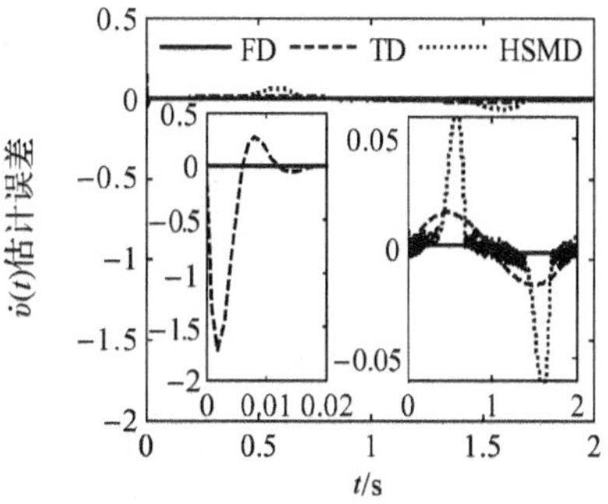


图 2.7　$\dot{v}(t)$估计误差

**仿真二**：输入信号取为 $v(t)=\sin(\pi t)$，并假设 $v(t)$受到随机噪声污染(见图 2.8)，三种微分器的设计参数取值见表 2.3。

**表 2.3　有噪声时微分器设计参数取值**

| 微分器 | 设计参数取值 |
|---|---|
| FD | $R=60$，$a_1=0.2$，$a_2=0.1$ |
| TD | $R=60$ |
| HSMD | $L_0=3\pi$，$\sigma_1=1.1$，$\sigma_2=1.5$ |

由仿真结果(见图 2.9～图 2.12)可见，当输入信号 $v(t)$受到噪声污染时，本节提出的 FD 仍能实现对 $v(t)$与 $\dot{v}(t)$的高精度、平滑估计。因此，与 TD 和 HSMD 相比，本节提出的 FD 在噪声抑制方面也具有一定的优势。

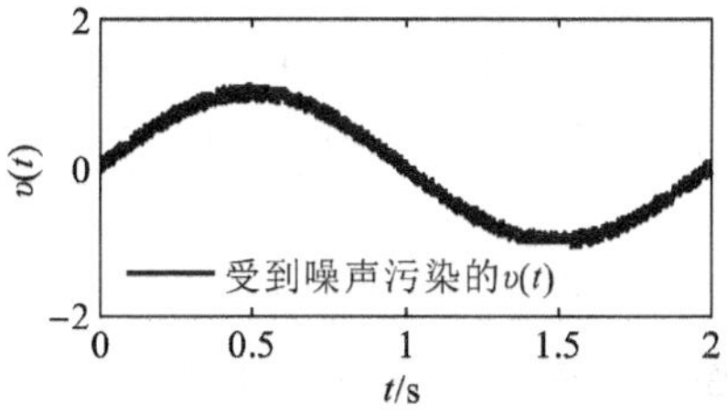


图 2.8　受到噪声污染的$v(t)$

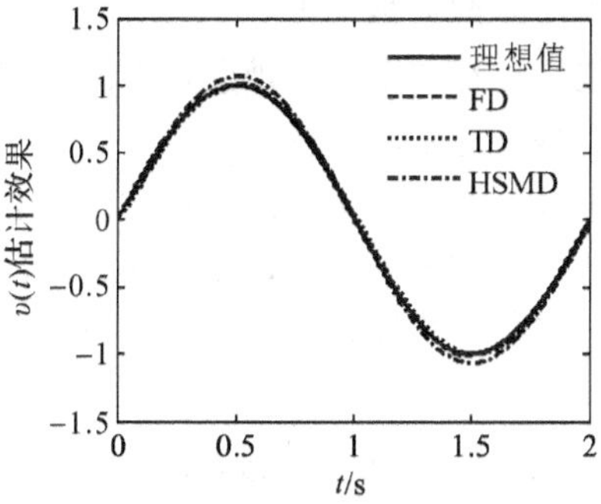


图 2.9　$v(t)$估计效果

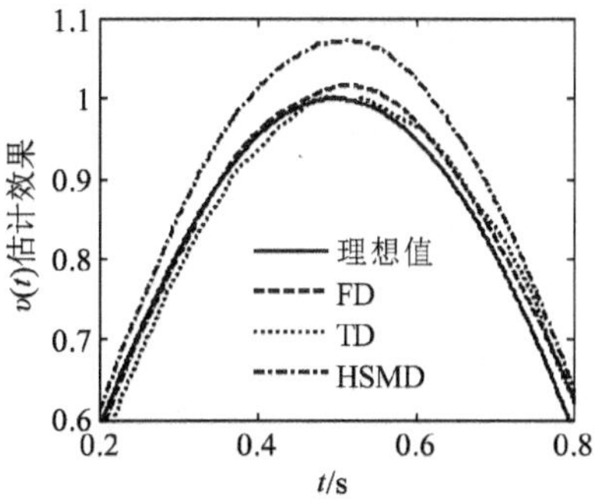


图 2.10　$v(t)$估计效果放大图

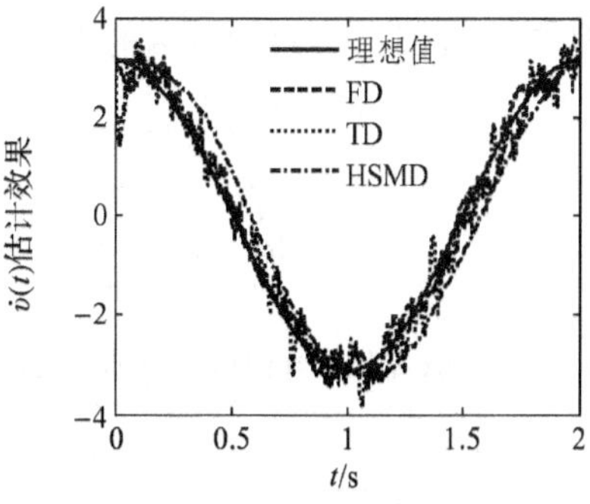


图 2.11　$\dot{v}(t)$估计效果

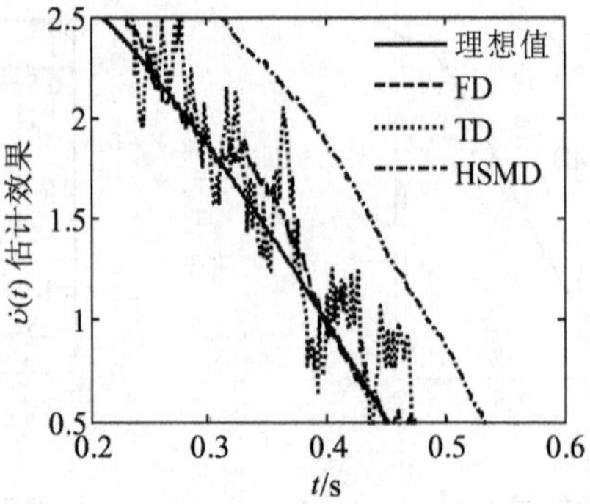


图 2.12　$\dot{v}(t)$估计效果放大图

### 2.3.2　基于 FD 的新型 NDO 设计

NDO 是近年来兴起的一种提高控制系统鲁棒性的新工具[93, 94, 117-120, 206, 207]。采用 NDO 对模型的不确定项(摄动参数、外部扰动、未建模动态等)进行平滑估计，并在控制律中进行补偿，不仅可以保证控制律较好的鲁棒性，而且能克服传统鲁棒控制的保守性缺点和 SMC 的控制抖振问题。文献[206，207]在假设未知扰动的一阶导数近似为零的前提下，设计了一种新型 NDO，但其将未知扰动视为慢变扰动的假设并不符合实际。为了克服传统鲁棒控制的保守性缺点，文献[117]设计了一种新型 NDO，但该 NDO 设计参数的选取依赖未知扰动前 $n$ 阶导数的 Lipschitz 上界，工程实用性十分有限。由于文献[117]NDO 的每一个子系统均含有一个符号函数，故很难实现对未知扰动的平滑估计[118]，这对 HFV 弹性状态的抑制是十分不利的。

基于以上分析，本节利用所设计的 FD(取 $n=2$)构造一种新型 NDO。该 NDO 不需要未知扰动的任何先验信息，且构型简单，设计参数少，因而具有一定的应用前景。

为了不失一般性，考虑如下不确定动力学系统

$$\dot{\nu}=F(\nu)+G(\nu)u+d \tag{2.24}$$

式中：$\nu\in\mathbf{R}$ 为系统状态变量，$F(\nu)$与 $G(\nu)\neq 0$ 为连续函数，$u\in\mathbf{R}$ 为控制输入，$d\in\mathbf{R}$ 为不确定项。

基于所设计的 FD(取 $n=2$)，将新型 NDO 设计成如下形式。

**定理 2.2**：为式(2.24)所表示的不确定系统设计如下新型 NDO

$$\begin{cases}\dot{\hat{\nu}}=F(\nu)+G(\nu)u+\hat{d}\\ \dot{\hat{d}}=R^2\left[-a_1\tanh(\hat{\nu}-\nu)-a_2\tanh\left(\dfrac{\hat{d}}{R}\right)\right]\end{cases} \tag{2.25}$$

式中：$\hat{\nu}$ 为 $\nu$ 的估计值，$\hat{d}$ 为 $d$ 的估计值。若 $R\to+\infty$，则有

$$\begin{cases}\hat{\nu}-\nu=O\left(\left(\dfrac{1}{R}\right)^{\iota\phi}\right)\\ \hat{d}-d=O\left(\left(\dfrac{1}{R}\right)^{\iota\phi-1}\right)\end{cases} \tag{2.26}$$

**证明**：分以下两种情况证明。

（1）当 $\hat{\nu}-\nu=0$ 时，比较式(2.24)与式(2.25)的第一式可得 $\hat{d}-d=0$，则定理 2.2 成立。

（2）当 $\hat{\nu}-\nu\neq0$ 时，由于 $R\to+\infty$，故 $\tanh(\hat{d}/R)\to0$，此时必有

$$-a_1\tanh(\hat{\nu}-\nu)-a_2\tanh\left(\frac{\hat{d}}{R}\right)\neq0 \tag{2.27}$$

进一步有

$$|\dot{\hat{d}}|=R^2\left|-a_1\tanh(\hat{\nu}-\nu)-a_2\tanh\left(\frac{\hat{d}}{R}\right)\right|\to+\infty \tag{2.28}$$

亦即，相对于 $\nu$ 与 $F(\nu)+G(\nu)u$，$\hat{d}$ 是一个快变量，则根据文献[118]的结论可得

$$\begin{cases}\lim\limits_{R\to+\infty}\dfrac{\mathrm{d}[F(\nu)+G(\nu)u+\hat{d}]}{\mathrm{d}t}=\dot{\hat{d}}\\[2ex]\lim\limits_{R\to+\infty}\dfrac{F(\nu)+G(\nu)u+\hat{d}}{R}=\dfrac{\hat{d}}{R}\end{cases} \tag{2.29}$$

取 $n=2$，则 FD 式(2.20)变为

$$\begin{cases}\dot{\varsigma}_1=\varsigma_2\\ \dot{\varsigma}_2=R^2\left[-a_1\tanh(\varsigma_1-\upsilon(t))-a_2\tanh\left(\dfrac{\varsigma_2}{R}\right)\right]\end{cases} \tag{2.30}$$

用 $F(\nu)+G(\nu)u+\hat{d}$ 替换式(2.30)中的 $\varsigma_2$，并结合式(2.29)，易知定理 2.2 成立。证毕。

**注 2.14**：定理 2.2 表明，采用 NDO 式(2.25)可以实现对不确定项 $d$ 的有效估计，且估计误差为 $(1/R)^{\phi-1}$ 的高阶无穷小。当 $R\to+\infty$ 时，$\hat{d}-d=0$。在实际应用中，当选取足够大且有界的 $R$ 时，必存在有界常数 $\bar{d}\in\mathbf{R}^+$ 使得 $|\hat{d}-d|\leqslant\bar{d}$[118]。

**注 2.15**：定理 2.2 对 $d$ 没有特殊要求，因此，NDO 式(2.25)不需要 $d$ 的任何先验信息。与文献[117]的 NDO 相比，NDO 式(2.25)具有更好的实用性。

**注 2.16**：NDO 式(2.25)的设计参数及其整定规则与 FD 式(2.20)完全相同。

假设式(2.24)所表示的不确定系统存在参数摄动

$$\dot{\nu}=F(\nu)+\Delta F(\nu)+[G(\nu)+\Delta G(\nu)]u+d+d_0 \tag{2.31}$$

式中：$d_0\in\mathbf{R}$ 表示外部扰动与未建模动态，“Δ”表示参数摄动量。

将式(2.31)整理为

$$\dot{\nu}=F(\nu)+G(\nu)u+d_{\mathrm{all}} \tag{2.32}$$

式中：$d_{\mathrm{all}}=\Delta F(\nu)+\Delta G(\nu)u+d_0+d$ 为总不确定项。

此时，NDO 式(2.25)式变为

$$\begin{cases}\dot{\hat{\nu}}=F(\nu)+G(\nu)u+\hat{d}_{\mathrm{all}}\\ \dot{\hat{d}}_{\mathrm{all}}=R^2\left[-a_1\tanh(\hat{\nu}-\nu)-a_2\tanh\left(\dfrac{\hat{d}_{\mathrm{all}}}{R}\right)\right]\end{cases} \tag{2.33}$$

可见，本节提出的 NDO 对模型参数摄动不敏感，且能对未建模动态与外部扰动进行有效估计。

为了验证本节 NDO 的有效性和相对于文献[112，117]NDO 的优势，下面进行仿真验证。仿真采用四阶 Runge-Kutta 法进行求解，仿真步长取为 0.01 s。取 $F(\nu)=\nu^2+\sin\nu+1$，$G(\nu)=5$，$d=\sin t$。参考输入取为 $\nu_d=\sin t$。依据动态逆理论[72]，将控制律设计为

$$u=\frac{1}{G(\nu)}[-10(\nu-\nu_d)-F(\nu)-\hat{d}+\dot{\nu}_d] \tag{2.34}$$

式中：$\hat{d}$ 为采用 NDO 对 $d$ 的估计值。

两种 NDO 的设计参数取值见表 2.4，仿真结果如图 2.13～图 2.18 所示。仿真图中，“NDO”特指本节 NDO，“NDO 1”特指文献[112，117]NDO。图 2.13 与图 2.14 表明，采用本节 NDO 时，取得了更好的控制效果，不仅跟踪误差更小，且更平滑。由图 2.15 与图2.16 可见，与文献[112，117]的 NDO 相比，本节 NDO 可以实现对不确定项 $d$ 的高精度、平滑估计，这也保证了采用本节 NDO 时可以获得更高的跟踪精度(见图 2.14)。图 2.17 与图 2.18表明，由于本节 NDO 实现了对 $d$ 的平滑估计，与采用文献[112，117]NDO 相比，相应的控制输入 $u$ 也更平滑。

**表 2.4　两种 NDO 的设计参数取值**

| NDO | 设计参数取值 |
|---|---|
| 本节 NDO | $R=60$，$a_1=15$，$a_2=1$ |
| 文献[112，117]NDO | $\Gamma_0=1.5$，$\Gamma_1=1.1$ |

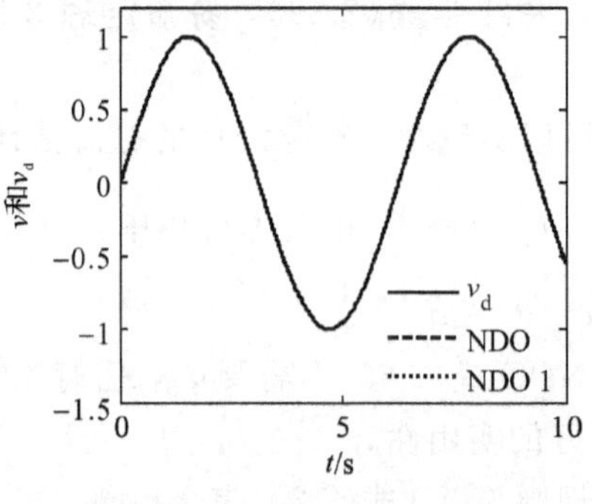


图 2.13　跟踪效果

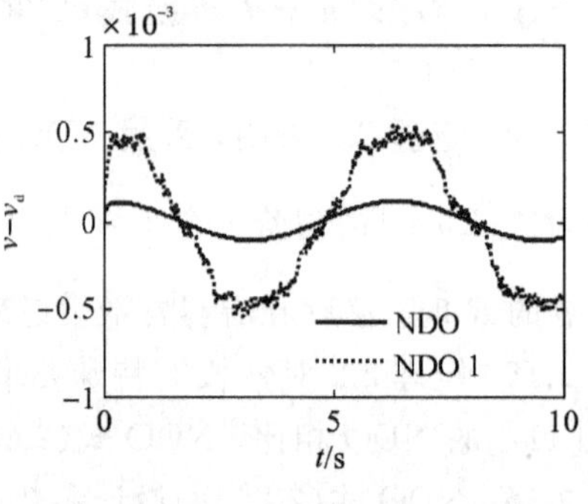


图 2.14　跟踪误差 $\nu-\nu_d$

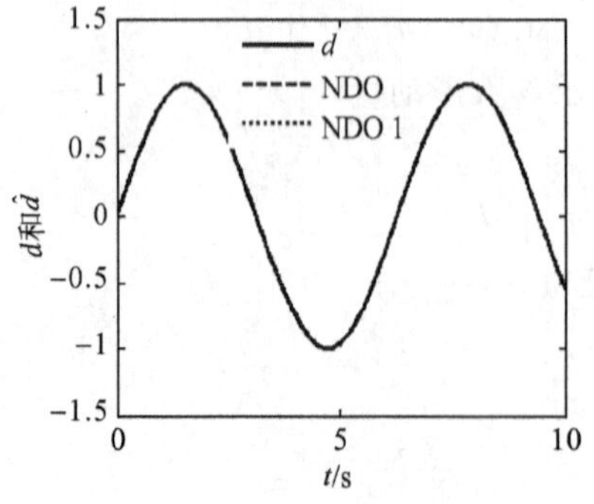


图 2.15　$d$ 估计效果

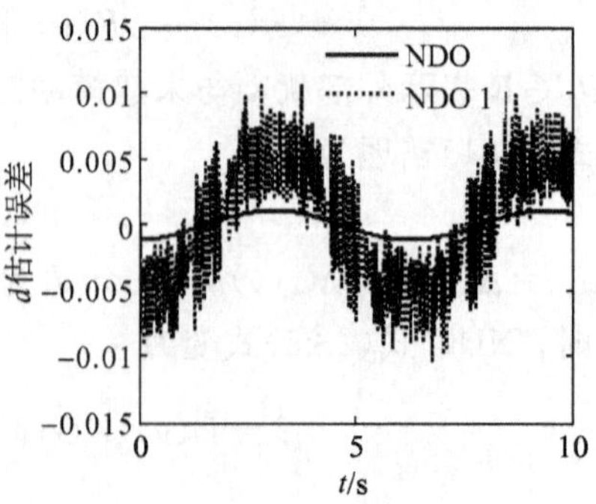


图 2.16　$d$ 估计误差

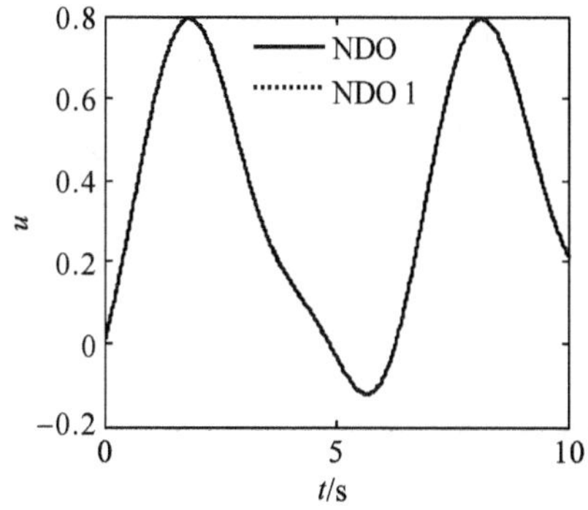


图 2.17　控制输入 $u$

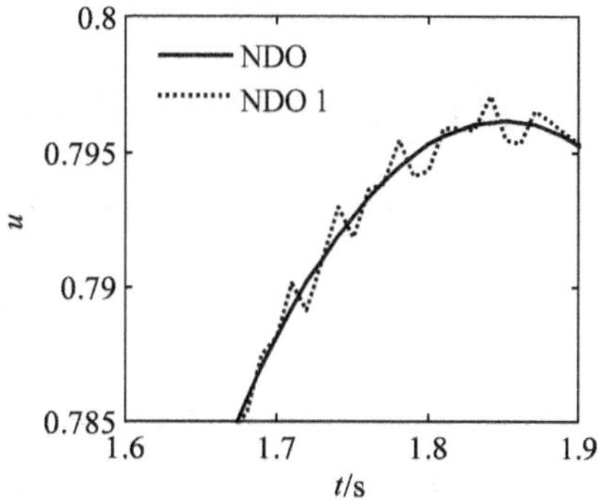


图 2.18　控制输入 $u$ 放大图

### 2.3.3　速度控制律设计与稳定性分析

先不考虑控制输入受限问题，速度控制的任务是：基于动态逆理论为速度子系统式(2.10)设计控制律 $\Phi$，以实现速度 $V$ 对其参考输入 $V_{\text{ref}}$ 的鲁棒跟踪。

定义速度跟踪误差

$$\tilde{V}=V-V_{\text{ref}} \tag{2.35}$$

对式(2.35)求时间的一阶导数并将式(2.10)代入可得

$$\dot{\tilde{V}}=\dot{V}-\dot{V}_{\text{ref}}=f_V+g_V\Phi+d_V-\dot{V}_{\text{ref}} \tag{2.36}$$

将控制律 $\Phi$ 设计为

$$\Phi=g_V^{-1}\left(-k_{V1}\tilde{V}-k_{V2}\int_0^t\tilde{V}\mathrm{d}\tau-f_V-\hat{d}_V+\dot{V}_{\text{ref}}\right) \tag{2.37}$$

式中，$k_{V1}$，$k_{V2}\in\mathbf{R}^+$ 为待设计参数，$\hat{d}_V$ 为采用如下 NDO 对 $d_V$ 的估计值

$$\begin{cases}\dot{\hat{V}}=f_V+g_V\Phi+\hat{d}_V\\ \dot{\hat{d}}_V=R_V^2\left[-a_{V1}\tanh(\hat{V}-V)-a_{V2}\tanh\left(\dfrac{\hat{d}_V}{R_V}\right)\right]\end{cases} \tag{2.38}$$

式中：$R_V$，$a_{V1}$，$a_{V2}\in\mathbf{R}^+$ 为待设计参数；$\hat{V}$ 为 $V$ 的估计值。

下面进行稳定性分析。

**定理 2.3**：针对 HFV 的速度子系统(式(2.10))，采用控制律式(2.37)与 NDO 式(2.38)，则闭环控制系统局部一致渐近稳定。

**证明**：定义 NDO 估计误差

$$\begin{cases}\tilde{d}_V=\hat{d}_V-d_V\\ y_V=\hat{V}-V\end{cases} \tag{2.39}$$

由定理 2.2 可知，选择合适的设计参数 $R_V$、$a_{V1}$ 与 $a_{V2}$，存在有界常数 $\bar{y}_V$，$\bar{d}_V\in\mathbf{R}^+$ 使得 $|y_V|\leqslant\bar{y}_V$，$|\tilde{d}_V|\leqslant\bar{d}_V$。

选取如下 Lyapunov 函数

$$W_V=\frac{\tilde{V}^2}{2}+\frac{k_{V2}}{2}\left(\int_0^t\tilde{V}\mathrm{d}\tau\right)^2 \tag{2.40}$$

对式(2.40)求时间的一阶导数并将式(2.36)代入可得

$$\begin{aligned}\dot{W}_V&=\tilde{V}\dot{\tilde{V}}+k_{V2}\tilde{V}\int_0^t\tilde{V}\mathrm{d}\tau\\&=\tilde{V}(f_V+g_V\Phi+d_V-\dot{V}_{\mathrm{ref}})+k_{V2}\tilde{V}\int_0^t\tilde{V}\mathrm{d}\tau\\&=\tilde{V}f_V+\tilde{V}g_V\Phi+\tilde{V}d_V-\tilde{V}\dot{V}_{\mathrm{ref}}+k_{V2}\tilde{V}\int_0^t\tilde{V}\mathrm{d}\tau\end{aligned} \tag{2.41}$$

将式(2.37)代入式(2.41)有

$$\begin{aligned}\dot{W}_V&=\tilde{V}f_V+\tilde{V}g_V\left[g_V^{-1}\left(-k_{V1}\tilde{V}-k_{V2}\int_0^t\tilde{V}\mathrm{d}\tau-f_V-\hat{d}_V+\dot{V}_{\mathrm{ref}}\right)\right]\\&\quad+\tilde{V}d_V-\tilde{V}\dot{V}_{\mathrm{ref}}+k_{V2}\tilde{V}\int_0^t\tilde{V}\mathrm{d}\tau\\&=-k_{V1}\tilde{V}^2-\tilde{V}(\hat{d}_V-d_V)\\&=-k_{V1}\tilde{V}^2-\tilde{V}\tilde{d}_V\end{aligned} \tag{2.42}$$

由于$-\tilde{V}\tilde{d}_V\leqslant\tilde{V}^2/2+\bar{d}_V^2/2$，式(2.42)变为

$$\dot{W}_V\leqslant-\left(k_{V1}-\frac{1}{2}\right)\tilde{V}^2+\frac{\bar{d}_V^2}{2} \tag{2.43}$$

令$k_{V1}>1/2$并定义如下紧集：

$$\Omega_{\tilde{V}}=\left\{\tilde{V}\left|\,|\tilde{V}|\leqslant\sqrt{\left(\frac{\bar{d}_V^2}{2}\right)\Big/\left(k_{V1}-\frac{1}{2}\right)}\right.\right\} \tag{2.44}$$

若$\tilde{V}\notin\Omega_{\tilde{V}}$，则$\dot{W}<0$，故闭环控制系统局部一致渐近稳定。跟踪误差$\tilde{V}$半全局一致最终有界，并最终收敛到紧集$\Omega_{\tilde{V}}$内。通过选取足够大的$k_{V1}$，紧集$\Omega_{\tilde{V}}$可以变得任意小，则跟踪误差$\tilde{V}$也可以任意小。证毕。

### 2.3.4 高度控制律设计与稳定性分析

同样也不考虑控制输入受限问题，本节基于反演设计理论，通过为高度子系统式(2.15)设计两个中间虚拟控制律及最终的实际控制律，使得$\gamma$趋于$\gamma_{\mathrm{d}}$，进而实现$h$对其参考输入$h_{\mathrm{ref}}$的稳定跟踪。

第一步：定义航迹角跟踪误差

$$\tilde{\gamma}=\gamma-\gamma_{\mathrm{d}} \tag{2.45}$$

对式(2.45)求时间的一阶导数并将式(2.15)代入可得

$$\dot{\tilde{\gamma}}=\dot{\gamma}-\dot{\gamma}_{\mathrm{d}}=f_\gamma+g_\gamma\theta+d_\gamma-\dot{\gamma}_{\mathrm{d}} \tag{2.46}$$

将虚拟控制律$\bar{\theta}$设计为

$$\bar{\theta}=g_\gamma^{-1}\left(-k_{\gamma1}\tilde{\gamma}-k_{\gamma2}\int_0^t\tilde{\gamma}\mathrm{d}\tau-f_\gamma-\hat{d}_\gamma+\dot{\gamma}_{\mathrm{d}}\right) \tag{2.47}$$

式中：$k_{\gamma1}$，$k_{\gamma2}\in\mathbf{R}^+$为待设计参数；$\hat{d}_\gamma$为采用如下NDO对$d_\gamma$的估计值，即

$$\begin{cases}\dot{\hat{\gamma}}=f_\gamma+g_\gamma\theta+\hat{d}_\gamma\\ \dot{\hat{d}}_\gamma=R_\gamma^2\left[-a_{\gamma1}\tanh(\hat{\gamma}-\gamma)-a_{\gamma2}\tanh\left(\dfrac{\hat{d}_\gamma}{R_\gamma}\right)\right]\end{cases}\tag{2.48}$$

式中：$R_\gamma$，$a_{\gamma1}$，$a_{\gamma2}\in\mathbf{R}^+$ 为待设计参数；$\hat{\gamma}$ 为 $\gamma$ 的估计值。

考虑到 $\bar{\theta}$ 求导复杂，采用所设计的 FD 对 $\bar{\theta}$ 的一阶导数进行估计

$$\begin{cases}\dot{\theta}_{\rm d}=\varsigma_{\theta2}\\ \dot{\varsigma}_{\theta2}=R_1^2\left[-a_{11}\tanh(\theta_{\rm d}-\bar{\theta})-a_{12}\tanh\left(\dfrac{\varsigma_{\theta2}}{R_1}\right)\right]\end{cases}\tag{2.49}$$

式中：$R_1$，$a_{11}$，$a_{12}\in\mathbf{R}^+$ 为待设计参数；$\theta_{\rm d}$ 为 $\bar{\theta}$ 的估计值。

第二步：定义俯仰角跟踪误差

$$\tilde{\theta}=\theta-\theta_{\rm d}\tag{2.50}$$

对式(2.50)求时间的一阶导数并将式(2.15)代入可得

$$\dot{\tilde{\theta}}=\dot{\theta}-\dot{\theta}_{\rm d}=Q-\dot{\theta}_{\rm d}\tag{2.51}$$

将虚拟控制律 $\bar{Q}$ 设计为

$$\bar{Q}=-k_{\theta1}\tilde{\theta}-k_{\theta2}\int_0^t\tilde{\theta}\,{\rm d}\tau-g_\gamma\tilde{\gamma}+\dot{\theta}_{\rm d}\tag{2.52}$$

式中：$k_{\theta1}$，$k_{\theta2}\in\mathbf{R}^+$ 为待设计参数。

考虑到 $\bar{Q}$ 求导复杂，采用如下 FD 对 $\bar{Q}$ 的一阶导数进行估计

$$\begin{cases}\dot{Q}_{\rm d}=\varsigma_{Q2}\\ \dot{\varsigma}_{Q2}=R_2^2\left[-a_{21}\tanh(Q_{\rm d}-\bar{Q})-a_{22}\tanh\left(\dfrac{\varsigma_{Q2}}{R_2}\right)\right]\end{cases}\tag{2.53}$$

式中：$R_2$，$a_{21}$，$a_{22}\in\mathbf{R}^+$ 为待设计参数；$Q_{\rm d}$ 为 $\bar{Q}$ 的估计值。

第三步：定义俯仰角速度跟踪误差

$$\tilde{Q}=Q-Q_{\rm d}\tag{2.54}$$

对式(2.54)求时间的一阶导数并将式(2.15)代入可得

$$\dot{\tilde{Q}}=\dot{Q}-\dot{Q}_{\rm d}=f_Q+g_Q\delta_{\rm e}+d_Q-\dot{Q}_{\rm d}\tag{2.55}$$

将实际控制律 $\delta_{\rm e}$ 设计为

$$\delta_{\rm e}=g_Q^{-1}\left(-k_{Q1}\tilde{Q}-k_{Q2}\int_0^t\tilde{Q}\,{\rm d}\tau-f_Q-\hat{d}_Q-\tilde{\theta}+\dot{Q}_{\rm d}\right)\tag{2.56}$$

式中：$k_{Q1}$，$k_{Q2}\in\mathbf{R}^+$ 为待设计参数；$\hat{d}_Q$ 为采用如下 NDO 对 $d_Q$ 的估计值，即

$$\begin{cases}\dot{\hat{Q}}=f_Q+g_Q\delta_{\rm e}+\hat{d}_Q\\ \dot{\hat{d}}_Q=R_Q^2\left[-a_{Q1}\tanh(\hat{Q}-Q)-a_{Q2}\tanh\left(\dfrac{\hat{d}_Q}{R_Q}\right)\right]\end{cases}\tag{2.57}$$

式中：$R_Q$，$a_{Q1}$，$a_{Q2}\in\mathbf{R}^+$ 为待设计参数；$\hat{Q}$ 为 $Q$ 的估计值。

**注 2.17**：控制律式(2.52)与式(2.56)需要虚拟控制律 $\bar{\theta}$ 与 $\bar{Q}$ 的一阶导数。直接对 $\bar{\theta}$ 与

$\bar{Q}$ 求导十分困难，且多数情况下 $\bar{\theta}$ 与 $\bar{Q}$ 导数的解析式是无法获取的，这就是传统反演控制的“微分项膨胀”问题。本节采用所设计的 FD 对 $\bar{\theta}$ 与 $\bar{Q}$ 的一阶导数进行估计，避免了复杂的解析求导计算。由于 $\gamma_d$ 是高度子系统的参考输入，参考相关文献的做法[131-133, 136-143]，认为其一阶导数是可获取的。

**注 2.18**：HFV 的航迹角子系统(式(2.15)的第一式)含有非最小相位行为，从理论上讲有可能导致 $g_\gamma$ 的逆系统不存在。但大量研究[92-94, 101-103]表明，在飞行器状态的正常变化范围内，$g_\gamma^{-1}$ 是存在的，虚拟控制律(式(2.47))是可行的。

下面进行稳定性分析。

**定理 2.4**：针对 HFV 的高度子系统(式(2.15))，若采用控制律式(2.47)、式(2.52)、式(2.56)，FD 式(2.49)、式(2.53)与 NDO 式(2.48)、式(2.57)，则闭环控制系统局部一致渐近稳定。

**证明**：定义 NDO 估计误差

$$\begin{cases}\tilde{d}_\gamma = \hat{d}_\gamma - d_\gamma \\ y_\gamma = \hat{\gamma} - \gamma \\ \tilde{d}_Q = \hat{d}_Q - d_Q \\ y_Q = \hat{Q} - Q\end{cases} \tag{2.58}$$

依据定理 2.2 易知，选取合适的设计参数 $R_\gamma$、$a_{\gamma 1}$、$a_{\gamma 2}$、$R_Q$、$a_{Q1}$ 与 $a_{Q2}$，必存在有界常数 $\bar{d}_\gamma$，$\bar{y}_\gamma$，$\bar{d}_Q$，$\bar{y}_Q \in \mathbf{R}^+$ 使得 $|\tilde{d}_\gamma| \leqslant \bar{d}_\gamma$，$|y_\gamma| \leqslant \bar{y}_\gamma$，$|\tilde{d}_Q| \leqslant \bar{d}_Q$，$|y_Q| \leqslant \bar{y}_Q$。

定义 FD 估计误差

$$\begin{cases}y_1 = \theta_d - \bar{\theta} \\ y_2 = Q_d - \bar{Q}\end{cases} \tag{2.59}$$

依据定理 2.1 可知，选取合适的设计参数 $R_1$、$a_{11}$、$a_{12}$、$R_2$、$a_{21}$ 与 $a_{22}$，必存在有界常数 $\bar{y}_1$，$\bar{y}_2 \in \mathbf{R}^+$ 使得 $|y_1| \leqslant \bar{y}_1$，$|y_2| \leqslant \bar{y}_2$。

将式(2.47)、式(2.50)、式(2.58)与式(2.59)代入式(2.46)可得

$$\begin{aligned}\dot{\tilde{\gamma}} &= f_\gamma + g_\gamma(\theta - \theta_d + \theta_d - \bar{\theta} + \bar{\theta}) + d_\gamma - \dot{\gamma}_d \\ &= f_\gamma + g_\gamma(\tilde{\theta} + y_1 + \bar{\theta}) + d_\gamma - \dot{\gamma}_d \\ &= f_\gamma + g_\gamma\tilde{\theta} + g_\gamma y_1 + d_\gamma - \dot{\gamma}_d \\ &\quad + g_\gamma\left[g_\gamma^{-1}\left(-k_{\gamma 1}\tilde{\gamma} - k_{\gamma 2}\int_0^t \tilde{\gamma}\mathrm{d}\tau - f_\gamma - \hat{d}_\gamma + \dot{\gamma}_d\right)\right] \\ &= -k_{\gamma 1}\tilde{\gamma} - k_{\gamma 2}\int_0^t \tilde{\gamma}\mathrm{d}\tau + g_\gamma\tilde{\theta} + g_\gamma y_1 - \tilde{d}_\gamma\end{aligned} \tag{2.60}$$

将式(2.52)、式(2.54)与式(2.59)代入式(2.51)可得

$$\begin{aligned}\dot{\tilde{\theta}} &= Q - Q_d + Q_d - \bar{Q} + \bar{Q} - \dot{\theta}_d = \tilde{Q} + y_2 + \bar{Q} - \dot{\theta}_d \\ &= -k_{\theta 1}\tilde{\theta} - k_{\theta 2}\int_0^t \tilde{\theta}\mathrm{d}\tau - g_\gamma\tilde{\gamma} + \tilde{Q} + y_2\end{aligned} \tag{2.61}$$

将式(2.56)与式(2.58)代入式(2.55)可得

$$\begin{aligned}\dot{\tilde{Q}}&=f_Q+d_Q-\dot{Q}_d+g_Q\left[g_Q^{-1}\left(-k_{Q1}\tilde{Q}-k_{Q2}\int_0^t\tilde{Q}d\tau-f_Q-\hat{d}_Q-\tilde{\theta}+\dot{Q}_d\right)\right]\\&=-k_{Q1}\tilde{Q}-k_{Q2}\int_0^t\tilde{Q}d\tau+d_Q-\hat{d}_Q-\tilde{\theta}\\&=-k_{Q1}\tilde{Q}-k_{Q2}\int_0^t\tilde{Q}d\tau-\tilde{d}_Q-\tilde{\theta}\end{aligned}\tag{2.62}$$

选取如下 Lyapunov 函数

$$W_h=\frac{\tilde{\gamma}^2}{2}+\frac{k_{\gamma 2}}{2}\left(\int_0^t\tilde{\gamma}d\tau\right)^2+\frac{\tilde{\theta}^2}{2}+\frac{k_{\theta 2}}{2}\left(\int_0^t\tilde{\theta}d\tau\right)^2+\frac{\tilde{Q}^2}{2}+\frac{k_{Q2}}{2}\left(\int_0^t\tilde{Q}d\tau\right)^2\tag{2.63}$$

对式(2.63)求时间的一阶导数并将式(2.60)～式(2.62)代入可得

$$\begin{aligned}\dot{W}_h&=\tilde{\gamma}\dot{\tilde{\gamma}}+k_{\gamma 2}\tilde{\gamma}\int_0^t\tilde{\gamma}d\tau+\tilde{\theta}\dot{\tilde{\theta}}+k_{\theta 2}\tilde{\theta}\int_0^t\tilde{\theta}d\tau+\tilde{Q}\dot{\tilde{Q}}+k_{Q2}\tilde{Q}\int_0^t\tilde{Q}d\tau\\&=\tilde{\gamma}\left(-k_{\gamma 1}\tilde{\gamma}-k_{\gamma 2}\int_0^t\tilde{\gamma}d\tau+g_\gamma\tilde{\theta}+g_\gamma y_1-\tilde{d}_\gamma\right)+k_{\gamma 2}\tilde{\gamma}\int_0^t\tilde{\gamma}d\tau\\&\quad+\tilde{\theta}\left(-k_{\theta 1}\tilde{\theta}-k_{\theta 2}\int_0^t\tilde{\theta}d\tau-g_\gamma\tilde{\gamma}+\tilde{Q}+y_2\right)+k_{\theta 2}\tilde{\theta}\int_0^t\tilde{\theta}d\tau\\&\quad+\tilde{Q}\left(-k_{Q1}\tilde{Q}-k_{Q2}\int_0^t\tilde{Q}d\tau-\tilde{d}_Q-\tilde{\theta}\right)+k_{Q2}\tilde{Q}\int_0^t\tilde{Q}d\tau\\&=-k_{\gamma 1}\tilde{\gamma}^2-k_{\theta 1}\tilde{\theta}^2-k_{Q1}\tilde{Q}^2+g_\gamma y_1\tilde{\gamma}-\tilde{d}_\gamma\tilde{\gamma}+y_2\tilde{\theta}-\tilde{d}_Q\tilde{Q}\end{aligned}\tag{2.64}$$

由于

$$g_\gamma y_1\tilde{\gamma}\leqslant|g_\gamma||y_1\tilde{\gamma}|\leqslant|g_\gamma|\left(\frac{\bar{y}_1^2}{2}+\frac{\tilde{\gamma}^2}{2}\right)$$

$$-\tilde{d}_\gamma\tilde{\gamma}\leqslant|\bar{d}_\gamma\tilde{\gamma}|\leqslant|\bar{d}_\gamma|\left(\frac{1}{2}+\frac{\tilde{\gamma}^2}{2}\right)$$

$$y_2\tilde{\theta}\leqslant\frac{\bar{y}_2^2}{2}+\frac{\tilde{\theta}^2}{2}$$

$$-\tilde{d}_Q\tilde{Q}\leqslant\frac{\bar{d}_Q^2}{2}+\frac{\tilde{Q}^2}{2}$$

则式(2.64)变为

$$\begin{aligned}\dot{W}_h&\leqslant-k_{\gamma 1}\tilde{\gamma}^2-k_{\theta 1}\tilde{\theta}^2-k_{Q1}\tilde{Q}^2+\frac{|g_\gamma|\bar{y}_1^2}{2}\\&\quad+\frac{|g_\gamma|}{2}\tilde{\gamma}^2+\frac{|\bar{d}_\gamma|}{2}+\frac{|\bar{d}_\gamma|}{2}\tilde{\gamma}^2+\frac{\bar{y}_2^2}{2}+\frac{\tilde{\theta}^2}{2}+\frac{\bar{d}_Q^2}{2}+\frac{\tilde{Q}^2}{2}\\&=-\left(k_{\gamma 1}-\frac{|g_\gamma|}{2}-\frac{|\bar{d}_\gamma|}{2}\right)\tilde{\gamma}^2-\left(k_{\theta 1}-\frac{1}{2}\right)\tilde{\theta}^2-\left(k_{Q1}-\frac{1}{2}\right)\tilde{Q}^2\\&\quad+\frac{|g_\gamma|\bar{y}_1^2}{2}+\frac{|\bar{d}_\gamma|}{2}+\frac{\bar{y}_2^2}{2}+\frac{\bar{d}_Q^2}{2}\end{aligned}\tag{2.65}$$

令 $k_{\gamma 1}>\frac{|g_\gamma|}{2}+\frac{|\bar{d}_\gamma|}{2}$，$k_{\theta 1}>\frac{1}{2}$，$k_{Q1}>\frac{1}{2}$并定义如下紧集

$$\begin{cases} \Omega_{\tilde{\gamma}}=\left\{\tilde{\gamma}\left|\,|\tilde{\gamma}|\leqslant\sqrt{\left(\frac{|g_{\gamma}|\bar{y}_1^2}{2}+\frac{|\bar{d}_{\gamma}|}{2}+\frac{\bar{y}_2^2}{2}+\frac{\bar{d}_Q^2}{2}\right)\Big/\left(k_{\gamma1}-\frac{|g_{\gamma}|}{2}-\frac{|\bar{d}_{\gamma}|}{2}\right)}\right.\right\} \\ \Omega_{\tilde{\theta}}=\left\{\tilde{\theta}\left|\,|\tilde{\theta}|\leqslant\sqrt{\left(\frac{|g_{\gamma}|\bar{y}_1^2}{2}+\frac{|\bar{d}_{\gamma}|}{2}+\frac{\bar{y}_2^2}{2}+\frac{\bar{d}_Q^2}{2}\right)\Big/\left(k_{\theta1}-\frac{1}{2}\right)}\right.\right\} \\ \Omega_{\tilde{Q}}=\left\{\tilde{Q}\left|\,|\tilde{Q}|\leqslant\sqrt{\left(\frac{|g_{\gamma}|\bar{y}_1^2}{2}+\frac{|\bar{d}_{\gamma}|}{2}+\frac{\bar{y}_2^2}{2}+\frac{\bar{d}_Q^2}{2}\right)\Big/\left(k_{Q1}-\frac{1}{2}\right)}\right.\right\} \end{cases} \tag{2.66}$$

若 $\tilde{\gamma}\notin\Omega_{\tilde{\gamma}}$ 或 $\tilde{\theta}\notin\Omega_{\tilde{\theta}}$ 或 $\tilde{Q}\notin\Omega_{\tilde{Q}}$，则 $\dot{W}_h<0$，故闭环控制系统局部一致渐近稳定。跟踪误差 $\tilde{\gamma}$、$\tilde{\theta}$ 与 $\tilde{Q}$ 半全局一致最终有界，并最终分别收敛到紧集 $\Omega_{\tilde{\gamma}}$、$\Omega_{\tilde{\theta}}$ 与 $\Omega_{\tilde{Q}}$ 内。选取合适的设计参数 $k_{\gamma1}$、$k_{\theta1}$ 与 $k_{Q1}$，紧集 $\Omega_{\tilde{\gamma}}$、$\Omega_{\tilde{\theta}}$ 与 $\Omega_{\tilde{Q}}$ 可以变得任意小，则跟踪误差 $\tilde{\gamma}$、$\tilde{\theta}$ 与 $\tilde{Q}$ 也可以任意小。证毕。

**注 2.19**：定理 2.4 表明，跟踪误差 $\tilde{\gamma}$ 有界且可以任意小，即 $\gamma\to\gamma_d$，进而有 $h\to h_{ref}$。

至此，已完成了不考虑控制输入受限时 HFV 鲁棒反演控制律的设计过程，控制系统结构框图如图 2.19 所示。

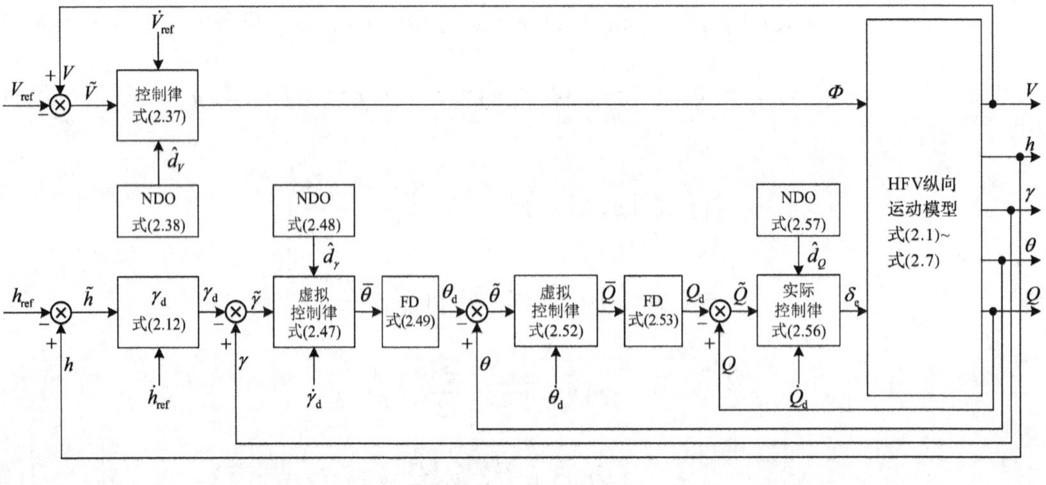


图 2.19　未考虑控制输入受限时 HFV 鲁棒反演控制系统结构框图

### 2.3.5　控制输入受限时控制律重设计

2.3.3 节与 2.3.4 节的控制律都没有考虑控制输入受限问题，而在实际情况中，HFV 控制系统执行机构的 $\Phi$ 与 $\delta_e$ 的可执行范围都有一定限度。为了维持 Scramjet 正常的工作模态，对 $\Phi$ 的取值范围提出约束，一般取 $\Phi\in[0.05, 1.5]$。受到偏转角度的物理限制，通常取 $\delta_e\in[-20°, 20°]$。考虑到 HFV 的飞行姿态限制，为了最大限度地避免气动弹性振动对飞行器结构安全带来的不利影响[144]，$\Phi$ 与 $\delta_e$ 的实际可执行范围比其理论值还要更小。应当指出，理论上控制系统的速率与带宽也是受约束的。但从现有研究[153, 158, 159, 208]来看，当考虑速率与带宽约束时，其补偿策略与只考虑幅值约束时相同，只对幅值饱和进行补偿，而未对速率与带宽饱和采取任何应对措施。因此，如何保证幅值、速率与带宽同时饱和时闭环系统的稳定性，现有研究[153, 158, 159, 208, 209]尚缺乏完备的理论依据。有鉴于此，目前的研究更多地集中在幅值饱和问题上[144, 145, 150-152, 154, 157, 160, 161, 163, 164]。本书也只考虑执行器幅值饱和的控制输入受限问题。

将控制输入受限问题定义为

$$\Phi = \begin{cases} \Phi_{\max} & \Phi_c > \Phi_{\max} \\ \Phi_c & \Phi_{\min} \leqslant \Phi_c \leqslant \Phi_{\max} \\ \Phi_{\min} & \Phi_c < \Phi_{\min} \end{cases} \tag{2.67}$$

$$\delta_e = \begin{cases} \delta_{\text{emax}} & \delta_{\text{ec}} > \delta_{\text{emax}} \\ \delta_{\text{ec}} & \delta_{\text{emin}} \leqslant \delta_{\text{ec}} \leqslant \delta_{\text{emax}} \\ \delta_{\text{emin}} & \delta_{\text{ec}} < \delta_{\text{emin}} \end{cases} \tag{2.68}$$

式中：$\Phi_c$ 与 $\delta_{\text{ec}}$分别为待设计的理想控制律；$\Phi_{\min}$ 与 $\Phi_{\max}$ 分别为 $\Phi$ 的下界与上界；$\delta_{\text{emin}}$ 与 $\delta_{\text{emax}}$分别为 $\delta_e$ 的下界与上界。

当理想控制律 $\Phi_c$ 与 $\delta_{\text{ec}}$的取值超过了执行器 $\Phi$ 与$\delta_e$ 的可执行范围时，会导致理想控制律无法得到有效执行。此时，将显著降低控制性能并严重影响闭环系统的稳定性，并且定理 2.3 与定理 2.4 已不再成立。因此，必须对 2.3.3 节与 2.3.4 节的控制律重新进行设计。针对控制输入受限问题，需采取附加措施，以保证执行器饱和时闭环系统的稳定性与跟踪误差的有界性。

本节提出一种新型辅助误差补偿策略，通过设计一种新型辅助系统对跟踪误差与理想控制律进行补偿，以保证执行器瞬时饱和时闭环系统仍然稳定，且跟踪误差仍有界。

先给出如下合理假设。

**假设 2.5**：存在有界正常数 $\bar{f}_V$、$\bar{f}_Q$、$\bar{g}_V$ 与 $\bar{g}_Q$ 使得 $|f_V| \leqslant \bar{f}_V$，$|f_Q| \leqslant \bar{f}_Q$，$|g_V| \leqslant \bar{g}_V$，$|g_Q| \leqslant \bar{g}_Q$。

**注 2.20**：由于 $f_V$、$f_Q$、$g_V$ 与 $g_Q$ 是连续函数，则在 HFV 状态的正常范围内，$f_V$、$f_Q$、$g_V$ 与 $g_Q$ 必有界[121, 131, 136, 139]，故假设 2.5 成立。

**假设 2.6**[115]：参考输入 $V_{\text{ref}}$及其一阶导数 $\dot{V}_{\text{ref}}$均有界。

**1. 速度控制律重设计**

由于 $\Phi$ 的执行范围有限，设计如下新型辅助系统

$$\dot{\chi}_V = -\frac{\kappa_V \chi_V}{|\chi_V| + \delta_V} + g_V(\Phi - \Phi_c) \tag{2.69}$$

式中：$\kappa_V$，$\delta_V \in \mathbf{R}^+$ 为待设计参数；$\chi_V \in \mathbf{R}$ 为辅助系统的状态变量。

将 2.3.3 节的速度跟踪误差 $\tilde{V}$ 修正为

$$Z_V = \tilde{V} - \chi_V \tag{2.70}$$

对式(2.70)求时间的一阶导数并将式(2.36)与式(2.69)代入可得

$$\dot{Z}_V = \dot{\tilde{V}} - \dot{\chi}_V = g_V \Phi_c + f_V + d_V - \dot{V}_{\text{ref}} + \frac{\kappa_V \chi_V}{|\chi_V| + \delta_V} \tag{2.71}$$

将理想控制律 $\Phi_c$ 设计为

$$\Phi_c = g_V^{-1}\left(-k_{V1} Z_V - k_{V2}\int_0^t Z_V \mathrm{d}\tau - f_V - \hat{d}_V + \dot{V}_{\text{ref}} - \frac{\kappa_V \chi_V}{|\chi_V| + \delta_V}\right) \tag{2.72}$$

下面进行稳定性分析。

**定理 2.5**：针对 HFV 的速度子系统（式(2.10)），若采用控制律式(2.72)、NDO 式(2.38)与辅助系统式(2.69)，则闭环控制系统局部一致渐近稳定。

**证明**：将式(2.72)代入式(2.71)可得

$$\begin{aligned}\dot{Z}_V &= g_V\left[g_V^{-1}\left(-k_{V1}Z_V - k_{V2}\int_0^t Z_V\mathrm{d}\tau - f_V - \hat{d}_V + \dot{V}_{\text{ref}} - \frac{\kappa_V\chi_V}{|\chi_V|+\delta_V}\right)\right] \\ &\quad + f_V + d_V - \dot{V}_{\text{ref}} + \frac{\kappa_V\chi_V}{|\chi_V|+\delta_V} \\ &= -k_{V1}Z_V - k_{V2}\int_0^t Z_V\mathrm{d}\tau - \tilde{d}_V\end{aligned} \tag{2.73}$$

选取如下 Lyapunov 函数

$$W_{V1} = \frac{Z_V^2}{2} + \frac{k_{V2}}{2}\left(\int_0^t Z_V\mathrm{d}\tau\right)^2 \tag{2.74}$$

对式(2.74)求时间的一阶导数并将式(2.73)代入可得

$$\begin{aligned}\dot{W}_{V1} &= Z_V\dot{Z}_V + k_{V2}Z_V\int_0^t Z_V\mathrm{d}\tau \\ &= Z_V\left(-k_{V1}Z_V - k_{V2}\int_0^t Z_V\mathrm{d}\tau - \tilde{d}_V\right) + k_{V2}Z_V\int_0^t Z_V\mathrm{d}\tau \\ &= -k_{V1}Z_V^2 - Z_V\tilde{d}_V\end{aligned} \tag{2.75}$$

由于$-Z_V\tilde{d}_V \leqslant \frac{Z_V^2}{2} + \frac{\bar{d}_V^2}{2}$，式(2.75)变为

$$\dot{W}_{V1} \leqslant -\left(k_{V1} - \frac{1}{2}\right)Z_V^2 + \frac{\bar{d}_V^2}{2} \tag{2.76}$$

令 $k_{V1} > 1/2$ 并定义如下紧集

$$\Omega_{Z_V} = \left\{Z_V \,\middle|\, |Z_V| \leqslant \sqrt{\left(\frac{\bar{d}_V^2}{2}\right)\Big/\left(k_{V1} - \frac{1}{2}\right)}\right\} \tag{2.77}$$

如果 $Z_V \notin \Omega_{Z_V}$，则 $\dot{W}_{V1} < 0$，故闭环控制系统局部一致渐近稳定。修正误差 $Z_V$ 半全局一致最终有界，且最终收敛到紧集 $\Omega_{Z_V}$ 内。通过选取足够大的 $k_{V1}$，$\Omega_{Z_V}$ 与 $Z_V$ 均可任意小。证毕。

由定理 2.5 可见，通过设计新型辅助系统式(2.69)，可以有效避免控制输入受限对闭环控制系统稳定性的影响，不论执行器是否处于饱和状态，闭环控制系统均稳定，并且 $Z_V$ 有界。但是，$Z_V$ 有界并不能保证速度跟踪误差 $\tilde{V}$ 也有界，控制目标也就无法达成。为了解决这个难题，给出定理 2.6。

**定理 2.6**：在定理 2.5、假设 2.5 与假设 2.6 的前提下，无论 $\Phi$ 是否处于饱和状态，$\chi_V$ 均全局一致最终有界。

**证明**：由于$\left|\frac{\kappa_V\chi_V}{|\chi_V|+\delta_V}\right| < \kappa_V$，再根据定理 2.5、假设 2.5 与假设 2.6 易知，$\Phi_c$ 有界。因此，不论 $\chi_V$ 是否有界，都存在有界非负常数 $\bar{\Phi}$ 使得 $|\Phi - \Phi_c| \leqslant \bar{\Phi}$。

选取如下 Lyapunov 函数

$$W_{\chi_V} = \chi_V^2 \tag{2.78}$$

对式(2.78)求时间的一阶导数并将式(2.69)代入可得

$$
\begin{aligned}
\dot{W}_{\chi_V} &= \chi_V \dot{\chi}_V = \chi_V \left[ -\frac{\kappa_V \chi_V}{|\chi_V| + \delta_V} + g_V(\Phi - \Phi_c) \right] \\
&= -\frac{\kappa_V \chi_V^2}{|\chi_V| + \delta_V} + g_V(\Phi - \Phi_c)\chi_V \\
&\leqslant -\frac{\kappa_V |\chi_V| |\chi_V|}{|\chi_V| + \delta_V} + \bar{g}_V \bar{\Phi} |\chi_V| \\
&= -\left( \frac{\kappa_V |\chi_V|}{|\chi_V| + \delta_V} - \bar{g}_V \bar{\Phi} \right) |\chi_V|
\end{aligned}
\tag{2.79}
$$

若 $\kappa_V > \frac{\kappa_V |\chi_V|}{|\chi_V| + \delta_V} > \bar{g}_V \bar{\Phi}$，则 $\dot{W}_{\chi_V} \leqslant 0$，当且仅当 $\chi_V = 0$ 时，$\dot{W}_{\chi_V} = 0$，故 $\chi_V$ 全局一致最终有界。证毕。

由式(2.70)可得：$\tilde{V} = Z_V + \chi_V$。定理 2.5 与定理 2.6 已分别证明 $Z_V$ 与 $\chi_V$ 的有界性，故速度跟踪误差 $\tilde{V}$ 有界。因此，当执行器处于饱和状态时，虽然 $\tilde{V}$ 可能会有所增大，但依然有界，所设计的速度控制律仍能保证速度 $V$ 对其参考输入 $V_{\text{ref}}$ 的有界跟踪。

**2. 高度控制律重设计**

为了处理 $\delta_e$ 饱和对高度控制系统稳定性带来的不利影响，设计如下新型辅助系统

$$
\dot{\chi}_Q = -\frac{\kappa_Q \chi_Q}{|\chi_Q| + \delta_Q} + g_Q(\delta_e - \delta_{ec}) \tag{2.80}
$$

式中：$\kappa_Q$，$\delta_Q \in \mathbf{R}^+$ 为待设计参数；$\chi_Q \in \mathbf{R}$ 为辅助系统的状态变量。

将 2.3.4 节的控制律式(2.52)修正为

$$
\bar{Q} = -k_{\theta 1}\tilde{\theta} - k_{\theta 2}\int_0^t \tilde{\theta}\, \mathrm{d}\tau - g_\gamma \tilde{\gamma} + \dot{\theta}_d - \chi_Q \tag{2.81}
$$

将俯仰角速度跟踪误差 $\tilde{Q}$ 修正为

$$
Z_Q = \tilde{Q} - \chi_Q \tag{2.82}
$$

对式(2.82)求时间的一阶导数并将式(2.55)与式(2.80)代入可得

$$
\begin{aligned}
\dot{Z}_Q &= \dot{\tilde{Q}} - \dot{\chi}_Q = f_Q + g_Q\delta_e + d_Q - \dot{Q}_d - \left[ -\frac{\kappa_Q \chi_Q}{|\chi_Q| + \delta_Q} + g_Q(\delta_e - \delta_{ec}) \right] \\
&= f_Q + g_Q\delta_{ec} + d_Q - \dot{Q}_d + \frac{\kappa_Q \chi_Q}{|\chi_Q| + \delta_Q}
\end{aligned}
\tag{2.83}
$$

将理想控制律 $\delta_{ec}$ 设计为

$$
\delta_{ec} = g_Q^{-1}\left( -k_{Q1}Z_Q - k_{Q2}\int_0^t Z_Q\, \mathrm{d}\tau - f_Q - \hat{d}_Q - \tilde{\theta} + \dot{Q}_d - \frac{\kappa_Q \chi_Q}{|\chi_Q| + \delta_Q} \right) \tag{2.84}
$$

下面进行稳定性分析。

**定理 2.7**：考虑 HFV 的高度子系统(式(2.15))，若采用控制律式(2.47)、式(2.81)、式(2.84)，FD 式(2.49)、式(2.53)与 NDO 式(2.48)、式(2.57)，则闭环控制系统局部一致渐近稳定。

**证明**：将式(2.54)、式(2.59)与式(2.81)代入式(2.51)可得

$$
\begin{aligned}
\dot{\tilde{\theta}} &= Q - Q_{\mathrm{d}} + Q_{\mathrm{d}} - \bar{Q} + \bar{Q} - \dot{\theta}_{\mathrm{d}} = \tilde{Q} + y_2 + \bar{Q} - \dot{\theta}_{\mathrm{d}} \\
&= -k_{\theta 1}\tilde{\theta} - k_{\theta 2}\int_0^t \tilde{\theta}\mathrm{d}\tau + Z_Q + y_2 - g_\gamma \tilde{\gamma}
\end{aligned} \tag{2.85}
$$

将式(2.58)与式(2.84)代入式(2.83)可得

$$
\begin{aligned}
\dot{Z}_Q &= f_Q + d_Q - \dot{Q}_{\mathrm{d}} + \frac{\kappa_Q \chi_Q}{|\chi_Q| + \delta_Q} \\
&\quad + g_Q\left[g_Q^{-1}\left(-k_{Q1}Z_Q - k_{Q2}\int_0^t Z_Q \mathrm{d}\tau - f_Q - \hat{d}_Q - \tilde{\theta} + \dot{Q}_{\mathrm{d}} - \frac{\kappa_Q \chi_Q}{|\chi_Q| + \delta_Q}\right)\right] \\
&= -k_{Q1}Z_Q - k_{Q2}\int_0^t Z_Q \mathrm{d}\tau - \tilde{d}_Q - \tilde{\theta}
\end{aligned} \tag{2.86}
$$

选取如下 Lyapunov 函数

$$
W_{h1} = \frac{\tilde{\gamma}^2}{2} + \frac{k_{\gamma 2}}{2}\left(\int_0^t \tilde{\gamma}\mathrm{d}\tau\right)^2 + \frac{\tilde{\theta}^2}{2} + \frac{k_{\theta 2}}{2}\left(\int_0^t \tilde{\theta}\mathrm{d}\tau\right)^2 + \frac{Z_Q^2}{2} + \frac{k_{Q2}}{2}\left(\int_0^t Z_Q \mathrm{d}\tau\right)^2 \tag{2.87}
$$

对式(2.87)求时间的一阶导数并将式(2.62)、式(2.85)与式(2.86)代入可得

$$
\begin{aligned}
\dot{W}_{h1} &= \tilde{\gamma}\dot{\tilde{\gamma}} + k_{\gamma 2}\tilde{\gamma}\int_0^t \tilde{\gamma}\mathrm{d}\tau + \tilde{\theta}\dot{\tilde{\theta}} + k_{\theta 2}\tilde{\theta}\int_0^t \tilde{\theta}\mathrm{d}\tau + Z_Q\dot{Z}_Q + k_{Q2}Z_Q\int_0^t Z_Q \mathrm{d}\tau \\
&= \tilde{\gamma}\left(-k_{\gamma 1}\tilde{\gamma} - k_{\gamma 2}\int_0^t \tilde{\gamma}\mathrm{d}\tau + g_\gamma \tilde{\theta} + g_\gamma y_1 - \tilde{d}_\gamma\right) + k_{\gamma 2}\tilde{\gamma}\int_0^t \tilde{\gamma}\mathrm{d}\tau \\
&\quad + \tilde{\theta}\left(-k_{\theta 1}\tilde{\theta} - k_{\theta 2}\int_0^t \tilde{\theta}\mathrm{d}\tau + Z_Q + y_2 - g_\gamma \tilde{\gamma}\right) + k_{\theta 2}\tilde{\theta}\int_0^t \tilde{\theta}\mathrm{d}\tau \\
&\quad + Z_Q\left(-k_{Q1}Z_Q - k_{Q2}\int_0^t Z_Q \mathrm{d}\tau - \tilde{d}_Q - \tilde{\theta}\right) + k_{Q2}Z_Q\int_0^t Z_Q \mathrm{d}\tau \\
&= -k_{\gamma 1}\tilde{\gamma}^2 - k_{\theta 1}\tilde{\theta}^2 - k_{Q1}Z_Q^2 + g_\gamma y_1 \tilde{\gamma} - \tilde{d}_\gamma \tilde{\gamma} + y_2\tilde{\theta} - \tilde{d}_Q Z_Q
\end{aligned} \tag{2.88}
$$

由于

$$
g_\gamma y_1 \tilde{\gamma} \leqslant |g_\gamma|\,|y_1\tilde{\gamma}| \leqslant |g_\gamma|\left(\frac{\bar{y}_1^2}{2} + \frac{\tilde{\gamma}^2}{2}\right)
$$

$$
-\tilde{d}_\gamma \tilde{\gamma} \leqslant |\tilde{d}_\gamma \tilde{\gamma}| \leqslant |\bar{d}_\gamma|\left(\frac{1}{2} + \frac{\tilde{\gamma}^2}{2}\right)
$$

$$
y_2\tilde{\theta} \leqslant \frac{\bar{y}_2^2}{2} + \frac{\tilde{\theta}^2}{2}
$$

$$
-\tilde{d}_Q Z_Q \leqslant \frac{\bar{d}_Q^2}{2} + \frac{Z_Q^2}{2}
$$

则式(2.88)变为

$$
\begin{aligned}
\dot{W}_{h1} &\leqslant -\left(k_{\gamma 1} - \frac{|g_\gamma|}{2} - \frac{|\bar{d}_\gamma|}{2}\right)\tilde{\gamma}^2 - \left(k_{\theta 1} - \frac{1}{2}\right)\tilde{\theta}^2 - \left(k_{Q1} - \frac{1}{2}\right)Z_Q^2 \\
&\quad + \frac{|g_\gamma|\bar{y}_1^2}{2} + \frac{|\bar{d}_\gamma|}{2} + \frac{\bar{y}_2^2}{2} + \frac{\bar{d}_Q^2}{2}
\end{aligned} \tag{2.89}
$$

令 $k_{\gamma 1} > \dfrac{|g_\gamma|}{2} + \dfrac{|\bar{d}_\gamma|}{2}$，$k_{\gamma 1} > \dfrac{|g_\gamma|}{2} + \dfrac{|\bar{d}_\gamma|}{2}$，$k_{Q1} > \dfrac{1}{2}$并定义如下紧集

$$\begin{cases}\Omega_{\tilde{\gamma}}=\left\{\tilde{\gamma}\left|\,|\tilde{\gamma}|\leqslant\sqrt{\left(\frac{|g_\gamma|\bar{y}_1^2}{2}+\frac{|\bar{d}_\gamma|}{2}+\frac{\bar{y}_2^2}{2}+\frac{\bar{d}_Q^2}{2}\right)\Big/\left(k_{\gamma 1}-\frac{|g_\gamma|}{2}-\frac{|\bar{d}_\gamma|}{2}\right)}\right.\right\}\\ \Omega_{\tilde{\theta}}=\left\{\tilde{\theta}\left|\,|\tilde{\theta}|\leqslant\sqrt{\left(\frac{|g_\gamma|\bar{y}_1^2}{2}+\frac{|\bar{d}_\gamma|}{2}+\frac{\bar{y}_2^2}{2}+\frac{\bar{d}_Q^2}{2}\right)\Big/\left(k_{\theta 1}-\frac{1}{2}\right)}\right.\right\}\\ \Omega_{Z_Q}=\left\{Z_Q\left|\,|Z_Q|\leqslant\sqrt{\left(\frac{|g_\gamma|\bar{y}_1^2}{2}+\frac{|\bar{d}_\gamma|}{2}+\frac{\bar{y}_2^2}{2}+\frac{\bar{d}_Q^2}{2}\right)\Big/\left(k_{Q1}-\frac{1}{2}\right)}\right.\right\}\end{cases}\tag{2.90}$$

若 $\tilde{\gamma}\notin\Omega_{\tilde{\gamma}}$ 或 $\tilde{\theta}\notin\Omega_{\tilde{\theta}}$ 或 $Z_Q\notin\Omega_{Z_Q}$，则 $\dot{W}_{h1}<0$，故闭环控制系统局部一致渐近稳定。误差 $\tilde{\gamma}$、$\tilde{\theta}$ 与 $Z_Q$ 半全局一致最终有界，并分别最终收敛到紧集 $\Omega_{\tilde{\gamma}}$、$\Omega_{\tilde{\theta}}$ 与 $\Omega_{Z_Q}$ 内。通过选取足够大的 $k_{\gamma 1}$、$k_{\theta 1}$ 与 $k_{Q1}$，紧集 $\Omega_{\tilde{\gamma}}$、$\Omega_{\tilde{\theta}}$ 与 $\Omega_{Z_Q}$ 可以变得任意小，则误差 $\tilde{\gamma}$、$\tilde{\theta}$ 与 $Z_Q$ 也可以任意小。证毕。

定理 2.7 仅能保证 $\tilde{Q}$ 的修正量 $Z_Q$ 有界。为了证明 $\delta_e$ 饱和时 $\tilde{Q}$ 依然有界，给出定理 2.8。

**定理 2.8**：在定理 2.7 与假设 2.5 前提下，无论 $\delta_e$ 是否处于饱和状态，$\chi_Q$ 均全局一致最终有界。

**证明**：注意到无论 $\chi_Q$ 是否有界，$\left|\dfrac{\kappa_Q\chi_Q}{|\chi_Q|+\delta_Q}\right|<\kappa_Q$ 均是有界的。再结合定理 2.7 与假设 2.5 易知，理想控制律 $\delta_{ec}$ 必有界。故存在有界非负常数 $\bar{\delta}_e$ 使得 $|\delta_e-\delta_{ec}|\leqslant\bar{\delta}_e$。

选取如下 Lyapunov 函数

$$W_{\chi_Q}=\chi_Q^2\tag{2.91}$$

对式(2.91)求时间的一阶导数并将式(2.80)代入可得

$$\begin{aligned}\dot{W}_{\chi_Q}&=\chi_Q\dot{\chi}_Q=\chi_Q\left[-\frac{\kappa_Q\chi_Q}{|\chi_Q|+\delta_Q}+g_Q(\delta_e-\delta_{ec})\right]\\&=-\frac{\kappa_Q\chi_Q^2}{|\chi_Q|+\delta_Q}+g_Q(\delta_e-\delta_{ec})\chi_Q\\&\leqslant-\frac{\kappa_Q|\chi_Q|^2}{|\chi_Q|+\delta_Q}+\bar{g}_Q\bar{\delta}_e|\chi_Q|\\&=-\left(\frac{\kappa_Q|\chi_Q|}{|\chi_Q|+\delta_Q}-\bar{g}_Q\bar{\delta}_e\right)|\chi_Q|\end{aligned}\tag{2.92}$$

若 $\kappa_Q>\dfrac{\kappa_Q|\chi_Q|}{|\chi_Q|+\delta_Q}\geqslant\bar{g}_Q\bar{\delta}_e$，则 $\dot{W}_{\chi_Q}\leqslant 0$，当且仅当 $\chi_Q=0$ 时，$\dot{W}_{\chi_Q}=0$，故 $\chi_Q$ 全局一致最终有界。证毕。

由式(2.82)得：$\tilde{Q}=Z_Q+\chi_Q$。由于定理 2.7 与定理 2.8 已证明 $Z_Q$ 与 $\chi_Q$ 均有界，故无论 $\delta_e$ 是否处于饱和状态，$\tilde{Q}$ 均有界。进一步，根据反演控制理论可得：$\theta\to\theta_d$，$\gamma\to\gamma_d$，$h\to h_{ref}$。因此，所设计的新型辅助系统式(2.80)同样可以处理 $\delta_e$ 饱和对高度闭环控制系统稳定性的不利影响，高度控制律能确保 $h$ 对其参考输入 $h_{ref}$ 的有界跟踪。

至此，已完成了速度子系统与高度子系统的控制律重设计。考虑控制输入受限时，HFV 鲁棒反演控制系统结构框图如图 2.20 所示。

**注 2.21**：若采用文献[159]的补偿策略处理控制输入受限问题，当 $\Phi$ 与 $\delta_e$ 处于饱和状态时，仅能保证闭环控制系统稳定，跟踪误差并不一定有界[157-159]，仍存在控制任务失败的

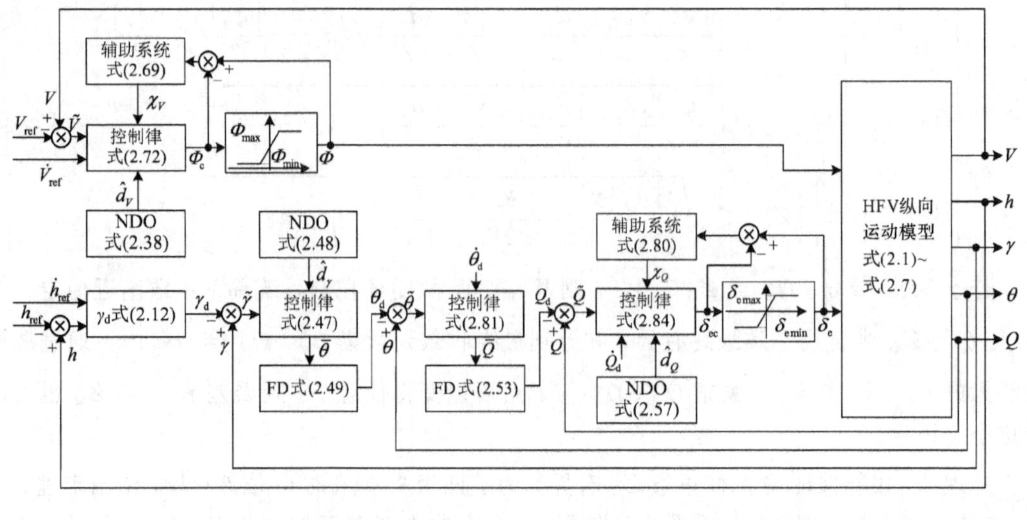


图 2.20　考虑控制输入受限时 HFV 鲁棒反演控制系统结构框图

风险。本节提出的新型辅助误差补偿策略，通过设计两个新型辅助系统分别对速度跟踪误差与俯仰角速度跟踪误差进行修正，并对各自的理想控制律进行校正，保证了执行器饱和时闭环控制系统的稳定性。由于对理想控制律的补偿$\dfrac{\kappa_V\chi_V}{|\chi_V|+\delta_V}$与$\dfrac{\kappa_Q\chi_Q}{|\chi_Q|+\delta_Q}$均为有界补偿，使得理想控制律的有界性摆脱了对 $\chi_V$ 与 $\chi_Q$ 的依赖，从而保证了执行器饱和时修正误差与跟踪误差均有界。

**注 2.22**：定理 2.6 与定理 2.8 要求 $\kappa_V>\bar{g}_V\bar{\Phi}\geqslant\bar{g}_V|\Phi-\Phi_c|$，$\kappa_Q>\bar{g}_Q\bar{\delta}_e\geqslant|\delta_e-\delta_{ec}|$。如果 $\Phi$ 与 $\delta_e$ 一直处于饱和状态，则 $\Phi_c$ 与 $\delta_{ec}$ 就会持续增大，最终将无法选取合适的 $\kappa_V$ 与 $\kappa_Q$ 以保证定理 2.6 与定理 2.8 始终成立。因此，与现有研究类似，本节提出的辅助误差补偿策略也仅能处理瞬时饱和问题。由于在为 HFV 作航迹规划时，已将执行器饱和对其可达飞行轨迹的约束考虑进去，故实际飞行中遇到的均是由未知大气干扰所引起的瞬时饱和问题。

**注 2.23**：本节提出的辅助误差补偿策略同样可以处理状态受限问题。只需再设计三个类似的辅助系统对跟踪误差 $\tilde{h}$、$\tilde{\gamma}$ 与 $\tilde{\theta}$ 以及对应的控制律式(2.12)、式(2.47)与式(2.52)进行有界补偿，便可解决状态饱和问题。但考虑到 HFV 没有相应的物理执行机构对飞行姿态等状态的幅值进行约束，本节只考虑控制输入受限的情形。

**注 2.24**：在 2.3.3 节～2.3.5 节，设计参数 $k_{V1}$、$k_{\gamma1}$、$k_{\theta1}$、$k_{Q1}$、$\kappa_V$ 与 $\kappa_Q$ 的取值范围由定理 2.3～定理 2.8 所决定，即 $k_{V1}>\dfrac{1}{2}$，$k_{\gamma1}>\dfrac{|g_\gamma|}{2}+\dfrac{|\bar{d}_\gamma|}{2}$，$k_{\theta1}>\dfrac{1}{2}$，$k_{Q1}>\dfrac{1}{2}$。参数 $k_{V2}$、$k_{\gamma2}$、$k_{\theta2}$与 $k_{Q2}$的作用主要是消除静差，一般为其选取较小的数值即可。$\delta_V$ 与 $\delta_Q$ 通常取小于 1 的常值。TD 与 NDO 设计参数的取值可参考注 2.9。仿真过程中，设计参数的具体取值还要综合考虑实际的控制效果。

## 2.4　仿 真 与 分 析

为了验证所提出的控制方法与辅助误差补偿策略的可行性与有效性，以 HFV 的纵向运动模型式(2.1)～式(2.7)为被控对象，进行速度与高度参考输入的跟踪仿真。本节及下文的仿真中选取的一些典型情景，只是用于考察控制方法的控制性能，这与 HFV 的实际飞行状态略有不同。仿真采用四阶 Runge-Kutta 法进行求解，仿真步长取为 0.01 s。速度与高度参考输入 $V_{\text{ref}}$ 与 $h_{\text{ref}}$ 均由如图 2.21 所示的二阶参考模型给出。

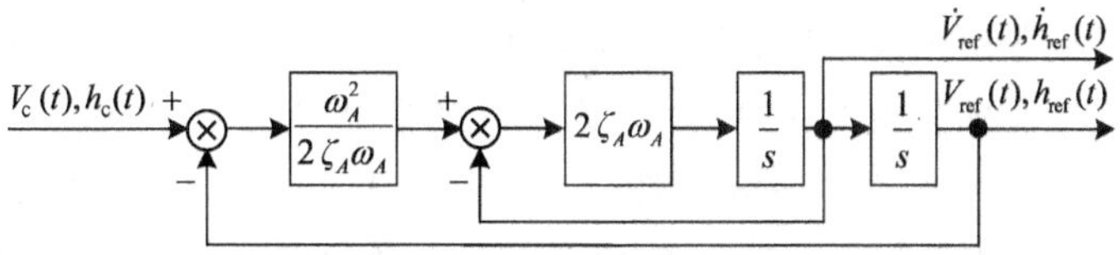


图 2.21　二阶参考模型结构图

该二阶参考模型的传递函数为

$$\frac{h_{\text{ref}}(s)}{h_c(s)}=\frac{V_{\text{ref}}(s)}{V_c(s)}=\frac{\omega_A^2}{s^2+2\zeta_A\omega_A s+\omega_A^2} \tag{2.93}$$

式中，$\zeta_A$ 与 $\omega_A$ 为待设计参数，且其取值直接影响 $V_{\text{ref}}$ 与 $h_{\text{ref}}$ 的调节时间 $t_s$ 与超调量 $\sigma\%$ 等指标。当误差带取为 0.05 时，有[210]

$$t_s=\frac{3.5}{(\zeta_A\omega_A)},\qquad \sigma\%=\exp\left(\frac{-\pi\zeta_A}{\sqrt{1-\zeta_A^2}}\right)\times 100\%$$

因此，通过选择合适的 $\zeta_A$ 与 $\omega_A$，即可得到较为平滑的 $V_{\text{ref}}$ 与 $h_{\text{ref}}$。同时，也可获得控制律所必需的参考输入的一阶导数 $\dot V_{\text{ref}}$ 与 $\dot h_{\text{ref}}$。仿真中，HFV 的初始状态取值见表 2.5。

**表 2.5　HFV 的初始状态取值**

| 参数 | 取值 | 单位 |
|---|---|---|
| $V$ | 2500 | m/s |
| $h$ | 27 000 | m |
| $\gamma$ | 0 | ° |
| $\theta$ | 1.5295 | ° |
| $Q$ | 0 | °/s |
| $\eta_1$ | 0.2857 | — |
| $\eta_2$ | 0.2350 | — |

### 2.4.1　不考虑控制输入受限时的仿真与分析

仿真采用控制律式(2.12)、式(2.37)、式(2.47)、式(2.52)、式(2.56)，NDO 式(2.38)、式(2.48)、式(2.57)与 FD 式(2.49)、式(2.53)。设计参数取为：$k_{V1}=1.8$，$k_{V2}=0.5$，$R_V=0.1$，$a_{V1}=0.5$，$a_{V2}=0.4$，$k_{\gamma1}=0.3$，$k_{\gamma2}=0.2$，$k_{\theta1}=0.6$，$k_{\theta2}=0.2$，$R_\gamma=0.1$，$a_{\gamma1}=0.5$，$a_{\gamma2}=0.4$，$R_1=12$，$a_{11}=2$，$a_{12}=2$，$R_2=14$，$a_{21}=2$，$a_{22}=2$，$k_{Q1}=0.6$，$k_{Q2}=0.1$，$R_Q=0.1$，$a_{Q1}=0.5$，$a_{Q2}=0.4$，$k=0.6$，$k_1=0.1$。二阶参考模型参数取为：$\varsigma_A=0.95$，

$\omega_A=0.03$。为了考察控制律的鲁棒性，假设 HFV 模型气动系数存在±40%的摄动量，定义 $\Delta=0.4\sin(0.01\pi t)$。当仿真时间 $t\geqslant150$ s 时，分别向 $V_-$子系统（式(2.1)）与 $Q_-$子系统（式(2.5)）加入 $d_{V0}=\sin(0.02\pi t)$ m/s² 与 $d_{Q0}=0.2\sin(0.02\pi t)$ °/s² 等外部扰动。分别在以下三种情景下进行仿真。

情景一：速度 $V$ 保持不变，高度 $h$ 阶跃幅值为 1000 m。

情景二：高度 $h$ 保持不变，速度 $V$ 阶跃幅值为 700 m/s。

情景三：速度 $V$ 阶跃幅值为 700 m/s，高度 $h$ 阶跃幅值为 1000 m。

仿真结果如图 2.22～图 2.24 所示。图(a)～图(d)表明，在存在较大模型不确定性与外部扰动的情况下，控制律仍能保证速度 $V$ 与高度 $h$ 对各自参考输入的稳定跟踪，且速度跟踪误差与高度跟踪误差均保持在较小数值。由图(e)～图(h)可见，航迹角 $\gamma$、俯仰角 $\theta$ 与俯仰角速度 $Q$ 也能实现对各自指令的鲁棒跟踪，且飞行姿态角均处于合理范围内。图(i)～图(k)表明，弹性状态 $\eta_1$、$\eta_2$ 与控制输入 $\Phi$、$\delta_e$ 都较平滑，且控制输入不存在高频抖振现象。图(l)与图(m)为 FD 对虚拟控制律一阶导数的估计效果。图(n)～图(p)表明，所设计的新型 NDO 可以提供对模型不确定项的平滑估计，从而保证了控制律对模型不确定性与外部扰动的鲁棒性。

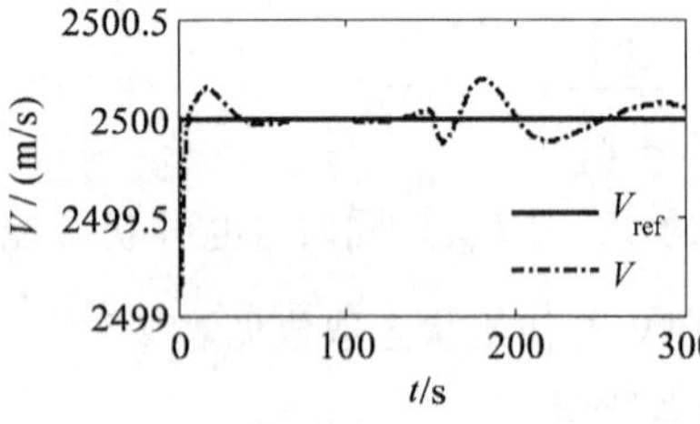

(a) 速度跟踪效果

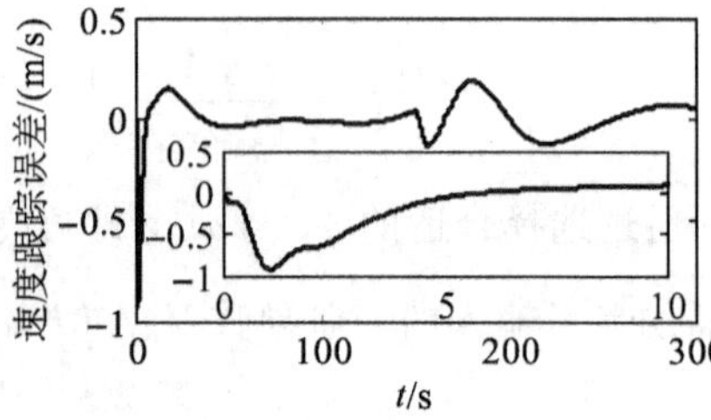

(b) 速度跟踪误差

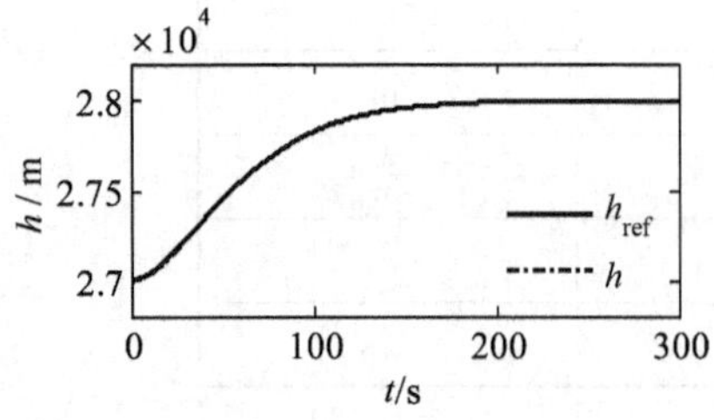

(c) 高度跟踪效果

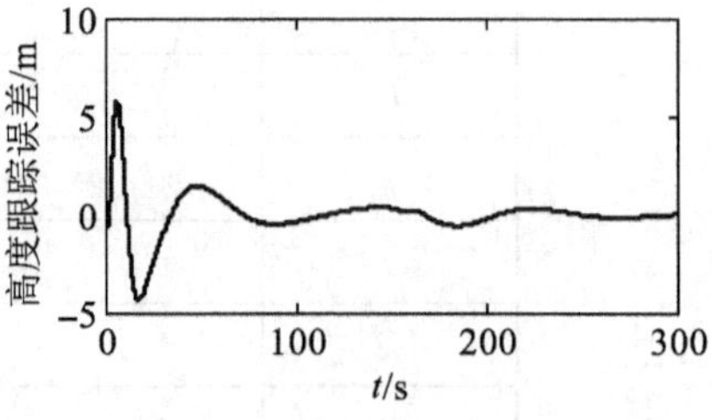

(d) 高度跟踪误差

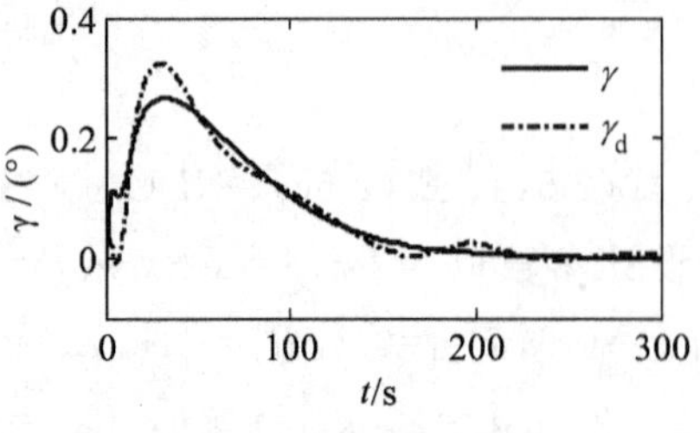

(e) 航迹角跟踪效果

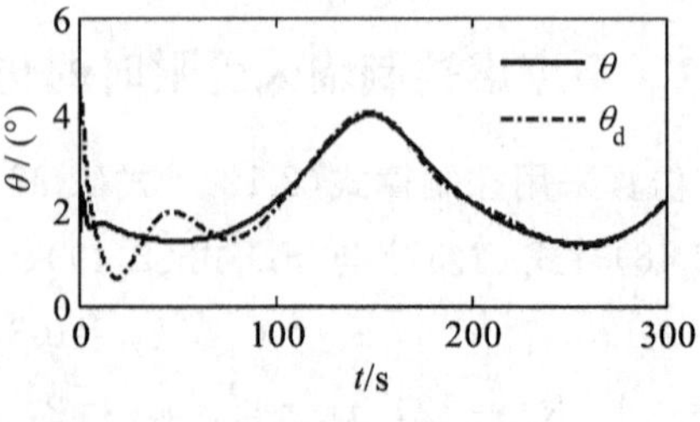

(f) 俯仰角跟踪效果

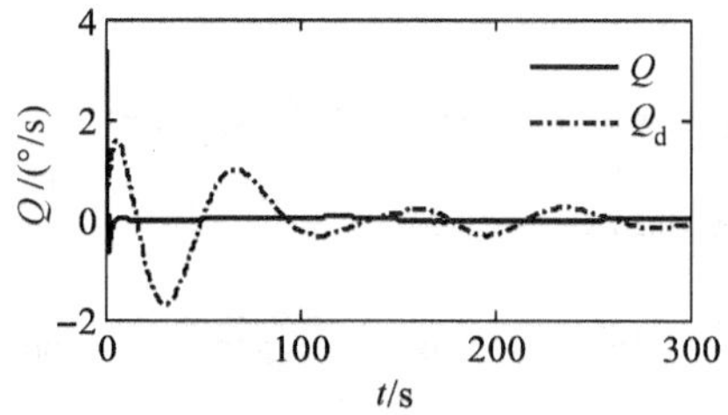


(g) 俯仰角速度跟踪效果

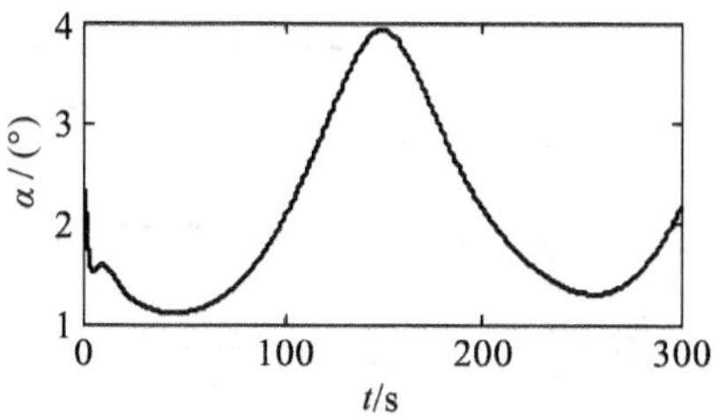


(h) 攻角变化曲线

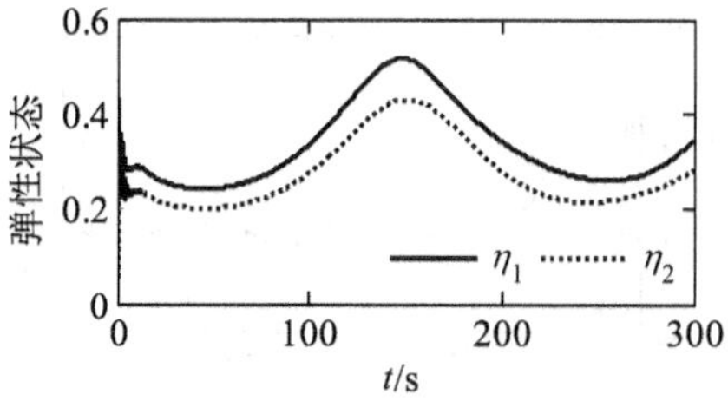


(i) 弹性状态变化曲线

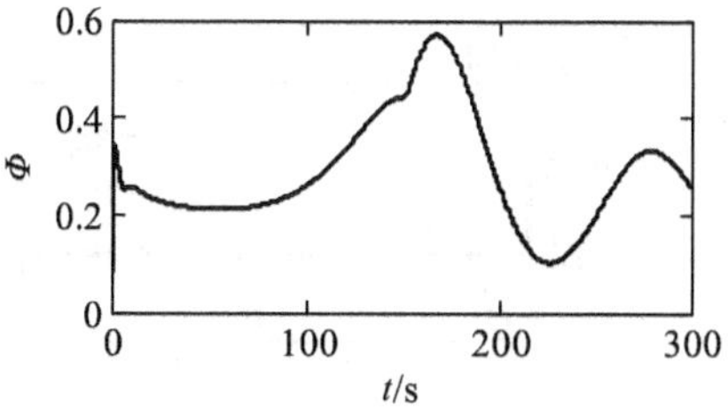


(j) $\Phi$变化曲线

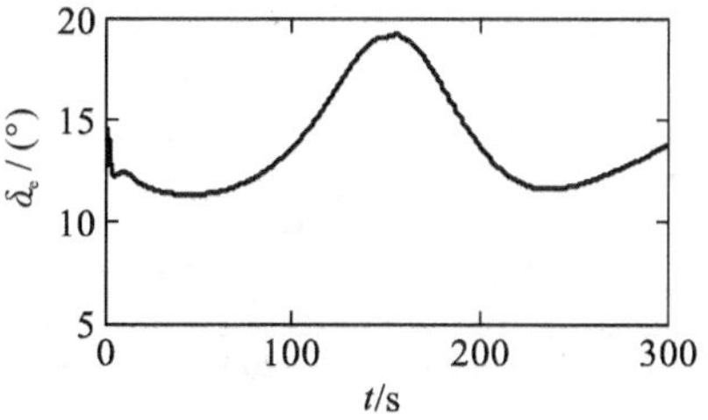


(k) $\delta_e$变化曲线

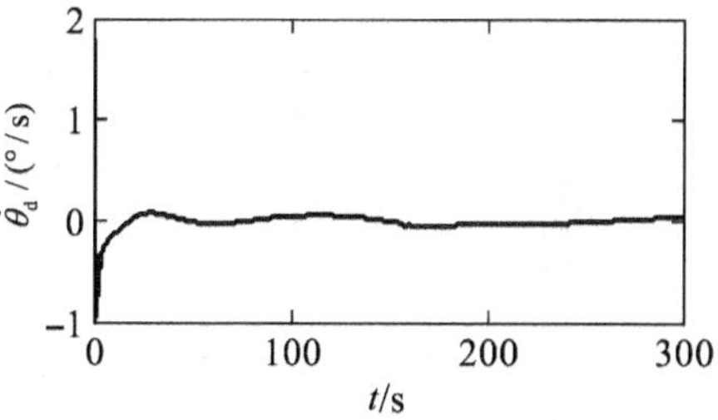


(l) $\dot{\theta}_d$变化曲线

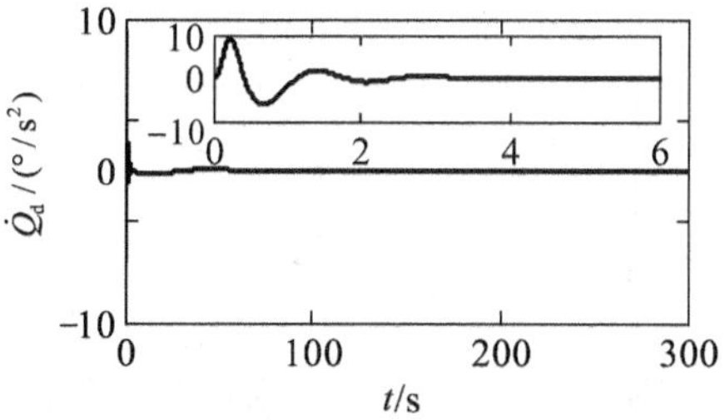


(m) $\dot{Q}_d$变化曲线

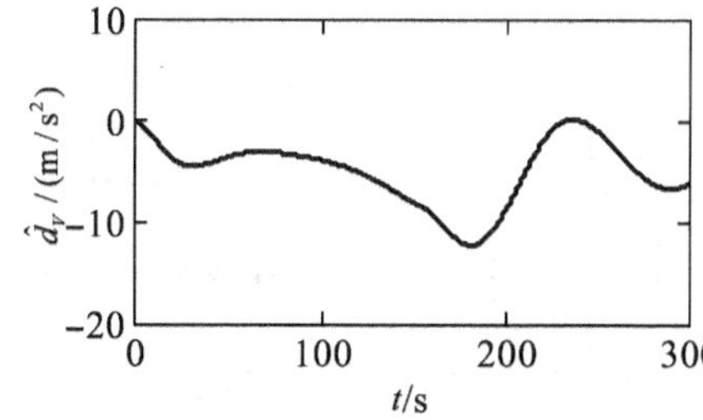


(n) $\hat{d}_V$变化曲线

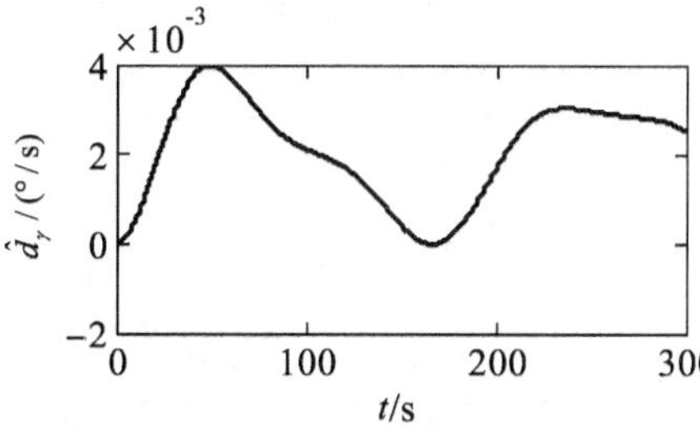


(o) $\hat{d}_\gamma$变化曲线

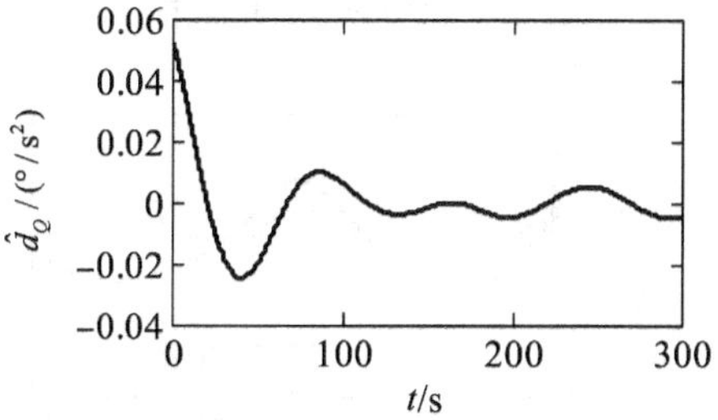


(p) $\hat{d}_Q$变化曲线

图 2.22　情景一仿真结果

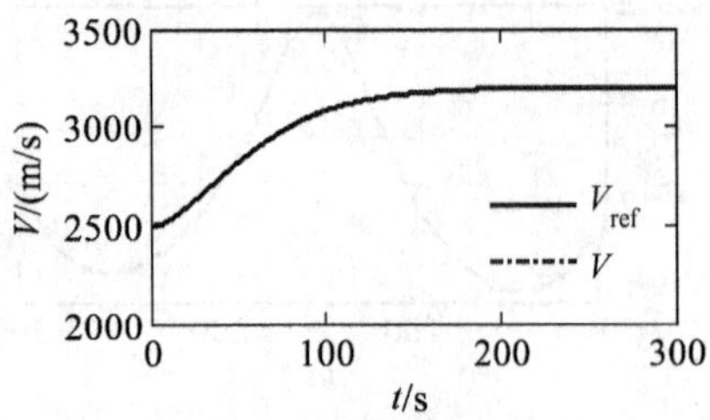


(a) 速度跟踪效果

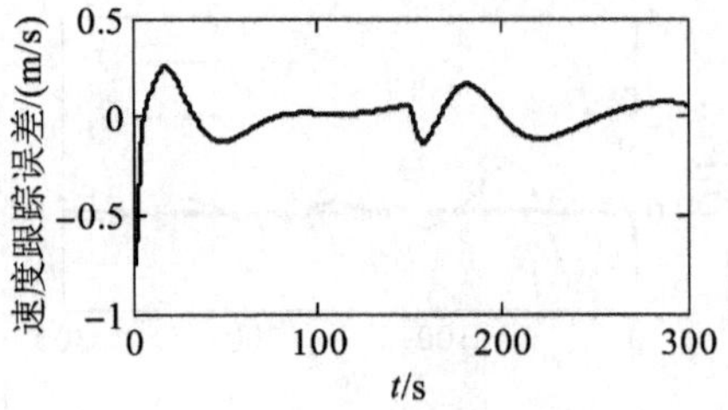


(b) 速度跟踪误差

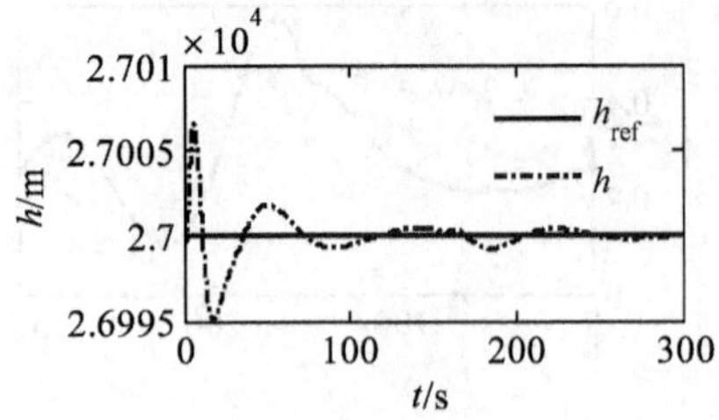


(c) 高度跟踪效果

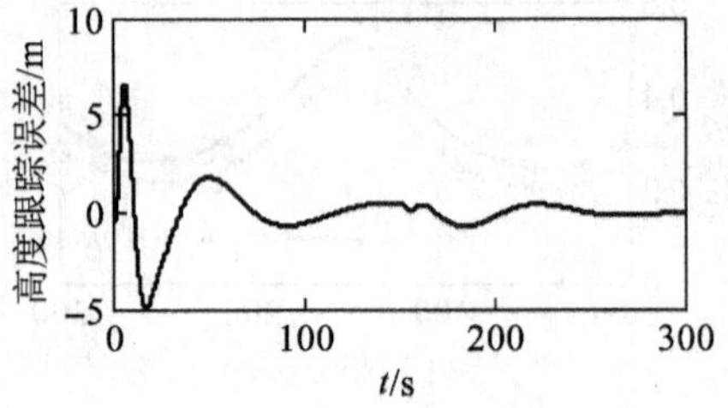


(d) 高度跟踪误差

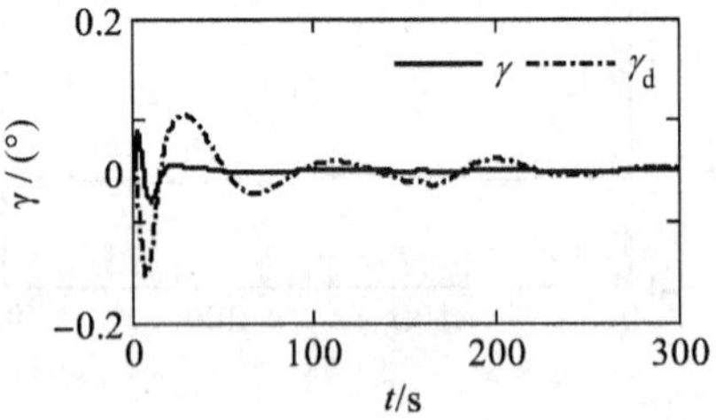


(e) 航迹角跟踪效果

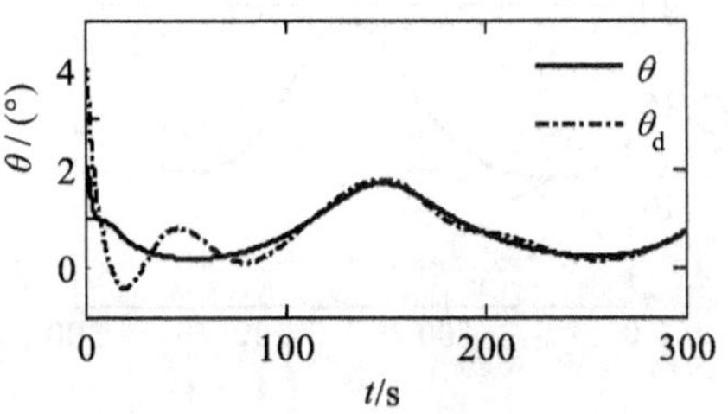


(f) 俯仰角跟踪效果

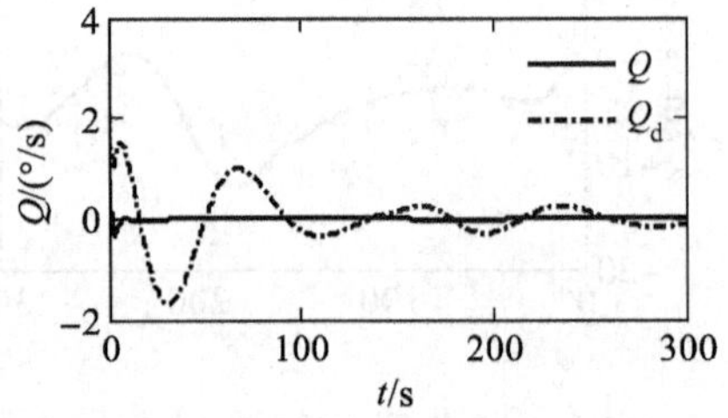


(g) 俯仰角速度跟踪效果

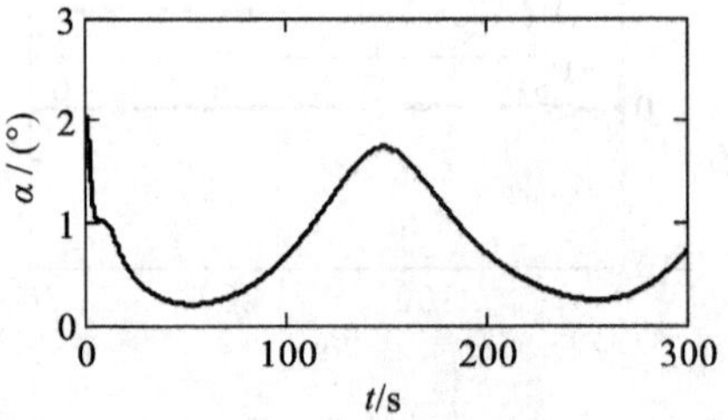


(h) 攻角变化曲线

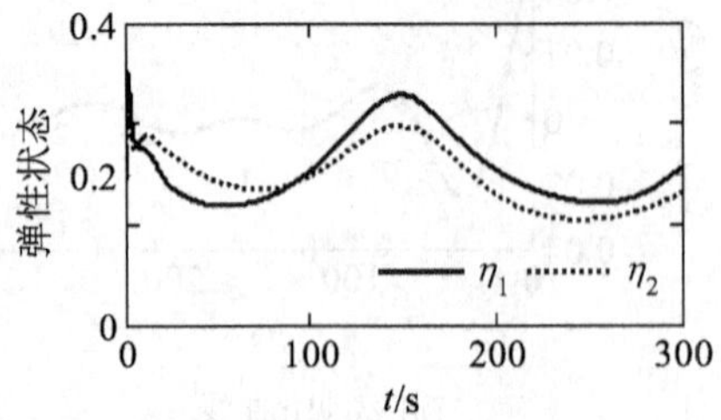


(i) 弹性状态变化曲线

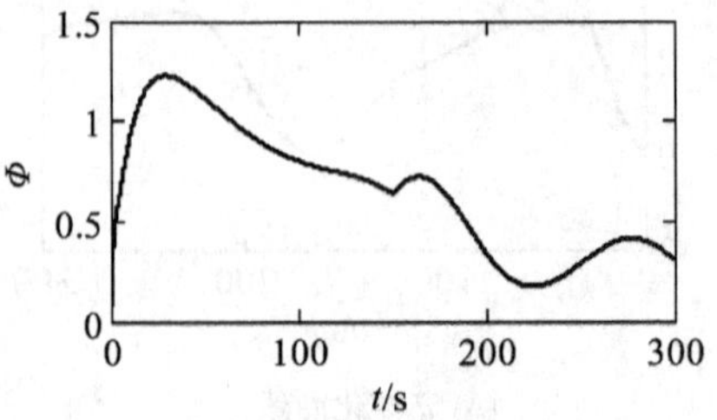


(j) $\Phi$ 变化曲线

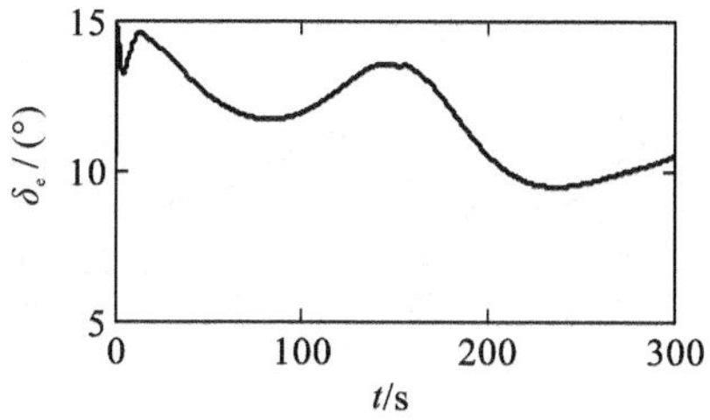


(k) $\delta_e$变化曲线

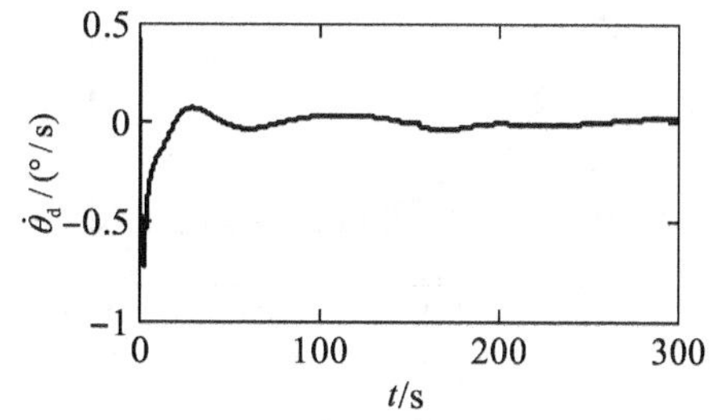


(l) $\dot{\theta}_d$变化曲线

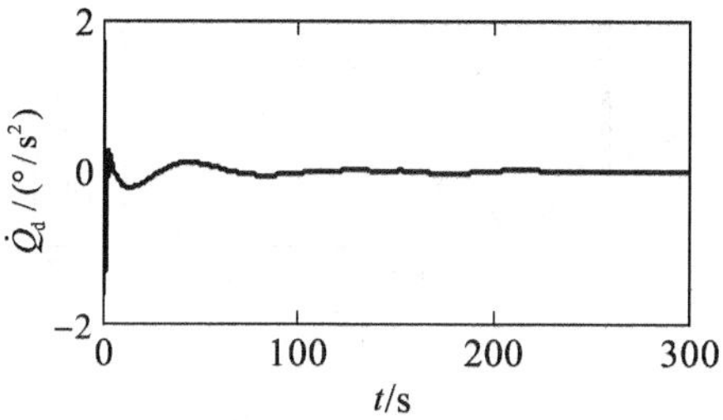


(m) $\dot{Q}_d$变化曲线

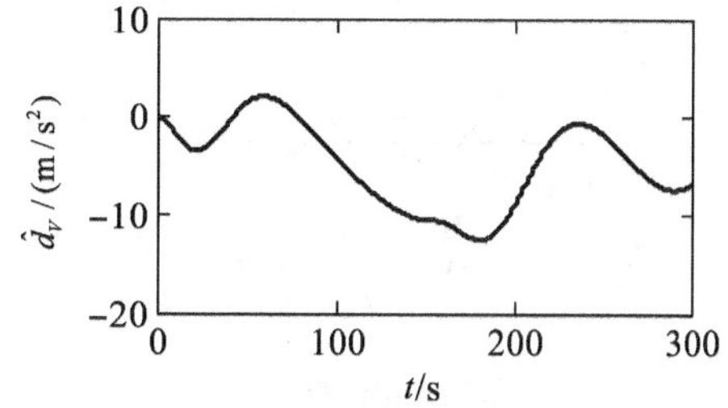


(n) $\hat{d}_V$变化曲线

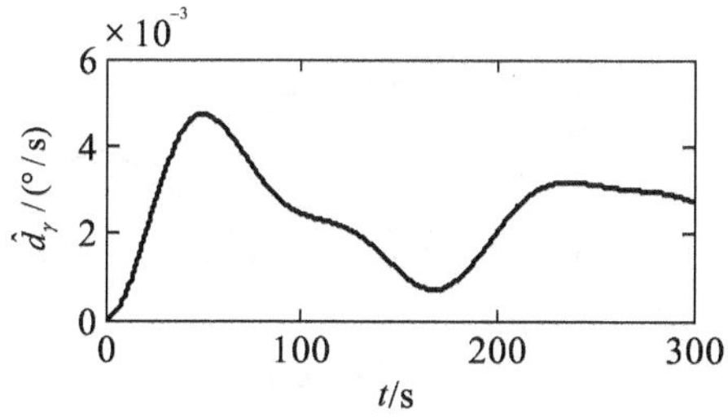


(o) $\hat{d}_\gamma$变化曲线

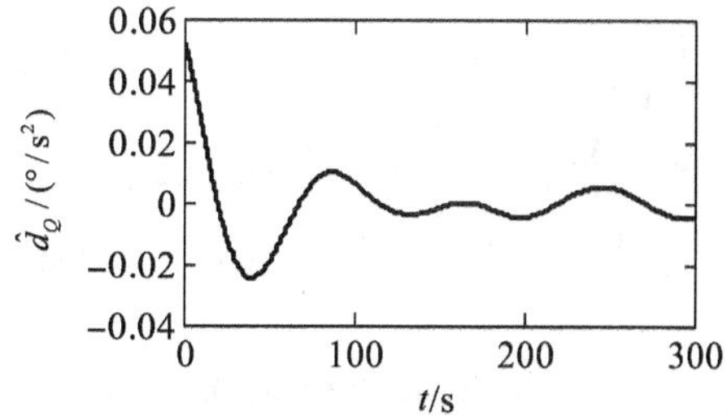


(p) $\hat{d}_Q$变化曲线

图 2.23　情景二仿真结果

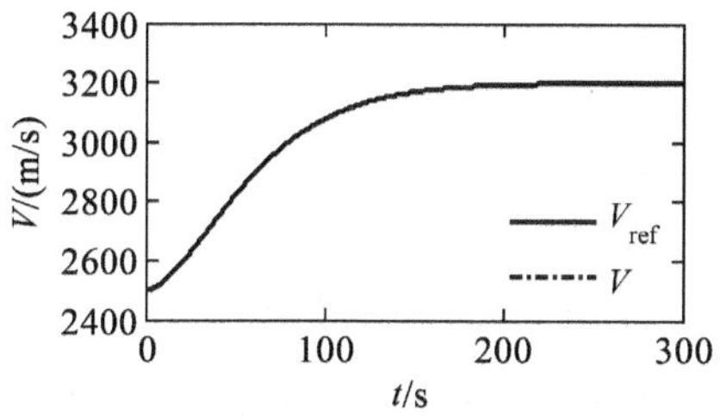


(a) 速度跟踪效果

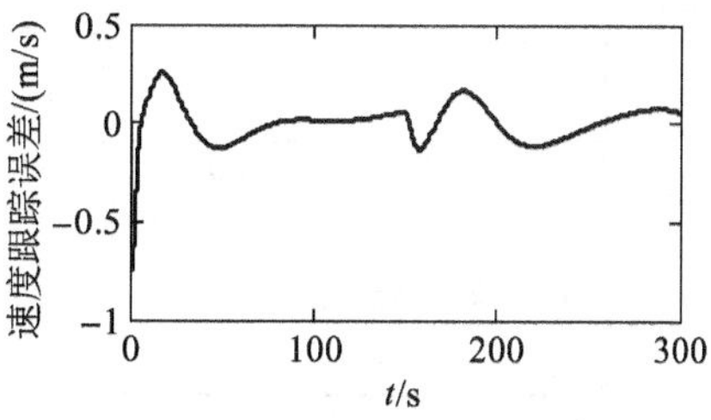


(b) 速度跟踪误差

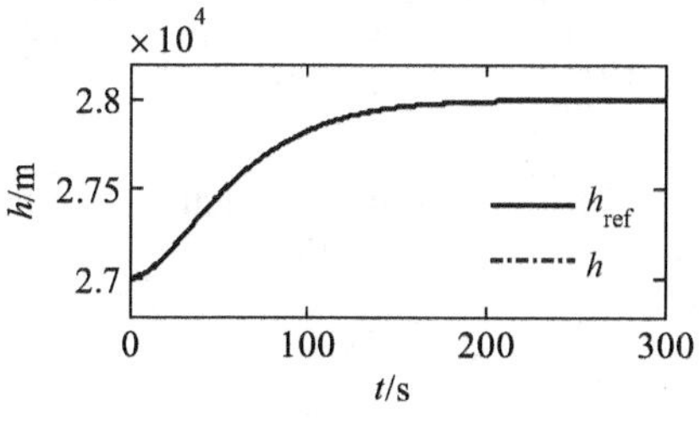


(c) 高度跟踪效果

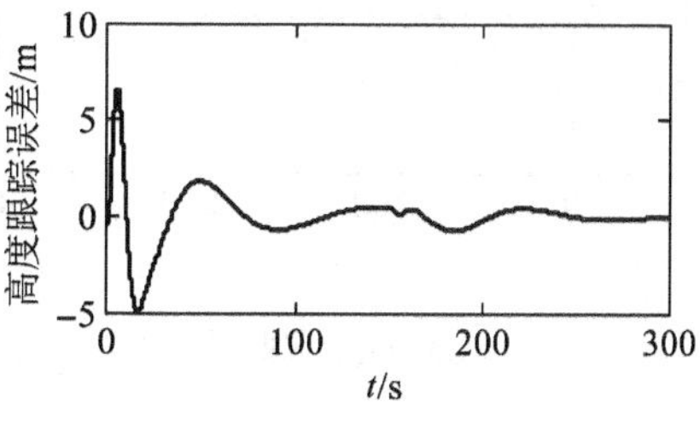


(d) 高度跟踪误差

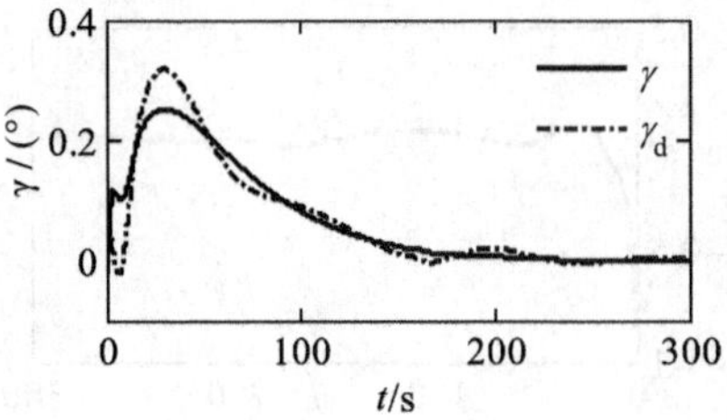


(e) 航迹角跟踪效果

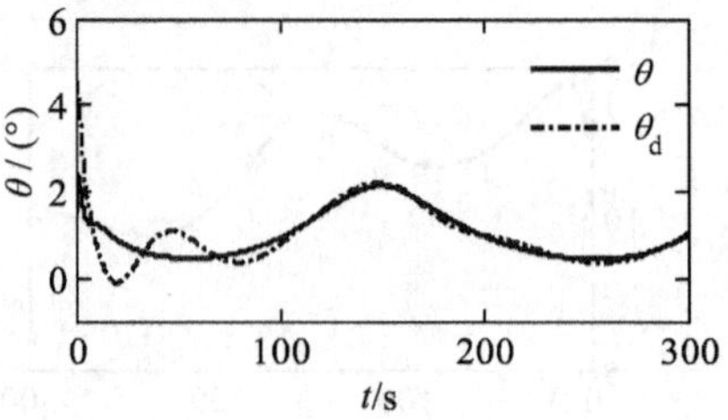


(f) 俯仰角跟踪效果

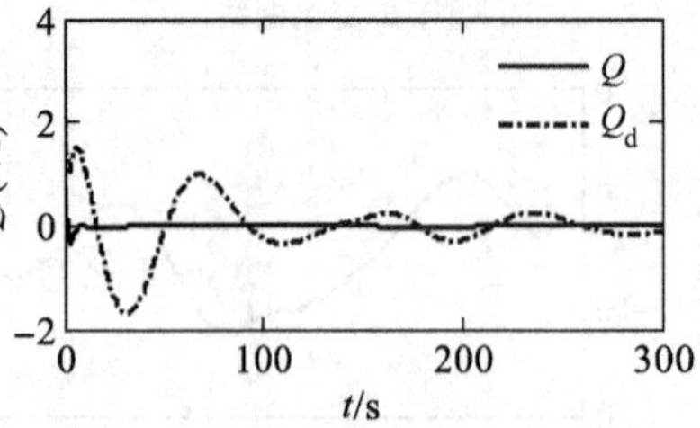


(g) 俯仰角速度跟踪效果

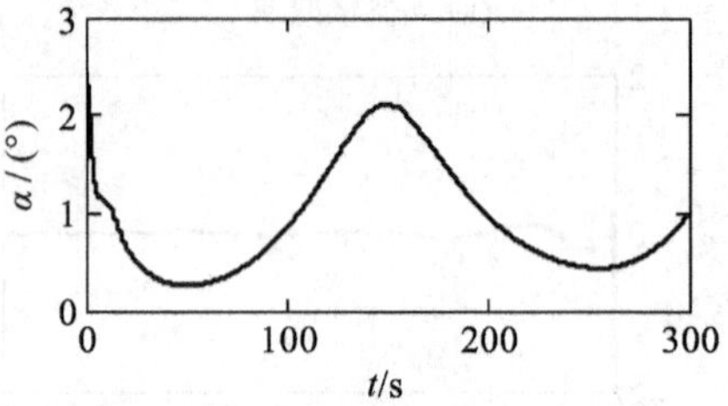


(h) 攻角变化曲线

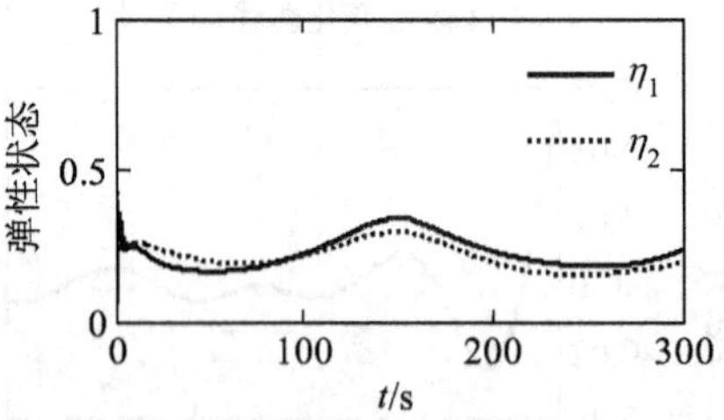


(i) 弹性状态变化曲线

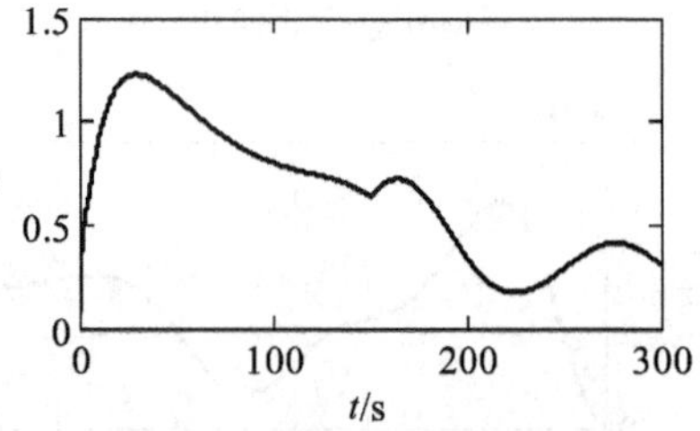


(j) $\Phi$ 变化曲线

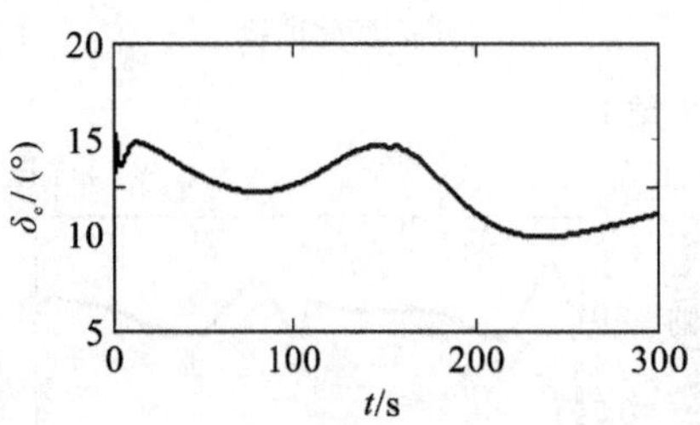


(k) $\delta_e$变化曲线

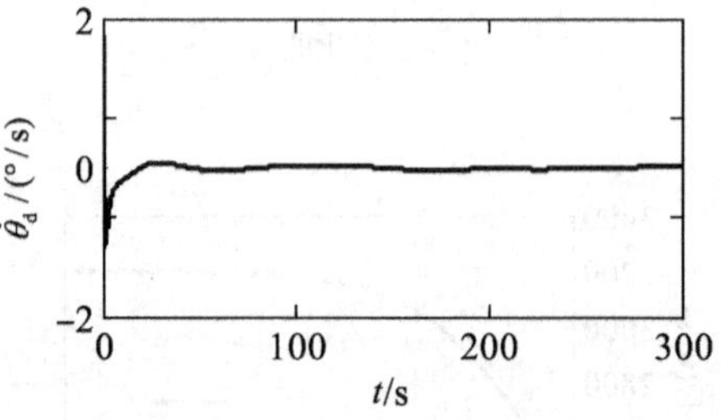


(l) $\dot{\theta}_d$变化曲线

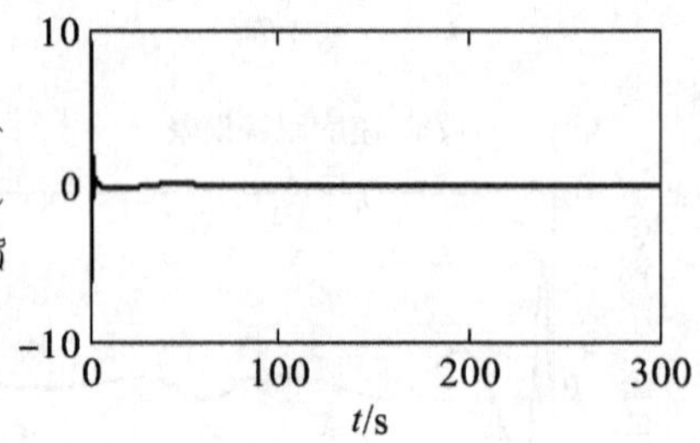


(m) $\dot{Q}_d$ 变化曲线

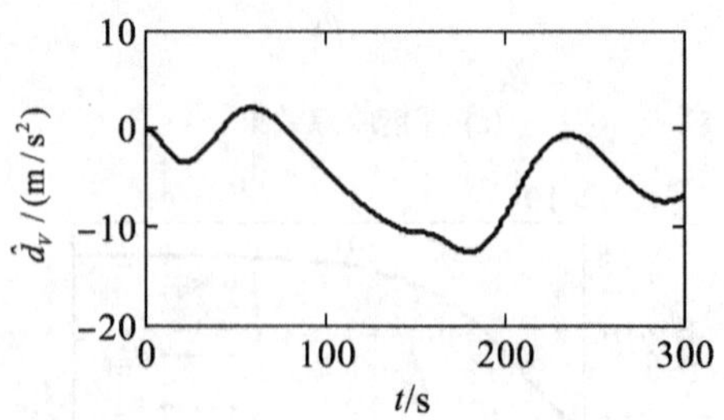


(n) $\hat{d}_V$ 变化曲线

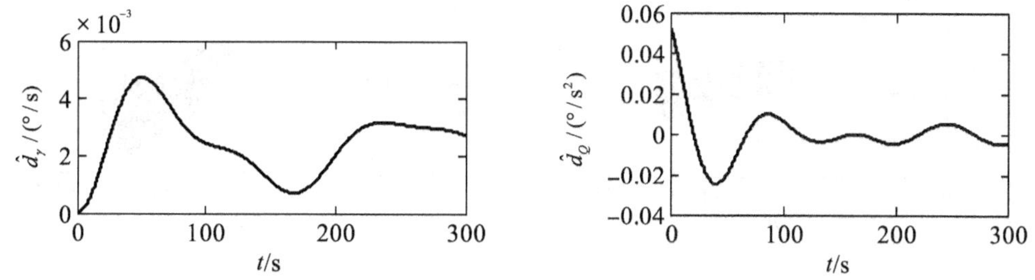


(o) $\hat{d}_\gamma$ 变化曲线　　(p) $\hat{d}_Q$ 变化曲线

图 2.24　情景三仿真结果

## 2.4.2　考虑控制输入受限时的仿真与分析

**仿真一**：考察所设计的辅助系统对控制输入受限问题的处理效果。假设控制输入受到幅值约束，取 $\Phi\in[0.05, 1]$，$\delta_e\in[-16.5°, 16.5°]$。同样假设 HFV 模型气动系数存在 ±40％的摄动量，即 $\Delta=0.4\sin(0.01\pi t)$。仿真中，速度 $V$ 阶跃幅值为 700 m/s，高度 $h$ 阶跃幅值为 1000 m。速度与高度参考输入均由二阶参考模型给出。分别在以下两种情景下进行仿真。

情景一：不采用所设计的辅助系统对理想控制律与跟踪误差进行补偿，即采用与 2.4.1 节完全相同的控制律、FD 与 NDO。同时，所有设计参数取值也与 2.4.1 节完全相同。

情景二：采用所设计的新型辅助系统式(2.69)与式(2.80)对理想控制律与跟踪误差进行补偿，控制律采用式(2.12)、式(2.47)、式(2.72)、式(2.81)与式(2.84)，NDO 和 FD 与 2.4.1节相同。辅助系统的设计参数取为：$\kappa_V=5$，$\kappa_Q=\delta_V=\delta_Q=0.1$。其他设计参数取值与 2.4.1 节完全相同。

情景一的仿真结果如图 2.25 所示。若不采用辅助系统对理想控制律与跟踪误差进行补偿，当执行器达到饱和状态时(见图(j)与图(l))，由于理想控制律无法得到有效执行(见图(j)～图(m))，闭环控制系统不再稳定。图(a)～图(d)表明，速度与高度均无法对各自参考输入进行稳定跟踪，速度跟踪误差与高度跟踪误差均趋于发散。由图(e)～图(g)可见，航迹角 $\gamma$、俯仰角 $\theta$ 与俯仰角速度 $Q$ 也都无法实现对各自参考输入的有效跟踪。图 i 表明，弹性状态 $\eta_1$ 与 $\eta_2$ 不再稳定。图(n)～图(p)为 NDO 对模型不确定项的观测效果。

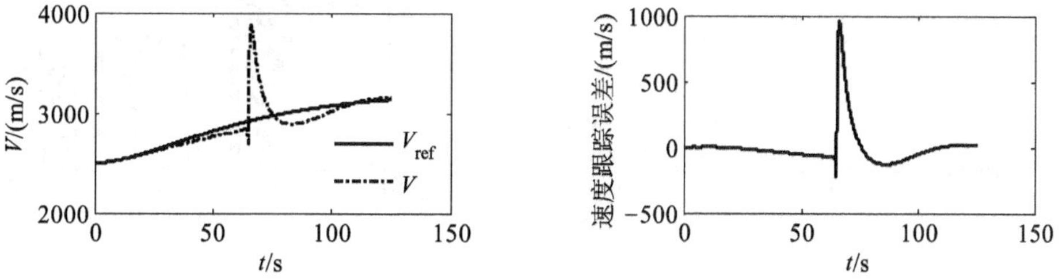


(a) 速度跟踪效果　　(b) 速度跟踪误差

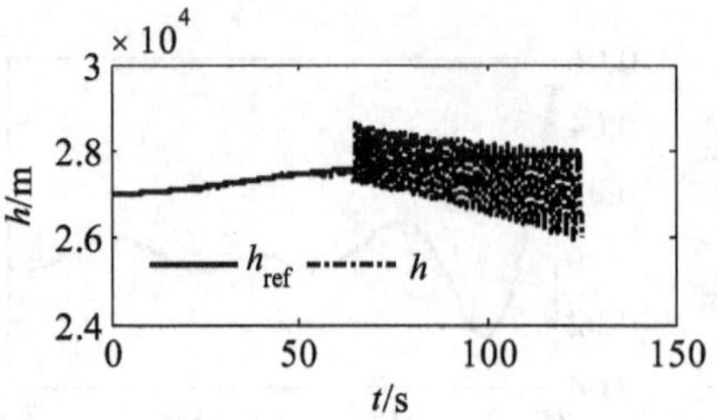


(c) 高度跟踪效果

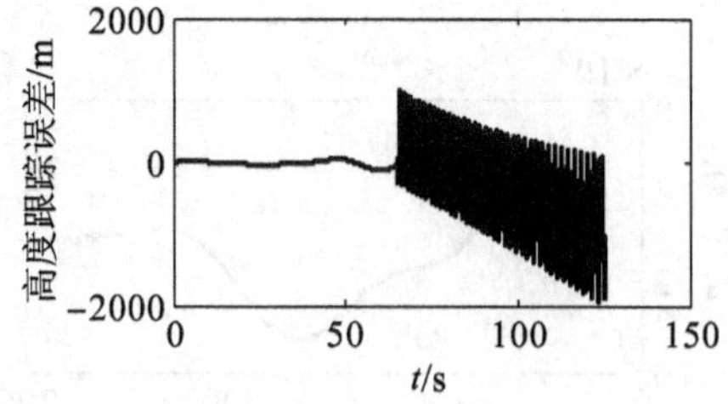


(d) 高度跟踪误差

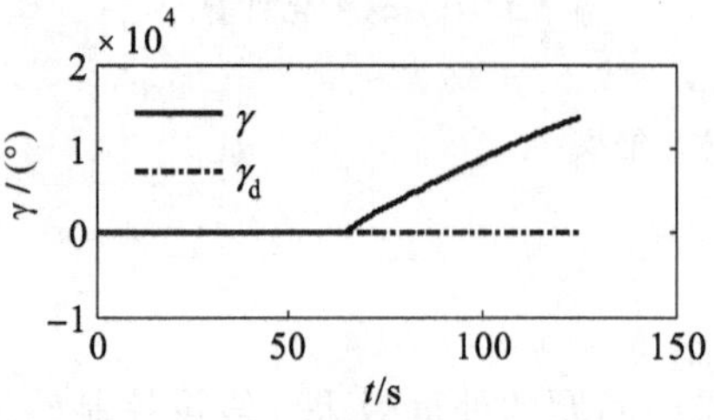


(e) 航迹角跟踪效果

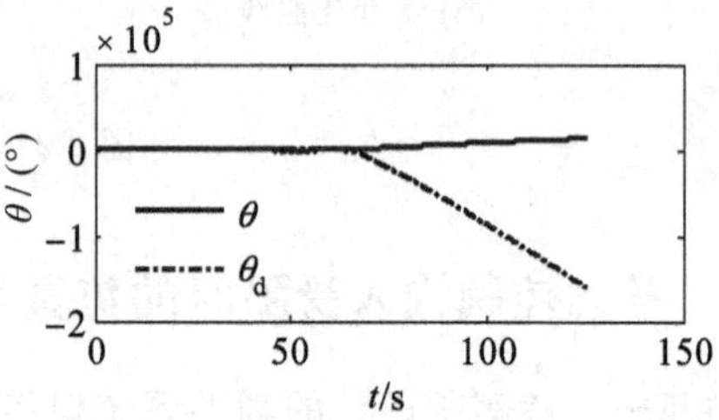


(f) 俯仰角跟踪效果

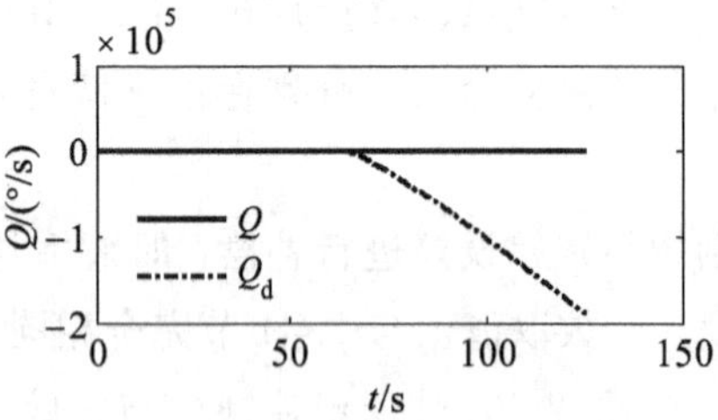


(g) 俯仰角速度跟踪效果

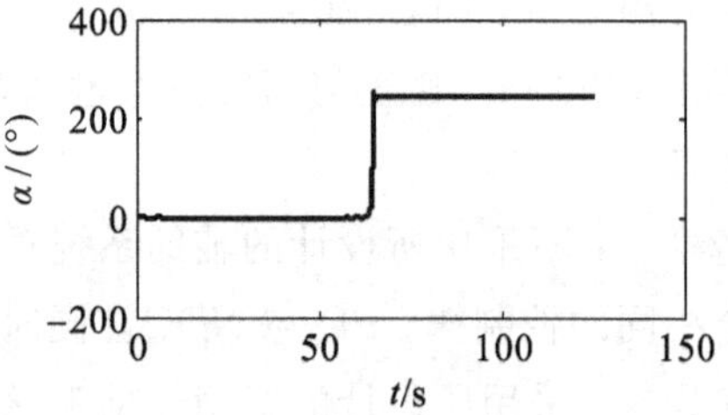


(h) 攻角变化曲线

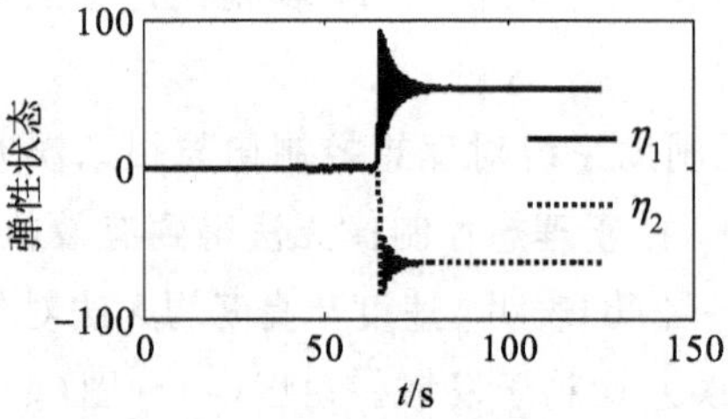


(i) 弹性状态变化曲线

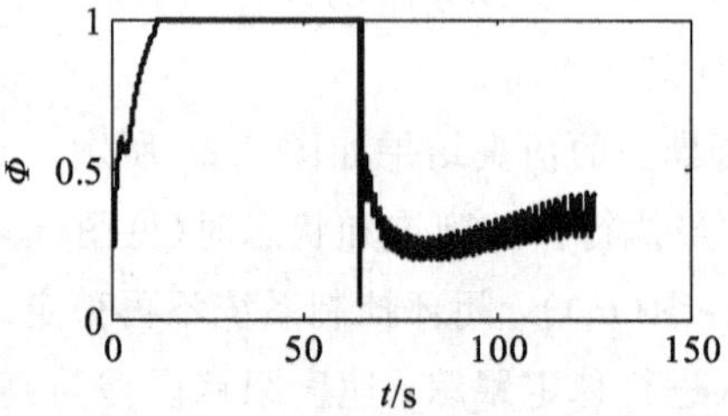


(j) $\Phi$ 变化曲线

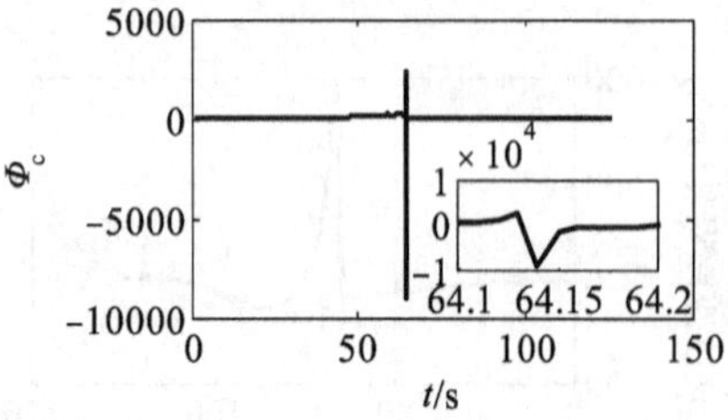


(k) $\Phi_c$ 变化曲线

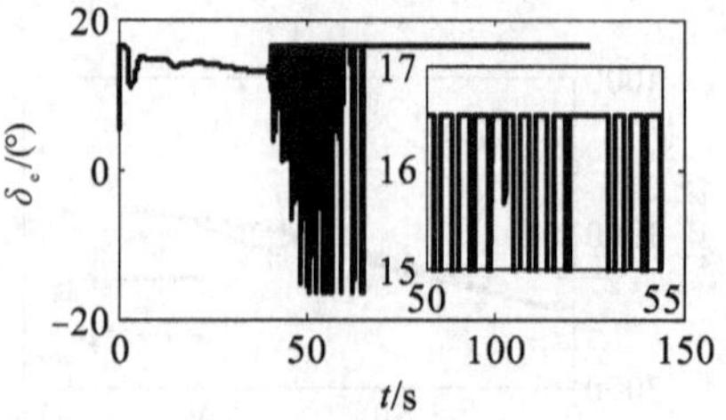


(l) $\delta_e$ 变化曲线

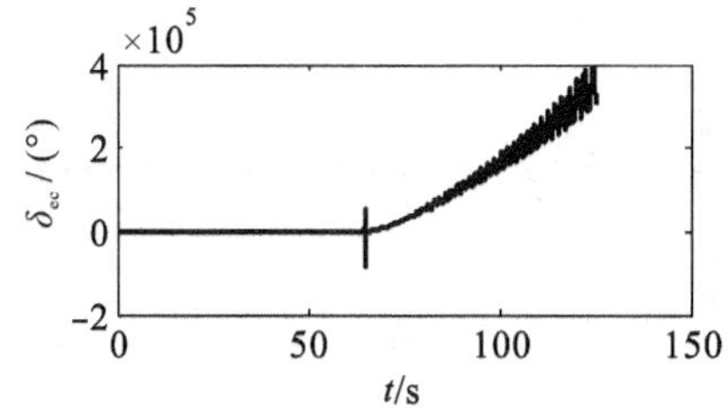


(m) $\delta_{ec}$ 变化曲线

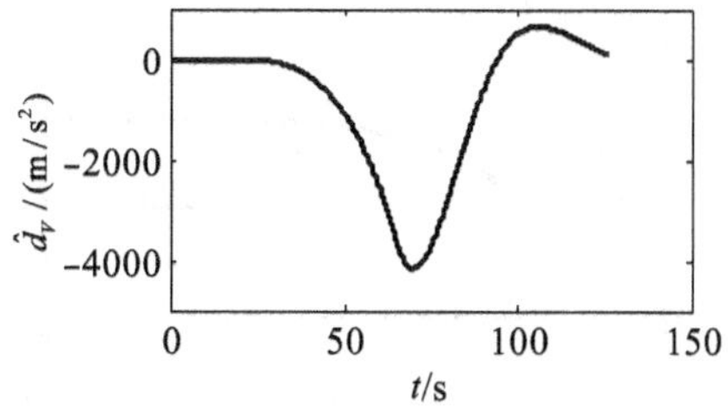


(n) $\hat{d}_V$ 变化曲线

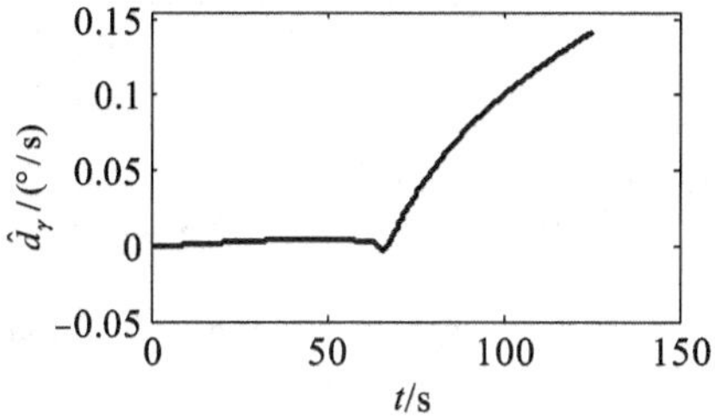


(o) $\hat{d}_\gamma$ 变化曲线

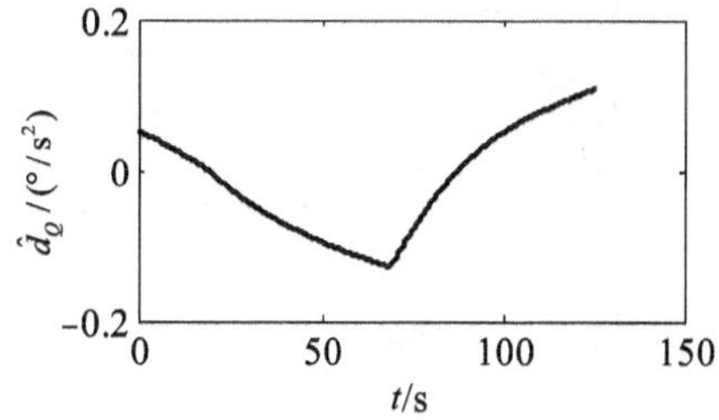


(p) $\hat{d}_Q$ 变化曲线

图 2.25　情景一仿真结果

情景二的仿真结果如图 2.26 所示。当采用所设计的新型辅助系统对理想控制律与跟踪误差进行补偿时，即便执行器处于瞬时饱和状态，闭环系统依然稳定，控制律仍能提供对速度与高度参考输入的鲁棒跟踪。当 $\Phi$ 与 $\delta_e$ 处于饱和状态时(见图(j)与图(l))，辅助系统的状态变量 $\chi_V$ 与 $\chi_Q$ 能够及时地为速度跟踪误差 $\tilde{V}$ 与俯仰角速度跟踪误差 $\tilde{Q}$ 提供有效补偿(见图(k)与图(m))，从而保证了闭环系统的稳定性，$\tilde{V}$ 与 $\tilde{Q}$ 虽然有所增大，但依然有界(见图(b)与图(g))。同时，高度 $h$、航迹角 $\gamma$ 与俯仰角 $\theta$ 也能实现对各自参考输入的鲁棒跟踪，飞行姿态角均处在合理范围内。一旦 $\Phi$ 与 $\delta_e$ 恢复为非饱和状态，$\chi_V$ 与 $\chi_Q$ 便能较快收敛到零，控制律可以实现速度 $V$ 与高度 $h$ 对各自参考输入的高精度跟踪(见图(a)～图(d))。图(i)表明，弹性状态 $\eta_1$ 与 $\eta_2$ 较平滑，无高频抖振现象。NDO 对模型不确定项的估计效果见图(n)～图(p)。综上所述，本章所提出的辅助误差补偿策略可以较好地处理控制输入受限问题。

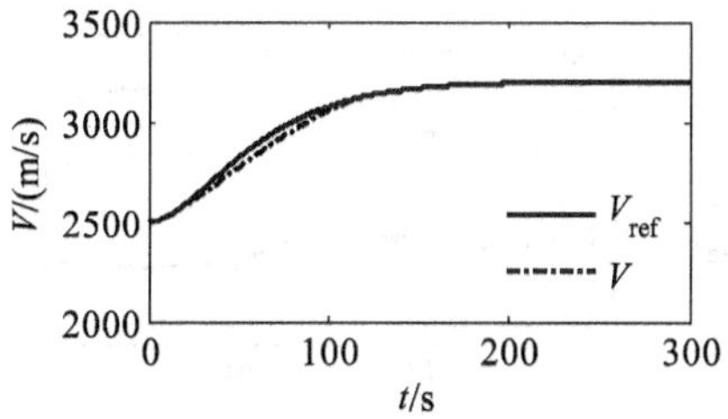


(a) 速度跟踪效果

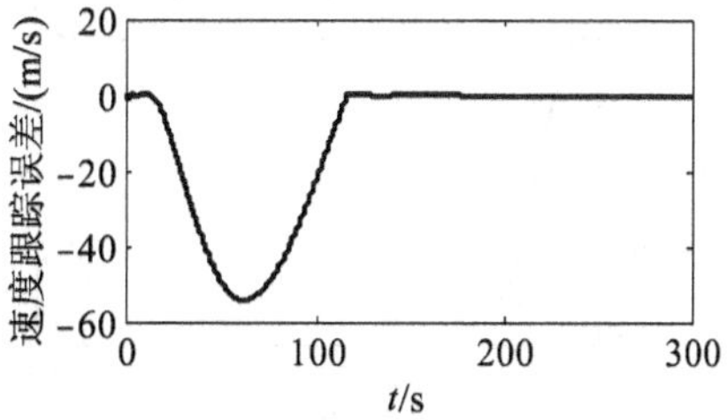


(b) 速度跟踪误差

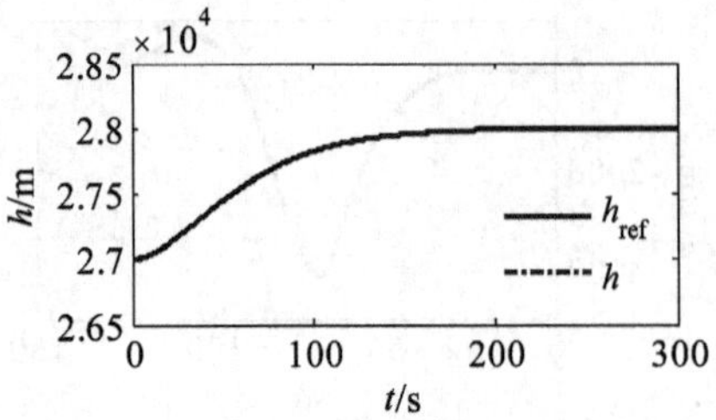


(c) 高度跟踪效果

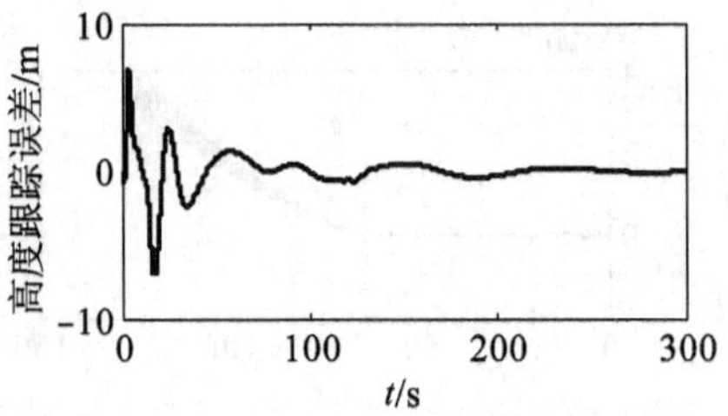


(d) 高度跟踪误差

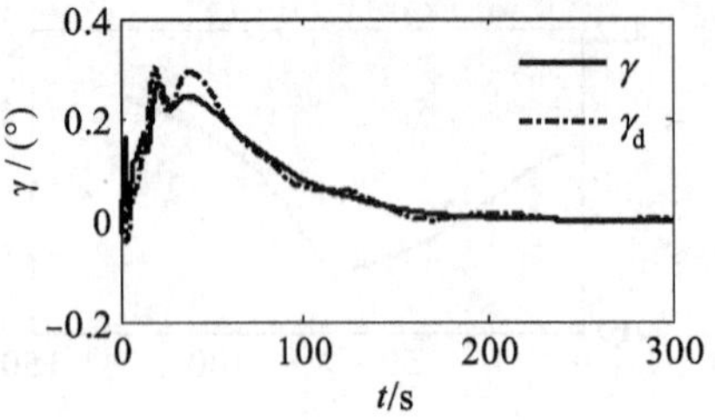


(e) 航迹角跟踪效果

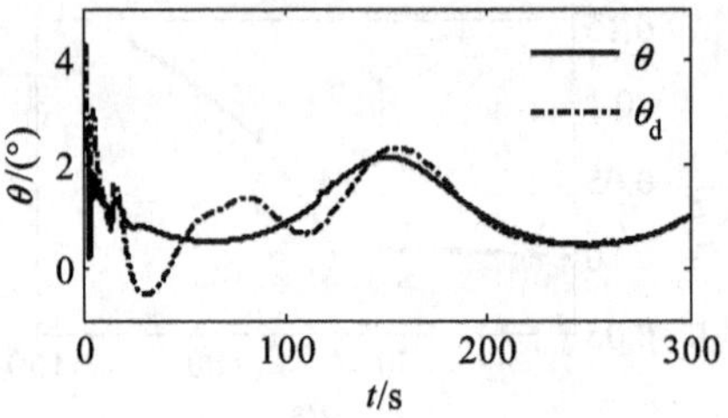


(f) 俯仰角跟踪效果

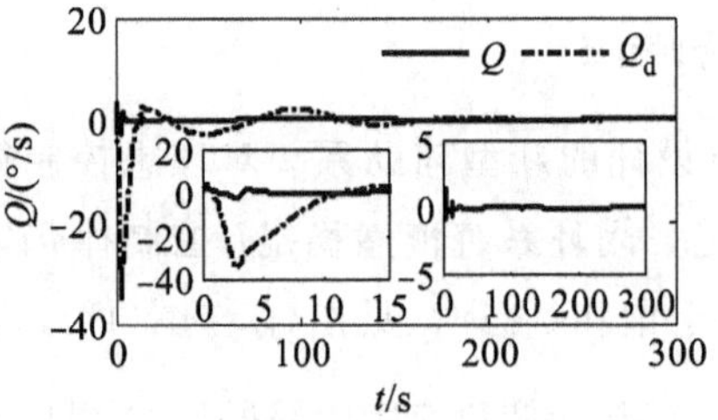


(g) 俯仰角速度跟踪效果

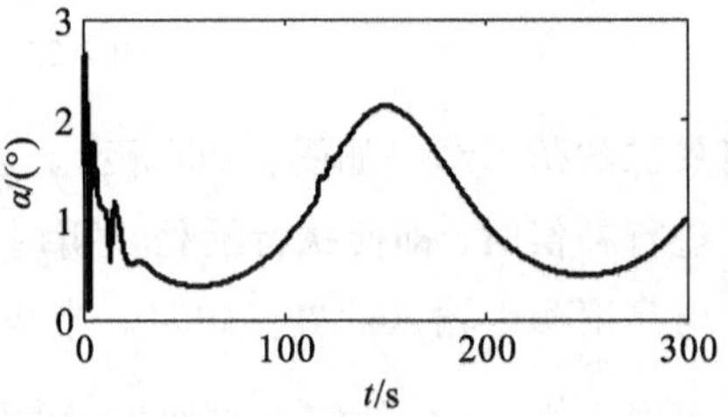


(h) 攻角变化曲线

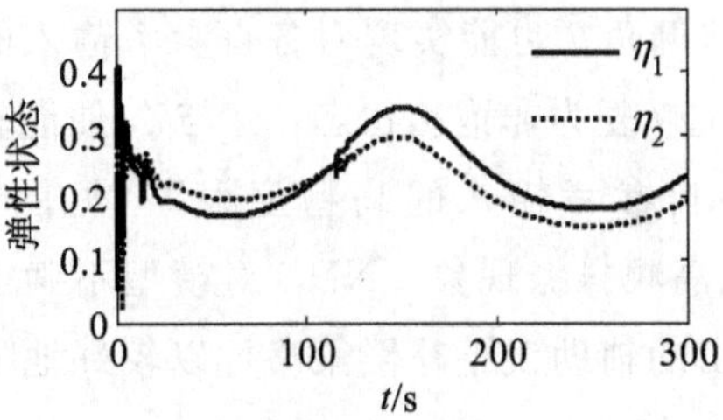


(i) 弹性状态变化曲线

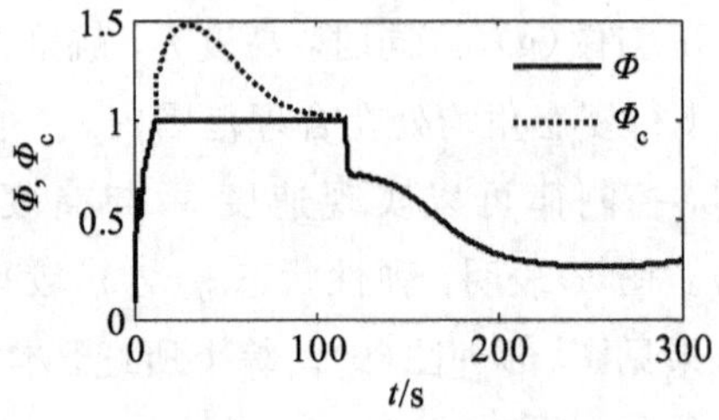


(j) $\Phi$ 与 $\Phi_c$ 变化曲线

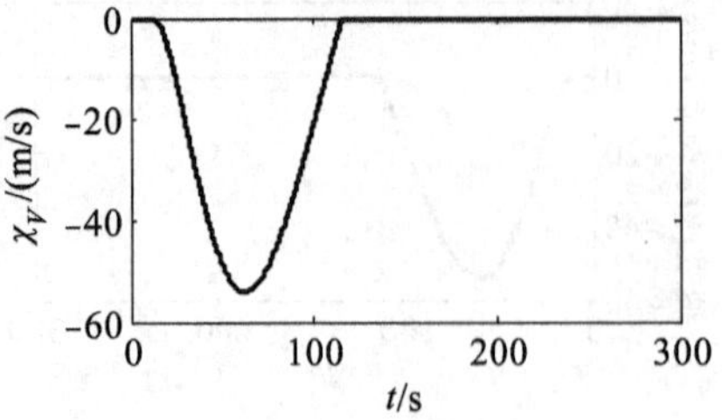


(k) $\chi_V$ 变化曲线

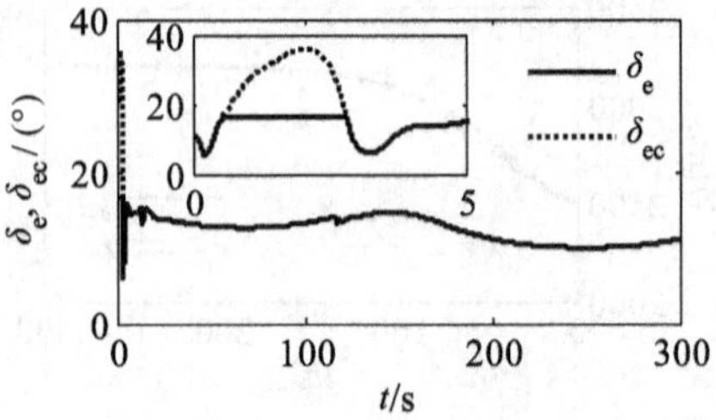


(l) $\delta_e$ 与 $\delta_{ec}$ 变化曲线

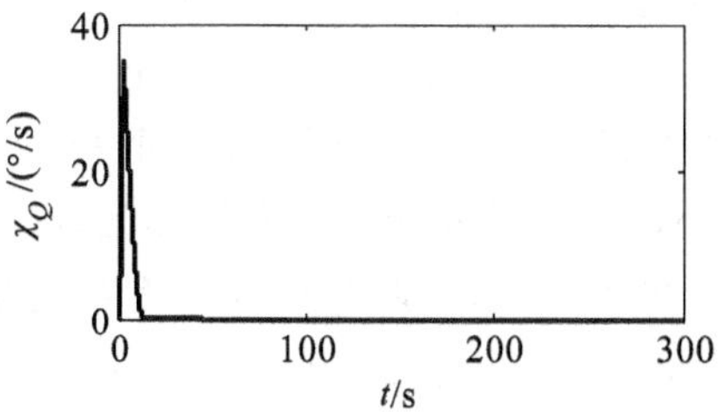


(m) $\chi_Q$变化曲线

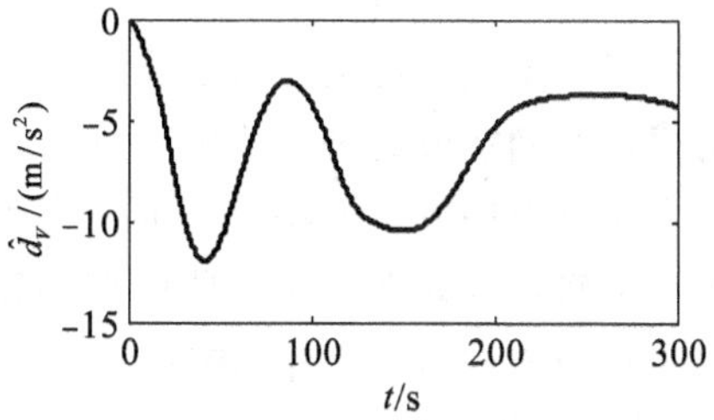


(n) $\hat{d}_V$变化曲线

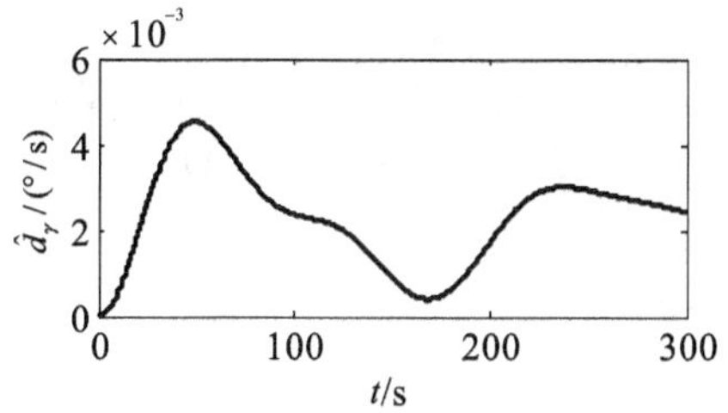


(o) $\hat{d}_\gamma$变化曲线

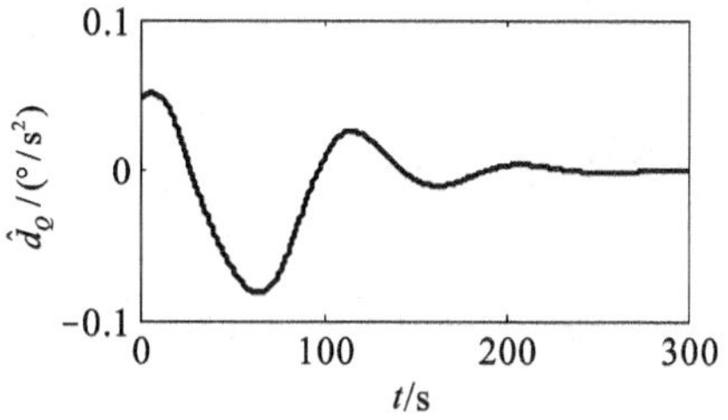


(p) $\hat{d}_Q$变化曲线

图 2.26 情景二仿真结果

**仿真二**：考察本章设计的新型辅助系统相对于已有方法的优势。仿真采用控制律式(2.12)、式(2.47)、式(2.72)、式(2.81)与式(2.84)，NDO 与 FD 同 2.4.1 节。仿真中，速度 $V$ 每 100 s 阶跃幅值为 66.67 m/s，高度参考输入选为幅值为 150 m、周期为 200 s 的方波信号。速度与高度参考输入均由二阶参考模型给出，并取$\varsigma_A=0.9$，$\omega_A=0.1$。辅助系统设计参数取值与仿真一相同，其他设计参数与 2.4.1 节完全相同。同样假设 HFV 模型气动系数存在±40%的摄动量，即

$$\Delta=\begin{cases}0 & 0\ \text{s}\leqslant t<50\ \text{s}\\ 0.4\sin(0.1\pi t) & 50\ \text{s}\leqslant t<100\ \text{s}\\ 0 & 100\ \text{s}\leqslant t<150\ \text{s}\\ 0.4\sin(0.1\pi t) & 150\ \text{s}\leqslant t<200\ \text{s}\\ 0 & 200\ \text{s}\leqslant t<250\ \text{s}\\ 0.4\sin(0.1\pi t) & 250\ \text{s}\leqslant t\leqslant 300\ \text{s}\end{cases} \tag{2.94}$$

控制输入的取值范围选为 $\Phi\in[0.25, 0.6]$，$\delta_e\in[6°, 20°]$。分别在以下两种情景进行仿真。

情景一：采用所设计的新型辅助系统式(2.69)与式(2.80)对理想控制律与跟踪误差进行补偿。

情景二：采用文献[159]提出的补偿策略对理想控制律与跟踪误差进行补偿。此时，辅助系统的表达式为

$$\begin{cases}\dot{\chi}_V=-\kappa_V\chi_V+g_V(\Phi-\Phi_c)\\ \dot{\chi}_Q=-\kappa_Q\chi_Q+g_Q(\delta_e-\delta_{ec})\end{cases} \tag{2.95}$$

情景一的仿真结果如图 2.27 所示。由图(a)～图(m)可见，当理想控制输入 $\Phi_c$与 $\delta_{ec}$达

到了 $\Phi$ 与 $\delta_e$ 可执行范围的上界或下界时，辅助系统的状态变量 $\chi_V$ 与 $\chi_Q$ 均能及时响应，从而保证了闭环系统的稳定性与跟踪误差的有界性。图(n)～图(p)表明，所设计的 NDO 实现了对模型不确定项的平滑估计。情景二的仿真结果(见图 2.28)表明，在与情景一相同的控制输入受限条件下，文献[159]的补偿策略无法处理如此严重的执行器饱和问题(一些研究表明该策略可以处理更弱一些的控制输入受限问题[157-160])，速度 $V$ 与高度 $h$ 无法实现对各自参考输入的稳定跟踪，控制任务失败。综合情景一与情景二的仿真结果可见，与文献[159]的补偿策略相比，本书提出的新型辅助系统在处理控制输入受限问题上具有一定的优越性。

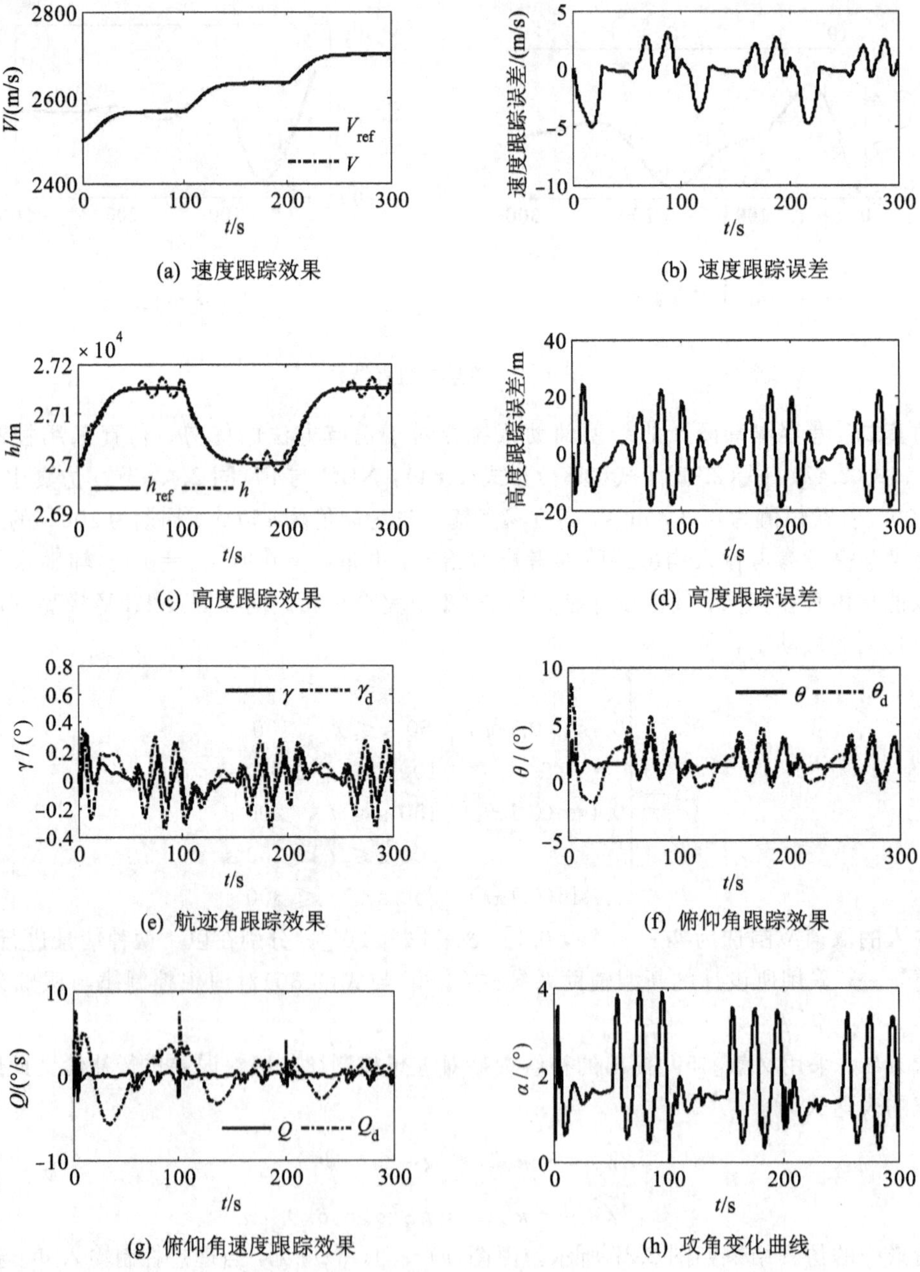


(a) 速度跟踪效果

(b) 速度跟踪误差

(c) 高度跟踪效果

(d) 高度跟踪误差

(e) 航迹角跟踪效果

(f) 俯仰角跟踪效果

(g) 俯仰角速度跟踪效果

(h) 攻角变化曲线

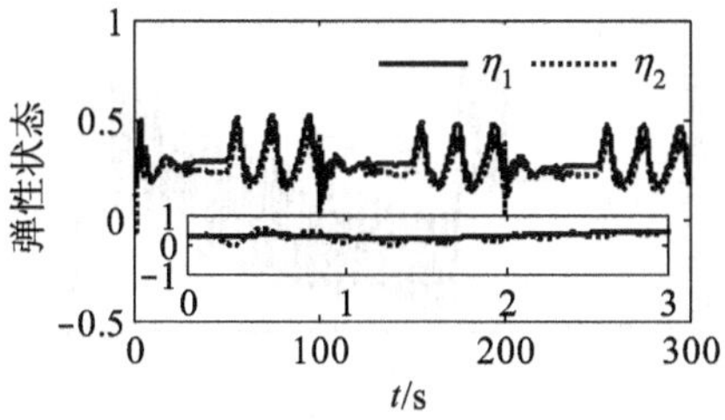


(i) 弹性状态变化曲线

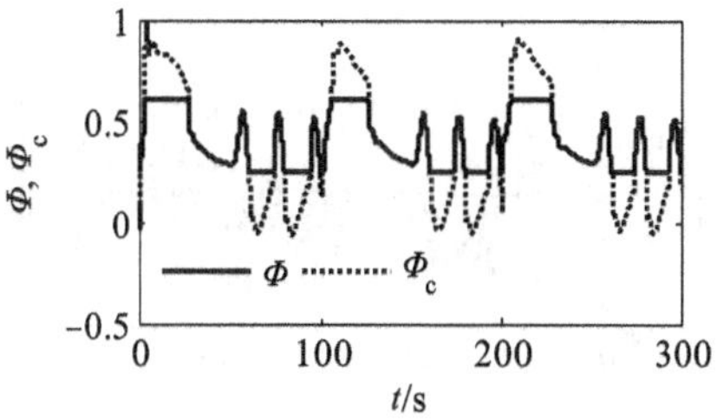


(j) $\Phi$ 与 $\Phi_c$ 变化曲线

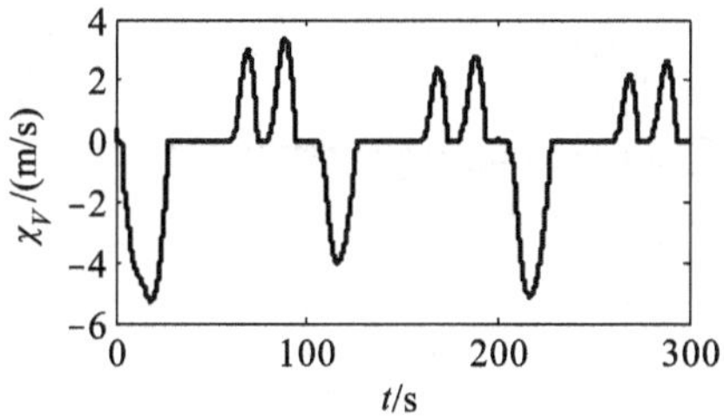


(k) $\chi_V$ 变化曲线

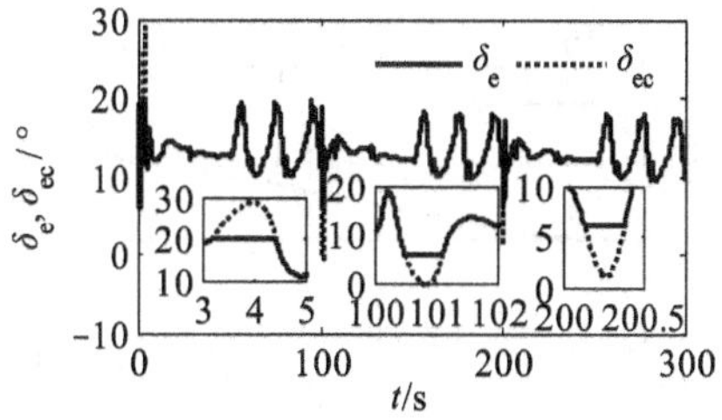


(l) $\delta_e$ 与 $\delta_{ec}$ 变化曲线

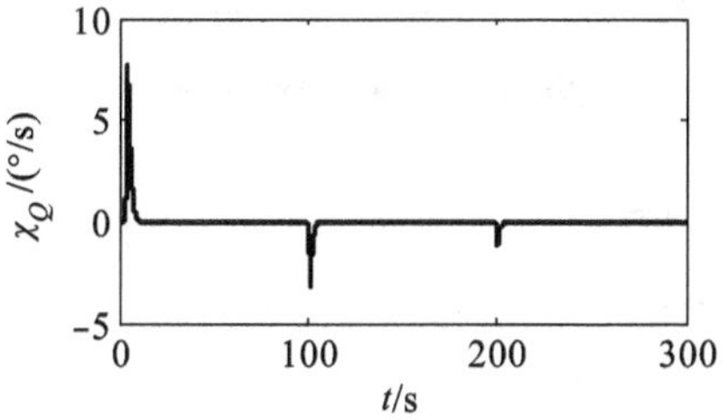


(m) $\chi_Q$ 变化曲线

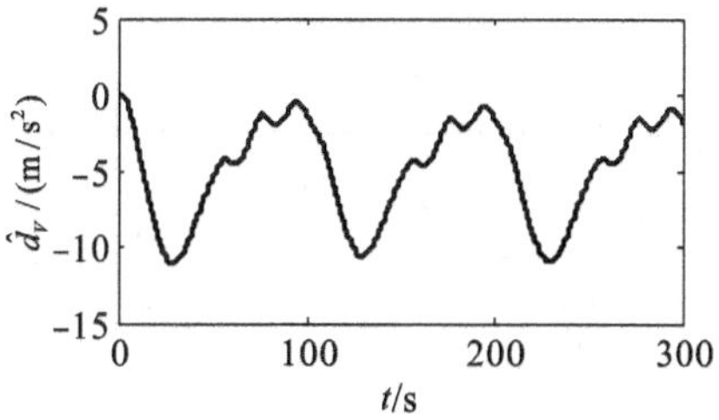


(n) $\hat{d}_V$ 变化曲线

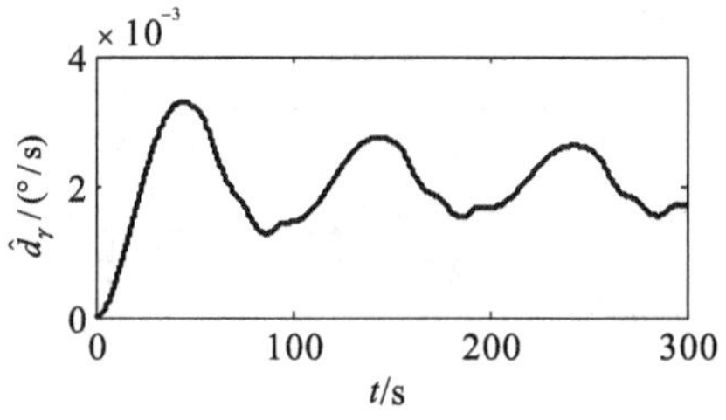


(o) $\hat{d}_\gamma$ 变化曲线

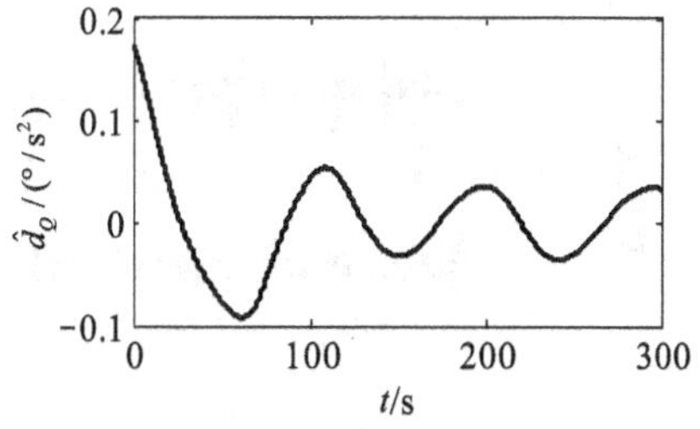


(p) $\hat{d}_Q$ 变化曲线

图 2.27　情景一仿真结果

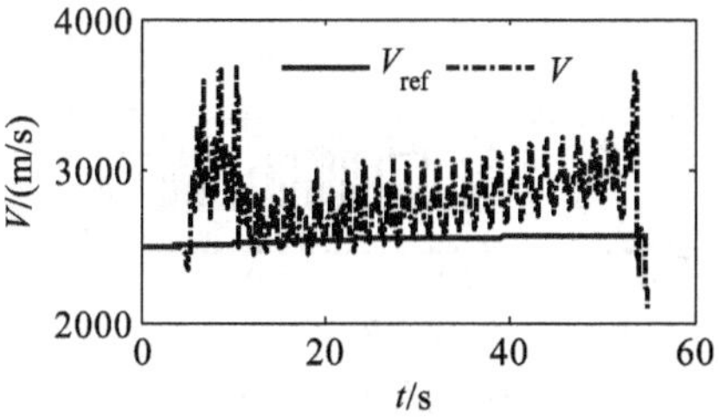


(a) 速度跟踪效果

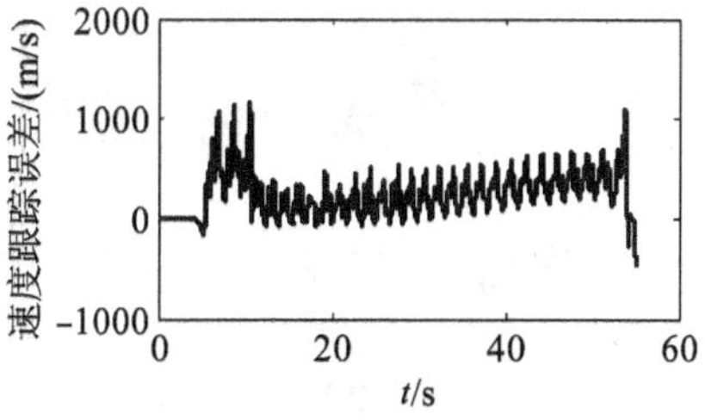


(b) 速度跟踪误差

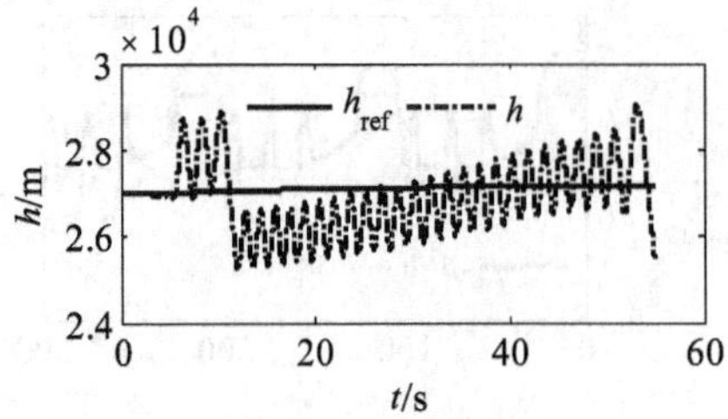


(c) 高度跟踪效果

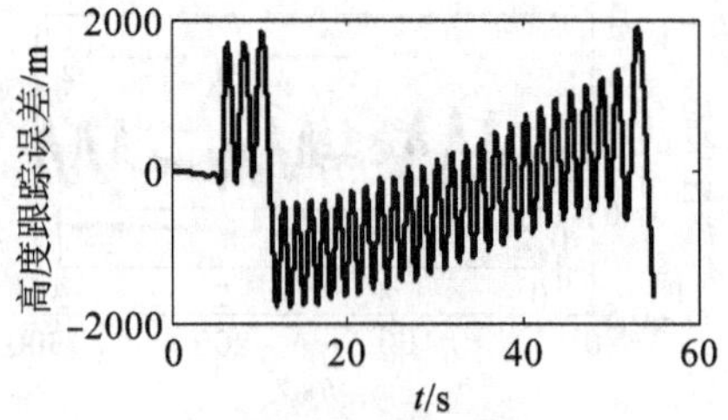


(d) 高度跟踪误差

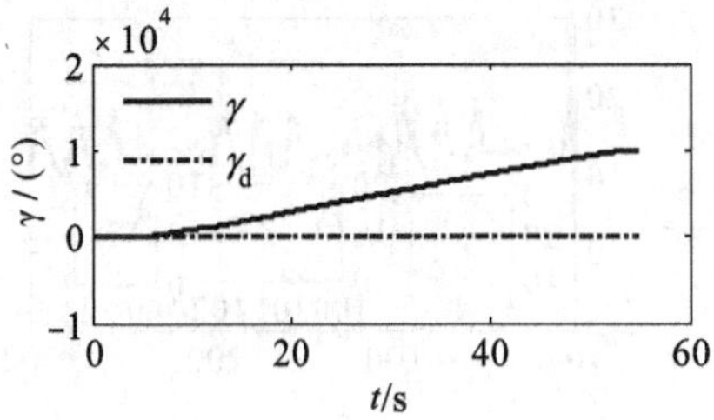


(e) 航迹角跟踪效果

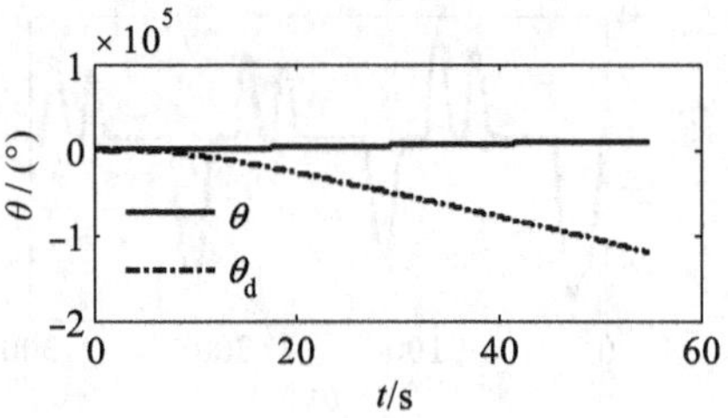


(f) 俯仰角跟踪效果

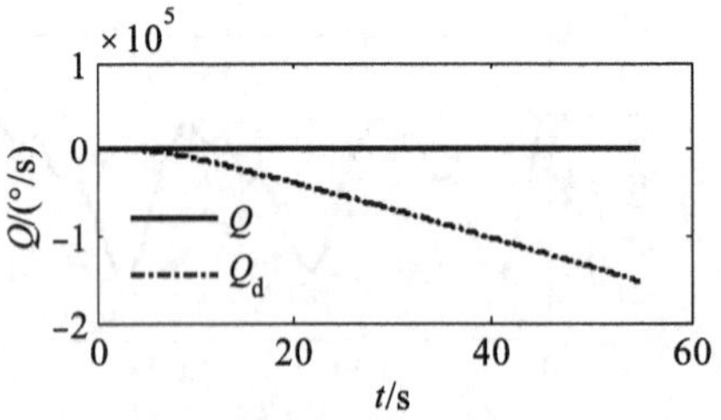


(g) 俯仰角速度跟踪效果

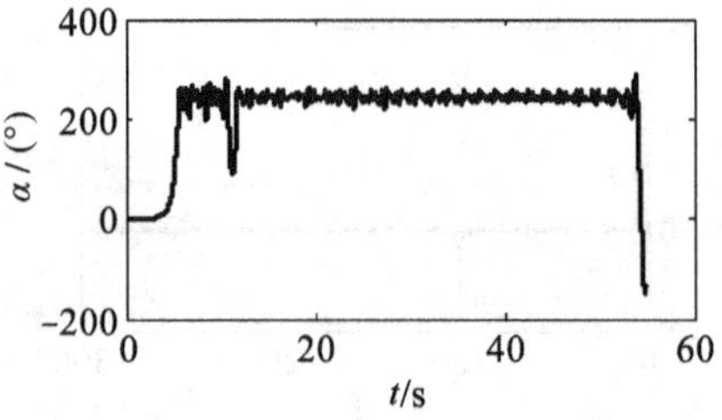


(h) 攻角变化曲线

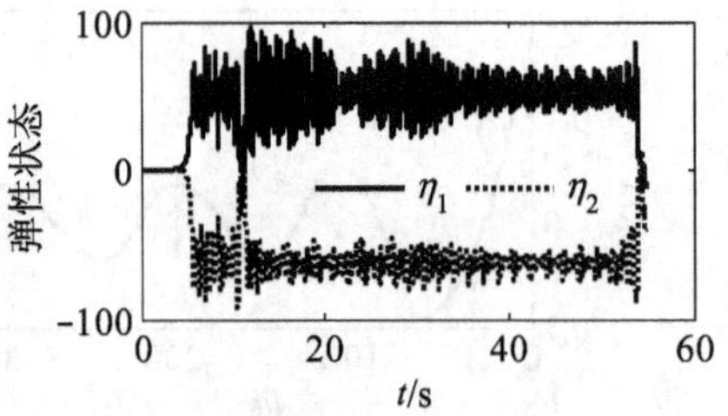


(i) 弹性状态变化曲线

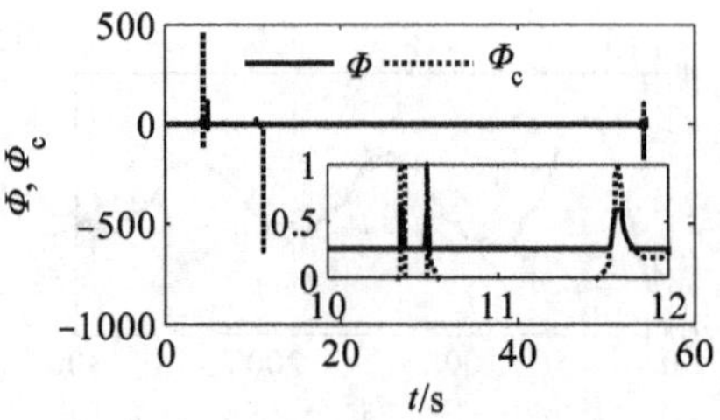


(j) $\Phi$ 与 $\Phi_c$ 变化曲线

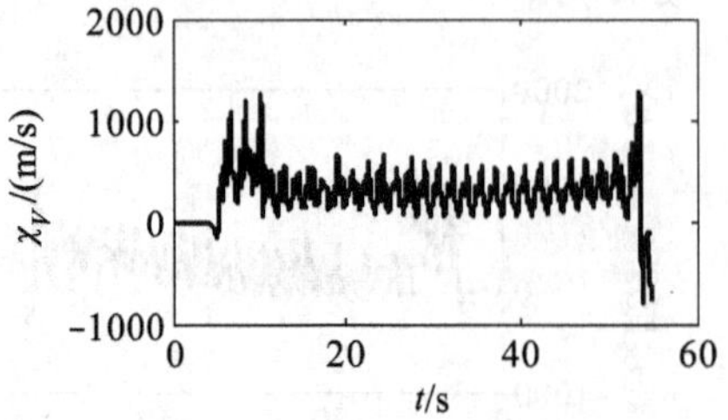


(k) $\chi_V$ 变化曲线

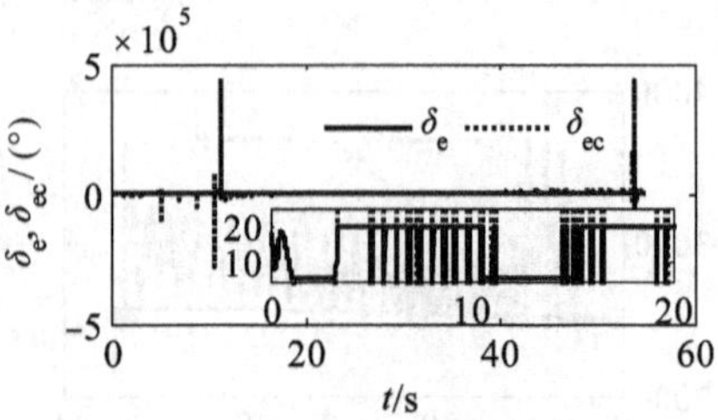


(l) $\delta_e$ 与 $\delta_{ec}$ 变化曲线

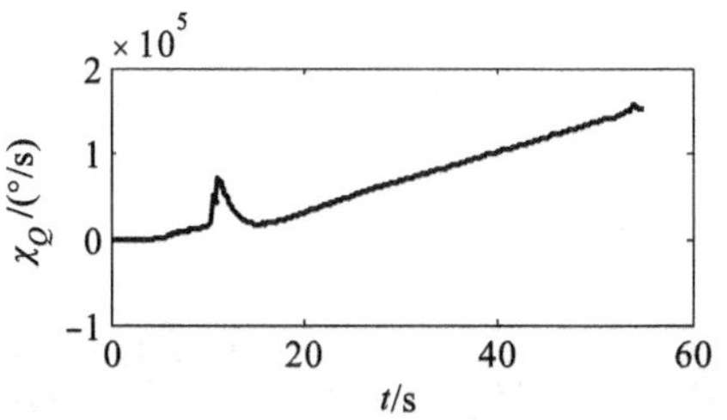


(m) $\chi_Q$变化曲线

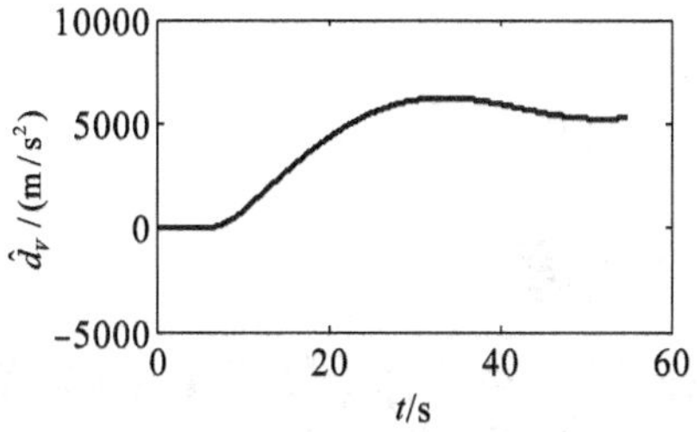


(n) $\hat{d}_V$变化曲线

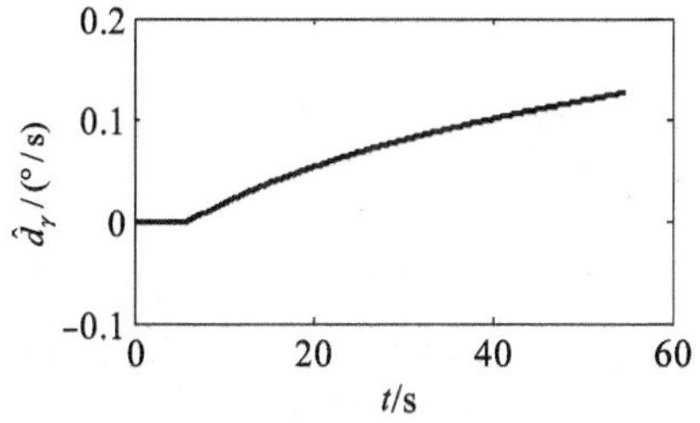


(o) $\hat{d}_\gamma$变化曲线

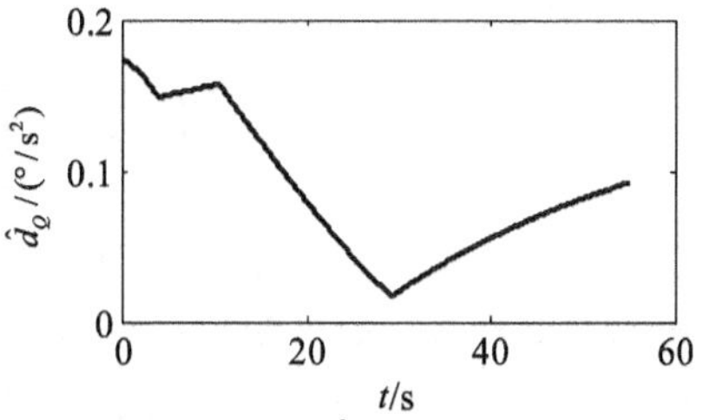


(p) $\hat{d}_Q$变化曲线

图 2.28　情景二仿真结果

## 2.5　本章小结

本章研究了控制输入受限的 HFV 鲁棒反演控制方法。设计了一种新型 FD，该 FD 可对输入信号的前 $n-1$ 阶导数进行估计，且与现有的 TD 相比，在估计精度方面具有一定优势。基于所提出的 FD，设计了一种新型 NDO，可实现对未知扰动的平滑、有效估计。不考虑控制输入受限问题，为 HFV 的纵向运动模型设计了一种鲁棒反演控制律，利用所设计的 FD 解决了传统反演控制的“微分项膨胀”问题，采用所设计的新型 NDO 对模型未知项进行平滑估计，保证了控制律对模型摄动参数与外部扰动的鲁棒性。考虑控制输入受限问题，设计了一种新型辅助系统，通过对跟踪误差与理想控制律进行补偿，保证了执行器瞬时饱和时闭环控制系统的稳定性与跟踪误差的有界性，仿真结果表明所提策略相对于现有方法能够处理更加苛刻的控制输入受限问题。

# 第 3 章 无虚拟控制律的 HFV 新型神经反演控制

## 3.1 引　言

第 2 章中，基于 NDO 的 HFV 鲁棒反演控制方法虽然表现出了对模型气动参数摄动与外部未知扰动的鲁棒性，但控制律仍然是基于精确模型设计的，只是将模型的各个子系统的不确定性归一化为一个总不确定项，然后再采用 NDO 对该不确定项进行估计并在控制律中进行补偿。因此，第 2 章的控制方法并不能摆脱对 HFV 精确模型的依赖。进一步，由第 2 章控制系统的结构框图(图 2.19 与图 2.20)可见，为高度子系统设计的反演控制律由两个虚拟控制律 $\bar{\theta}$、$\bar{Q}$ 和一个实际控制律 $\delta_e$ 构成，并且 $\bar{Q}$ 依赖于 $\bar{\theta}$ 及其一阶导数，$\delta_e$ 依赖于 $\bar{Q}$ 及其一阶导数。由此可见，尽管虚拟控制律 $\bar{\theta}$ 与 $\bar{Q}$ 并没有对应的实际执行机构，但仍然要首先解算出 $\bar{\theta}$ 与 $\bar{Q}$，才能获得最终被执行的实际控制律 $\delta_e$。此外，第 2 章的传统反演控制方法还面临一个需要对虚拟控制律反复求导的问题，引入多个微分器对虚拟控制律的一阶导数进行估计会带来附加的在线学习参数(即微分器的状态变量)，这对于降低控制律的计算量和保证其实时性也是不利的。

基于以上分析，本章研究无虚拟控制律的 HFV 新型反演控制方法。与传统反演控制不同，在本章提出的新型反演控制方法中，所有虚拟控制律仅作为中间过渡变量，只用于闭环控制系统的稳定性分析，完全不需要解算和执行，只有最终的实际控制律需要被执行。首先，将 HFV 的纵向运动模型分解为速度子系统与高度子系统，对于每一个子系统，仅采用一个径向基函数神经网络(Radial Basis Function Neural Network，RBFNN)对总不确定项进行在线逼近，从而摆脱对精确模型的依赖，保证控制律良好的鲁棒性。然后，为了最大限度地降低神经网络的学习量，基于 MLP 思想，对神经网络权值向量的范数进行估计，神经逼近过程仅需两个在线学习参数，控制律的实时性得到有效保证。最后，在存在参数摄动的情况下，对 HFV 的速度与高度参考输入进行跟踪仿真，以验证所提方法的有效性与优势。

## 3.2 基于严格反馈模型的 HFV 新型神经反演控制

HFV 的控制目标是：在假设 HFV 模型为完全未知的前提下，通过设计控制律 $\Phi$ 与 $\delta_e$，实现速度 $V$ 与高度 $h$ 对各自参考输入 $V_{ref}$ 与 $h_{ref}$ 的鲁棒跟踪。

将 HFV 模型的速度子系统(式(2.1))改写为[141-143，161]

$$\dot{V}=F_V+\Phi \tag{3.1}$$

式中：$F_V=[T\cos(\theta-\gamma)-D]/m-g\sin\gamma-\Phi$ 为一完全未知的非线性连续函数。

定义高度跟踪误差 $\tilde{h}=h-h_{\text{ref}}$，选取与式(2.12)相同的航迹角参考输入

$$\gamma_{\text{d}}=\arcsin\left(\frac{-k\tilde{h}-k_{\text{I}}\int_0^t\tilde{h}\,\mathrm{d}\tau+\dot{h}_{\text{ref}}}{V}\right) \tag{3.2}$$

式中：$k$，$k_{\text{I}}\in\mathbf{R}^+$ 为待设计参数。

根据 2.2.2 节的分析结果可知，若 $\gamma$ 趋于 $\gamma_{\text{d}}$，则 $\tilde{h}$ 将指数收敛到零[131]。这样，高度子系统的控制目标变为使 $\gamma\to\gamma_{\text{d}}$。

将高度子系统的余下部分(式(2.3)～式(2.5))改写为如下严格反馈形式[142]

$$\begin{cases}\dot{\gamma}=f_\gamma+\theta\\ \dot{\theta}=Q\\ \dot{Q}=f_Q+\delta_{\text{e}}\end{cases} \tag{3.3}$$

式中：$f_\gamma=[L+T\sin(\theta-\gamma)]/(mV)-g\cos\gamma/V-\theta$ 与 $f_Q=(M+\tilde{\psi}_1\ddot{\eta}_1+\tilde{\psi}_2\ddot{\eta}_2)/I_{yy}-\delta_{\text{e}}$ 均为完全未知的非线性连续函数。

对于式(3.1)中的未知函数 $F_V$，将引入一个 RBFNN 对其进行在线逼近。对于式(3.3)中的未知函数 $f_\gamma$ 与 $f_Q$，将在控制律设计过程中将其归一化为一个总未知函数，并引入一个 RBFNN 对其进行在线逼近。这样，控制律便摆脱了对精确模型的依赖，因而其鲁棒性是有保证的。

**注 3.1**：与式(2.10)和式(2.15)不同，采用式(3.1)与式(3.3)设计控制律不再需要将气动力(矩)$T$、$D$、$L$、$M$、$N_1$与 $N_2$拟合成 HFV 模型状态的多项式，这就大大增加了控制律设计的灵活性。并且，式(3.1)、式(3.3)与 HFV 的运动方程(式(2.1)～式(2.5))具有相同的能控性与能观性。

### 3.2.1　RBFNN 简介

RBFNN 结构简单、学习与容错能力强，具备对任意非线性连续函数的全局逼近能力[211]。RBFNN 由输入层、隐含层与输出层构成，其基本结构如图 3.1 所示。

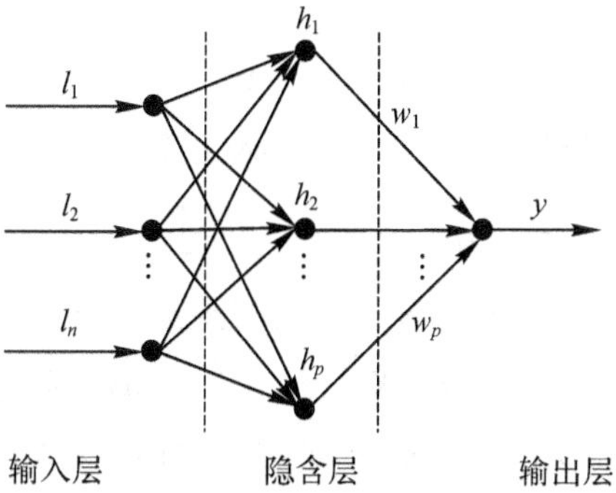


图 3.1　RBFNN 结构示意图

RBFNN 可表示为输入到输出的一种映射关系

$$y = \boldsymbol{W}^{\mathrm{T}} \boldsymbol{h}(\boldsymbol{X}) \tag{3.4}$$

式中：$\boldsymbol{X} = [l_1, l_1, \cdots, l_n]^{\mathrm{T}} \in \mathbf{R}^n$ 为输入向量，$\boldsymbol{W} = [w_1, w_2, \cdots, w_p]^{\mathrm{T}} \in \mathbf{R}^p$ 为权值向量，$\boldsymbol{h}(\boldsymbol{X}) = [h_1(\boldsymbol{X}), h_2(\boldsymbol{X}), \cdots, h_p(\boldsymbol{X})]^{\mathrm{T}} \in \mathbf{R}^p$，$h_j(\boldsymbol{X})$选为如下高斯基函数

$$h_j(\boldsymbol{X}) = \exp\left(-\frac{\| \boldsymbol{X} - \boldsymbol{c}_j \|^2}{2b_j^2}\right) \qquad j = 1, 2, \cdots, p \tag{3.5}$$

式中：$b_j$ 为第 $j$ 个高斯基函数的宽度，$\boldsymbol{b} = [b_1, b_2, \cdots, b_p]^{\mathrm{T}} \in \mathbf{R}^p$，$\boldsymbol{c}_j = [c_1, c_2, \cdots, c_n]^{\mathrm{T}} \in \mathbf{R}^n$。$n$ 与 $p$ 分别为输入向量的维数与节点个数。

选取足够多的节点(即取足够大的 $p$)，则对于任意非线性连续函数 $F(\boldsymbol{X})$，必存在理想权值向量 $\boldsymbol{W}^* = [w_1^*, w_2^*, \cdots, w_p^*]^{\mathrm{T}} \in \mathbf{R}^p$ 使得[211]

$$F(\boldsymbol{X}) = \boldsymbol{W}^{*\mathrm{T}} \boldsymbol{h}(\boldsymbol{X}) + \mu, \qquad |\mu| \leqslant \mu_{\mathrm{M}} \tag{3.6}$$

式中：$\mu \in \mathbf{R}$ 为逼近误差，$\mu_{\mathrm{M}} \in \mathbf{R}^+$ 为逼近误差的上界。当取足够大的 $p$ 时，$\mu_{\mathrm{M}}$ 可以任意小[211]。

若将 $\boldsymbol{b}$ 与 $\boldsymbol{c}$ 的取值设置在 $\boldsymbol{X}$ 的有效映射范围内，则只需在线调节 $\boldsymbol{W}$ 的元素 $w_1, w_2, \cdots, w_p$，即可实现对 $F(\boldsymbol{X})$的有效逼近。再基于 Lyapunov 稳定性理论，为 $w_1, w_2, \cdots, w_p$ 设计使闭环系统稳定的自适应律，即可保证逼近误差的有界性与收敛性[212]。要想获得对 $F(\boldsymbol{X})$足够高的逼近精度，就需要将 $p$ 取得足够大，这将带来过多的在线学习参数。而且，硬件系统(或计算机)的计算能力都是有限的，不能承受过大的在线计算量，以免计算时滞导致过大的 HFV 控制误差。

**注 3.2**：由于 exp(·)严格为正且单调递增，又 $-\dfrac{\| \boldsymbol{X} - \boldsymbol{c}_j \|^2}{2b_j^2} \leqslant 0$，则有 $0 < h_j(\boldsymbol{X}) \leqslant h_j(0) = 1$。因此，必存在一个有界常数 $\bar{h} \in \mathbf{R}^+$ 使得 $\| \boldsymbol{h}(\boldsymbol{X}) \| \leqslant \bar{h}$。

### 3.2.2 速度控制律设计

HFV 的控制目标是：针对式(3.1)，通过为 $\Phi$ 选取合适的反馈控制律，实现 $V$ 对 $V_{\mathrm{ref}}$ 的稳定跟踪。

定义速度跟踪误差

$$\tilde{V} = V - V_{\mathrm{ref}} \tag{3.7}$$

对式(3.7)求时间的一阶导数并将式(3.1)代入可得

$$\dot{\tilde{V}} = \dot{V} - \dot{V}_{\mathrm{ref}} = F_V + \Phi - \dot{V}_{\mathrm{ref}} \tag{3.8}$$

由于 $F_V$ 为未知函数，引入 RBFNN 对其进行逼近

$$F_V = \boldsymbol{W}_1^{*\mathrm{T}} \boldsymbol{h}_1(\boldsymbol{X}_1) + \mu_1, \qquad |\mu_1| \leqslant \mu_{1\mathrm{M}} \tag{3.9}$$

式中：$\boldsymbol{W}_1^* = [w_{11}^*, w_{12}^*, \cdots, w_{1p_1}^*]^{\mathrm{T}} \in \mathbf{R}^{p_1}$ 为理想权值向量，$\boldsymbol{X}_1 = V$ 为输入向量，$\mu_1$ 为逼近误差，$\mu_{1\mathrm{M}}$ 为逼近误差的上界，$\boldsymbol{h}_1(\boldsymbol{X}_1) = [h_{11}(\boldsymbol{X}_1), h_{12}(\boldsymbol{X}_1), \cdots, h_{1p_1}(\boldsymbol{X}_1)]^{\mathrm{T}} \in \mathbf{R}^{p_1}$，$h_{1j}(\boldsymbol{X}_1)(j = 1, 2, \cdots, p_1)$为与式(3.5)相同的高斯基函数。

定义 $\varphi_1 = \| \boldsymbol{W}_1^* \|^2$ 并将速度控制律设计为

$$\Phi = -k_{V1}\tilde{V} - k_{V2}\int_0^t \tilde{V}\mathrm{d}\tau - \frac{1}{2}\tilde{V}\hat{\varphi}_1 \boldsymbol{h}_1^{\mathrm{T}}(\boldsymbol{X}_1)\boldsymbol{h}_1(\boldsymbol{X}_1) + \dot{V}_{\mathrm{ref}} \tag{3.10}$$

式中：$k_{V1}$，$k_{V2} \in \mathbf{R}^+$ 为待设计参数；$\hat{\varphi}_1$ 为 $\varphi_1$ 的估计值，且其自适应律为

$$\dot{\hat{\varphi}}_1 = \frac{\lambda_1}{2}\tilde{V}^2 \boldsymbol{h}_1^{\mathrm{T}}(\boldsymbol{X}_1)\boldsymbol{h}_1(\boldsymbol{X}_1) - 2\hat{\varphi}_1 \tag{3.11}$$

式中：$\lambda_1 \in \mathbf{R}^+$ 为待设计参数。

**注 3.3**：与文献[139，158]直接对权值向量 $\boldsymbol{W}_1^*$ 的元素 $w_{11}^*$，$w_{12}^*$，…，$w_{1p_1}^*$ 进行在线调整的做法不同，本书基于 MLP 的思想，将 $\boldsymbol{W}_1^*$ 作为一个整体，对 $\varphi_1$ 进行自适应调整，仅需一个在线学习参数 $\hat{\varphi}_1$，使得逼近算法的计算量显著降低。

**注 3.4**：由式(3.1)可见，$F_V$ 是 $V$ 与 $\Phi$ 的函数。考虑到 $\Phi$ 为状态反馈控制律，故其必为 $V$ 的函数。因此，将 RBFNN 的输入信号选为 $V$，即可实现对 $F_V$ 的有效逼近[141-143]。

### 3.2.3　高度控制律设计

HFV 的控制目标是：针对式(3.3)，基于无虚拟控制律的新型反演控制方法，为 $\delta_e$ 设计合适的反馈控制律，使得 $\gamma \to \gamma_d$。

第一步：定义航迹角跟踪误差

$$\tilde{\gamma} = \gamma - \gamma_d \tag{3.12}$$

对式(3.12)求时间的一阶导数并将式(3.3)代入可得

$$\dot{\tilde{\gamma}} = \dot{\gamma} - \dot{\gamma}_d = f_\gamma + \theta - \dot{\gamma}_d \tag{3.13}$$

选取如下过渡变量 $\theta_d$

$$\theta_d = -k_{\gamma1}\tilde{\gamma} - k_{\gamma2}\int_0^t \tilde{\gamma}\mathrm{d}\tau - f_\gamma + \dot{\gamma}_d \tag{3.14}$$

式中：$k_{\gamma1}$，$k_{\gamma2} \in \mathbf{R}^+$ 为待设计参数。

第二步：定义俯仰角跟踪误差

$$\tilde{\theta} = \theta - \theta_d \tag{3.15}$$

将式(3.14)代入式(3.15)可得

$$\tilde{\theta} = \theta - \theta_d = \theta + k_{\gamma1}\tilde{\gamma} + k_{\gamma2}\int_0^t \tilde{\gamma}\mathrm{d}\tau + f_\gamma - \dot{\gamma}_d \tag{3.16}$$

对式(3.16)求时间的一阶导数并将式(3.3)代入可得

$$\begin{aligned}\dot{\tilde{\theta}} &= \dot{\theta} + k_{\gamma1}\dot{\tilde{\gamma}} + k_{\gamma2}\tilde{\gamma} + \dot{f}_\gamma - \ddot{\gamma}_d \\ &= Q + k_{\gamma1}\dot{\tilde{\gamma}} + k_{\gamma2}\tilde{\gamma} + \dot{f}_\gamma - \ddot{\gamma}_d\end{aligned} \tag{3.17}$$

将式(3.13)代入式(3.17)可得

$$\begin{aligned}\dot{\tilde{\theta}} &= Q + k_{\gamma1}(f_\gamma + \theta - \dot{\gamma}_d) + k_{\gamma2}\tilde{\gamma} + \dot{f}_\gamma - \ddot{\gamma}_d \\ &= Q + k_{\gamma1}\theta + k_{\gamma2}\tilde{\gamma} - k_{\gamma1}\dot{\gamma}_d - \ddot{\gamma}_d + k_{\gamma1}f_\gamma + \dot{f}_\gamma\end{aligned} \tag{3.18}$$

选取如下过渡变量 $Q_{\mathrm{d}}$

$$Q_{\mathrm{d}}=-k_{\theta}\tilde{\theta}-k_{\gamma1}\theta-k_{\gamma2}\tilde{\gamma}+k_{\gamma1}\dot{\gamma}_{\mathrm{d}}+\ddot{\gamma}_{\mathrm{d}}-k_{\gamma1}f_{\gamma}-\dot{f}_{\gamma} \tag{3.19}$$

式中：$k_{\theta}\in\mathbf{R}^{+}$ 为待设计参数。

第三步：定义俯仰角速度跟踪误差

$$\tilde{Q}=Q-Q_{\mathrm{d}} \tag{3.20}$$

将式(3.19)代入式(3.20)可得

$$\tilde{Q}=Q+k_{\theta}\tilde{\theta}+k_{\gamma1}\theta+k_{\gamma2}\tilde{\gamma}-k_{\gamma1}\dot{\gamma}_{\mathrm{d}}-\ddot{\gamma}_{\mathrm{d}}+k_{\gamma1}f_{\gamma}+\dot{f}_{\gamma} \tag{3.21}$$

对式(3.21)求时间的一阶导数并将式(3.3)、式(3.13)与式(3.17)代入可得

$$\begin{aligned}\dot{\tilde{Q}}&=\dot{Q}+k_{\theta}\dot{\tilde{\theta}}+k_{\gamma1}\dot{\theta}+k_{\gamma2}\dot{\tilde{\gamma}}-k_{\gamma1}\ddot{\gamma}_{\mathrm{d}}-\dddot{\gamma}_{\mathrm{d}}+k_{\gamma1}\dot{f}_{\gamma}+\ddot{f}_{\gamma}\\&=k_{\theta}(Q+k_{\gamma1}\theta+k_{\gamma2}\tilde{\gamma}-k_{\gamma1}\dot{\gamma}_{\mathrm{d}}-\ddot{\gamma}_{\mathrm{d}}+k_{\gamma1}f_{\gamma}+\dot{f}_{\gamma})\\&\quad+k_{\gamma1}\dot{\theta}+k_{\gamma2}(f_{\gamma}+\theta-\dot{\gamma}_{\mathrm{d}})-k_{\gamma1}\ddot{\gamma}_{\mathrm{d}}-\dddot{\gamma}_{\mathrm{d}}+k_{\gamma1}\dot{f}_{\gamma}\\&\quad+\ddot{f}_{\gamma}+f_{Q}+\delta_{\mathrm{e}}\\&=\delta_{\mathrm{e}}+(k_{\theta}+k_{\gamma1})Q+(k_{\theta}k_{\gamma1}+k_{\gamma2})\theta+k_{\theta}k_{\gamma2}\tilde{\gamma}\\&\quad-(k_{\theta}k_{\gamma1}+k_{\gamma2})\dot{\gamma}_{\mathrm{d}}-(k_{\theta}+k_{\gamma1})\ddot{\gamma}_{\mathrm{d}}-\dddot{\gamma}_{\mathrm{d}}+F_{h1}\end{aligned} \tag{3.22}$$

式中：$F_{h1}=k_{\theta}k_{\gamma1}f_{\gamma}+k_{\theta}\dot{f}_{\gamma}+k_{\gamma2}f_{\gamma}+k_{\gamma1}\dot{f}_{\gamma}+\ddot{f}_{\gamma}+f_{Q}$。

假设 $F_{h1}$ 为已知，将理想的控制律 $\delta_{\mathrm{e}}^{*}$ 设计为

$$\begin{aligned}\delta_{\mathrm{e}}^{*}=&-k_{Q}\tilde{Q}-(k_{\theta}+k_{\gamma1})Q-(k_{\theta}k_{\gamma1}+k_{\gamma2})\theta-k_{\theta}k_{\gamma2}\tilde{\gamma}\\&+(k_{\theta}k_{\gamma1}+k_{\gamma2})\dot{\gamma}_{\mathrm{d}}+(k_{\theta}+k_{\gamma1})\ddot{\gamma}_{\mathrm{d}}+\dddot{\gamma}_{\mathrm{d}}-F_{h1}\end{aligned} \tag{3.23}$$

式中：$k_{Q}\in\mathbf{R}^{+}$ 为待设计参数。

将式(3.16)代入式(3.21)可得

$$\begin{aligned}\tilde{Q}&=Q+k_{\theta}\left(\theta+k_{\gamma1}\tilde{\gamma}+k_{\gamma2}\int_{0}^{t}\tilde{\gamma}\mathrm{d}\tau+f_{\gamma}-\dot{\gamma}_{\mathrm{d}}\right)+k_{\gamma1}\theta\\&\quad+k_{\gamma2}\tilde{\gamma}-k_{\gamma1}\dot{\gamma}_{\mathrm{d}}-\ddot{\gamma}_{\mathrm{d}}+k_{\gamma1}f_{\gamma}+\dot{f}_{\gamma}\\&=Q+(k_{\theta}+k_{\gamma1})\theta+(k_{\theta}k_{\gamma1}+k_{\gamma2})\tilde{\gamma}+k_{\theta}k_{\gamma2}\int_{0}^{t}\tilde{\gamma}\mathrm{d}\tau\\&\quad-(k_{\gamma1}-k_{\theta})\dot{\gamma}_{\mathrm{d}}-\ddot{\gamma}_{\mathrm{d}}+k_{\theta}f_{\gamma}+k_{\gamma1}f_{\gamma}+\dot{f}_{\gamma}\end{aligned} \tag{3.24}$$

将式(3.24)代入式(3.23)，$\delta_{\mathrm{e}}^{*}$ 变为

$$\begin{aligned}\delta_{\mathrm{e}}^{*}=&-(k_{\theta}+k_{\gamma1}+k_{Q})Q-(k_{\theta}k_{\gamma1}+k_{\gamma2}+k_{Q}k_{\theta}+k_{Q}k_{\gamma1})\theta\\&-(k_{\theta}k_{\gamma2}+k_{Q}k_{\theta}k_{\gamma1}+k_{Q}k_{\gamma2})\tilde{\gamma}-k_{Q}k_{\theta}k_{\gamma2}\int_{0}^{t}\tilde{\gamma}\mathrm{d}\tau\\&+(k_{\theta}k_{\gamma1}+k_{\gamma2}+k_{Q}k_{\gamma1}-k_{Q}k_{\theta})\dot{\gamma}_{\mathrm{d}}+(k_{\theta}+k_{\gamma1}+k_{Q})\ddot{\gamma}_{\mathrm{d}}\\&+\dddot{\gamma}_{\mathrm{d}}-F_{h}\end{aligned} \tag{3.25}$$

式中：$F_{h}=F_{h1}+k_{Q}k_{\theta}f_{\gamma}+k_{Q}k_{\gamma1}f_{\gamma}+k_{Q}\dot{f}_{\gamma}$ 为高度子系统的总不确定项，并引入 RBFNN 对其进行逼近

$$F_{h}=\boldsymbol{W}_{2}^{*\mathrm{T}}\boldsymbol{h}_{2}(\boldsymbol{X}_{2})+\mu_{2},\quad|\mu_{2}|\leqslant\mu_{2\mathrm{M}} \tag{3.26}$$

式中：$\boldsymbol{W}_2^* = [w_{21}^*, w_{22}^*, \cdots, w_{2p_2}^*]^{\mathrm{T}} \in \mathbf{R}^{p_2}$ 为理想权值向量，$\boldsymbol{X}_2 = [V, \gamma, \theta, Q]^{\mathrm{T}} \in \mathbf{R}^4$ 为输入向量，$\boldsymbol{h}_2(\boldsymbol{X}_2) = [h_{21}(\boldsymbol{X}_2), h_{22}(\boldsymbol{X}_2), \cdots, h_{2p_2}(\boldsymbol{X}_2)]^{\mathrm{T}} \in \mathbf{R}^{p_2}$，$h_{2j}(\boldsymbol{X}_2)$ $(j=1, 2, \cdots, p_2)$ 为与式(3.5)相同的高斯基函数，$\mu_2$ 为逼近误差，$\mu_{2\mathrm{M}}$ 为逼近误差的上界。

定义 $\varphi_2 = \|\boldsymbol{W}_2^*\|^2$ 并将控制律 $\delta_{\mathrm{e}}$ 设计为

$$\begin{aligned}\delta_{\mathrm{e}} = &-(k_\theta + k_{\gamma 1} + k_Q)Q - (k_\theta k_{\gamma 1} + k_{\gamma 2} + k_Q k_\theta + k_Q k_{\gamma 1})\theta \\ &-(k_\theta k_{\gamma 2} + k_Q k_\theta k_{\gamma 1} + k_Q k_{\gamma 2})\tilde{\gamma} - k_Q k_\theta k_{\gamma 2}\int_0^t \tilde{\gamma}\mathrm{d}\tau \\ &+(k_\theta k_{\gamma 1} + k_{\gamma 2} + k_Q k_{\gamma 1} - k_Q k_\theta)\dot{\gamma}_{\mathrm{d}} + (k_\theta + k_{\gamma 1} + k_Q)\ddot{\gamma}_{\mathrm{d}} \\ &+\dddot{\gamma}_{\mathrm{d}} - \frac{1}{2}\hat{\varphi}_2 \boldsymbol{h}_2^{\mathrm{T}}(\boldsymbol{X}_2)\boldsymbol{h}_2(\boldsymbol{X}_2)\end{aligned} \tag{3.27}$$

式中：$\hat{\varphi}_2$ 为 $\varphi_2$ 的估计值，并将其自适应律设计为

$$\dot{\hat{\varphi}}_2 = \frac{\lambda_2}{2}\tilde{\gamma}\,\boldsymbol{h}_2^{\mathrm{T}}(\boldsymbol{X}_2)\boldsymbol{h}_2(\boldsymbol{X}_2) - 2\hat{\varphi}_2 \tag{3.28}$$

式中：$\lambda_2 \in \mathbf{R}^+$ 为待设计参数。

至此，已经完成了控制律的设计过程，所设计的控制系统结构框图如图 3.2 所示。

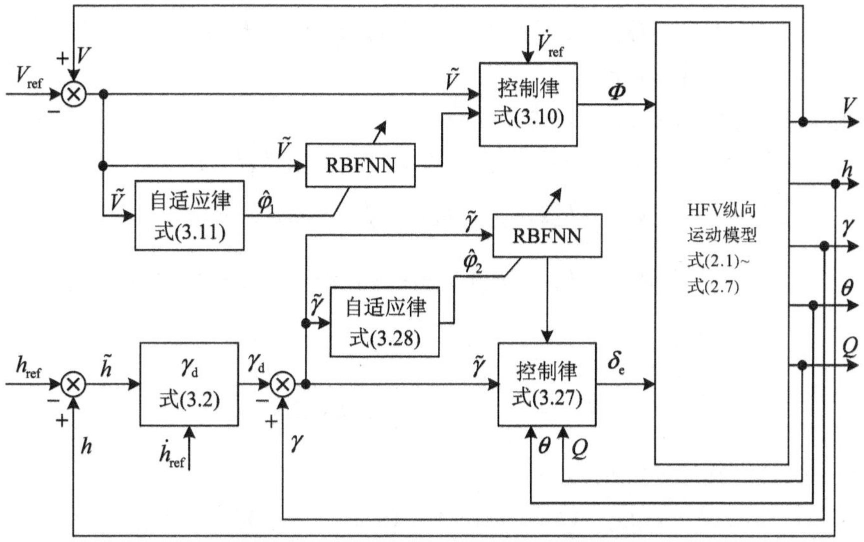


图 3.2　基于严格反馈模型的新型反演控制系统结构框图

**注 3.5**：与第 2 章的传统反演控制策略(见图 2.19 与图 2.20)以及文献[158, 163, 190]的神经反演控制策略相比，本节提出的新型反演控制方法(见图 3.2)不再需要虚拟控制律，有效降低了控制算法的复杂性，且避免了传统反演控制的“微分项膨胀”问题。同时，本节提出的新型反演控制方法仅需要两个 RBFNN 和两个在线学习参数 $\hat{\varphi}_1$ 与 $\hat{\varphi}_2$。因此，与文献[158, 163, 190]相比，本节控制方法的计算量也更低。

**注 3.6**：由式(3.3)、式(3.22)与式(3.25)易知，未知函数 $F_h$ 包含控制输入 $\delta_{\mathrm{e}}$。考虑到最终为 $\delta_{\mathrm{e}}$ 设计的是状态反馈控制律，即 $\delta_{\mathrm{e}}$ 为状态变量的函数，故将 RBFNN 输入向量选为 $\boldsymbol{X}_2 = [V, \gamma, \theta, Q]^{\mathrm{T}}$ 即能实现对 $F_h$ 的有效逼近[141-143]。

### 3.2.4 稳定性分析

**定理 3.1**：针对 HFV 的速度子系统（式(3.1)）与高度子系统（式(3.3)），若采用控制律式(3.10)、式(3.27)与自适应律式(3.11)、式(3.28)，则闭环控制系统局部一致渐近稳定。

**证明**：定义估计误差

$$\begin{cases}\tilde{\varphi}_1=\hat{\varphi}_1-\varphi_1\\ \tilde{\varphi}_2=\hat{\varphi}_2-\varphi_2\end{cases}\tag{3.29}$$

将式(3.9)与式(3.10)代入式(3.8)可得

$$\dot{\tilde{V}}=-k_{V1}\tilde{V}-k_{V2}\int_0^t\tilde{V}\mathrm{d}\tau-\frac{1}{2}\tilde{V}\hat{\varphi}_1\,\boldsymbol{h}_1^{\mathrm{T}}(\boldsymbol{X}_1)\,\boldsymbol{h}_1(\boldsymbol{X}_1)+\boldsymbol{W}_1^{*\mathrm{T}}\,\boldsymbol{h}_1(\boldsymbol{X}_1)+\mu_1\tag{3.30}$$

将式(3.14)与式(3.15)代入式(3.13)可得

$$\begin{aligned}\dot{\tilde{\gamma}}&=f_\gamma+\tilde{\theta}+\theta_{\mathrm{d}}-\dot{\gamma}_{\mathrm{d}}\\&=-k_{\gamma1}\tilde{\gamma}-k_{\gamma2}\int_0^t\tilde{\gamma}\mathrm{d}\tau+\tilde{\theta}\end{aligned}\tag{3.31}$$

将式(3.19)与式(3.20)代入式(3.18)可得

$$\begin{aligned}\dot{\tilde{\theta}}&=\tilde{Q}+Q_{\mathrm{d}}+k_{\gamma1}\theta+k_{\gamma2}\tilde{\gamma}-k_{\gamma1}\dot{\gamma}_{\mathrm{d}}-\ddot{\gamma}_{\mathrm{d}}+k_{\gamma1}f_\gamma+\dot{f}_\gamma\\&=\tilde{Q}-k_\theta\tilde{\theta}\end{aligned}\tag{3.32}$$

利用式(3.25)与式(3.26)，式(3.27)变为

$$\begin{aligned}\delta_{\mathrm{e}}&=-(k_\theta+k_{\gamma1}+k_Q)Q-(k_\theta k_{\gamma1}+k_{\gamma2}+k_Qk_\theta+k_Qk_{\gamma1})\theta\\&\quad-(k_\theta k_{\gamma2}+k_Qk_\theta k_{\gamma1}+k_Qk_{\gamma2})\tilde{\gamma}-k_Qk_\theta k_{\gamma2}\int_0^t\tilde{\gamma}\mathrm{d}\tau\\&\quad+(k_\theta k_{\gamma1}+k_{\gamma2}+k_Qk_{\gamma1}-k_Qk_\theta)\dot{\gamma}_{\mathrm{d}}+(k_\theta+k_{\gamma1}+k_Q)\ddot{\gamma}_{\mathrm{d}}\\&\quad+\dddot{\gamma}_{\mathrm{d}}-F_h+F_h-\frac{1}{2}\hat{\varphi}_2\,\boldsymbol{h}_2^{\mathrm{T}}(\boldsymbol{X}_2)\,\boldsymbol{h}_2(\boldsymbol{X}_2)\\&=\delta_{\mathrm{e}}^*+\boldsymbol{W}_2^{*\mathrm{T}}\,\boldsymbol{h}_2(\boldsymbol{X}_2)+\mu_2-\frac{1}{2}\hat{\varphi}_2\,\boldsymbol{h}_2^{\mathrm{T}}(\boldsymbol{X}_2)\,\boldsymbol{h}_2(\boldsymbol{X}_2)\end{aligned}\tag{3.33}$$

将式(3.23)代入式(3.33)可得

$$\begin{aligned}\delta_{\mathrm{e}}&=-k_Q\tilde{Q}-(k_\theta+k_{\gamma1})Q-(k_\theta k_{\gamma1}+k_{\gamma2})\theta-k_\theta k_{\gamma2}\tilde{\gamma}\\&\quad+(k_\theta k_{\gamma1}+k_{\gamma2})\dot{\gamma}_{\mathrm{d}}+(k_\theta+k_{\gamma1})\ddot{\gamma}_{\mathrm{d}}+\dddot{\gamma}_{\mathrm{d}}-F_{h1}\\&\quad+\boldsymbol{W}_2^{*\mathrm{T}}\,\boldsymbol{h}_2(\boldsymbol{X}_2)+\mu_2-\frac{1}{2}\hat{\varphi}_2\,\boldsymbol{h}_2^{\mathrm{T}}(\boldsymbol{X}_2)\,\boldsymbol{h}_2(\boldsymbol{X}_2)\end{aligned}\tag{3.34}$$

将式(3.34)代入式(3.22)可得

$$\dot{\tilde{Q}}=-k_Q\tilde{Q}+\boldsymbol{W}_2^{*\mathrm{T}}\,\boldsymbol{h}_2(\boldsymbol{X}_2)+\mu_2-\frac{1}{2}\hat{\varphi}_2\,\boldsymbol{h}_2^{\mathrm{T}}(\boldsymbol{X}_2)\,\boldsymbol{h}_2(\boldsymbol{X}_2)\tag{3.35}$$

选取如下 Lyapunov 函数

$$\begin{aligned}W_0&=\frac{\tilde{V}^2}{2}+\frac{k_{V2}}{2}\left(\int_0^t\tilde{V}\mathrm{d}\tau\right)^2+\frac{\tilde{\gamma}^2}{2}+\frac{k_{\gamma2}}{2}\left(\int_0^t\tilde{\gamma}\mathrm{d}\tau\right)^2\\&\quad+\frac{\tilde{\theta}^2}{2}+\frac{\tilde{Q}^2}{2}+\frac{\tilde{\varphi}_1^2}{2\lambda_1}+\frac{\tilde{\varphi}_2^2}{2\lambda_2}\end{aligned}\tag{3.36}$$

对式(3.36)求时间的一阶导数并将式(3.11)、式(3.29)～式(3.32)与式(3.35)代入可得

$$
\begin{aligned}
\dot{W}_0 &= \tilde{V}\dot{\tilde{V}} + k_{V2}\tilde{V}\int_0^t \tilde{V}\mathrm{d}\tau + \tilde{\gamma}\dot{\tilde{\gamma}} + k_{\gamma 2}\tilde{\gamma}\int_0^t \tilde{\gamma}\mathrm{d}\tau + \tilde{\theta}\dot{\tilde{\theta}} + \tilde{Q}\dot{\tilde{Q}} + \frac{\tilde{\varphi}_1\dot{\hat{\varphi}}_1}{\lambda_1} + \frac{\tilde{\varphi}_2\dot{\hat{\varphi}}_2}{\lambda_2} \\
&= -k_{V1}\tilde{V}^2 - k_{\gamma 1}\tilde{\gamma}^2 - k_\theta\tilde{\theta}^2 - k_Q\tilde{Q}^2 - \frac{1}{2}\tilde{V}^2\varphi_1\boldsymbol{h}_1^{\mathrm{T}}(\boldsymbol{X}_1)\boldsymbol{h}_1(\boldsymbol{X}_1) + \tilde{V}\boldsymbol{W}_1^{*\mathrm{T}}\boldsymbol{h}_1(\boldsymbol{X}_1) \\
&\quad + \tilde{\gamma}\tilde{\theta} + \tilde{Q}\tilde{\theta} + \tilde{Q}\boldsymbol{W}_2^{*\mathrm{T}}\boldsymbol{h}_2(\boldsymbol{X}_2) + \tilde{V}\mu_1 + \tilde{Q}\mu_2 - \frac{1}{2}\tilde{Q}\hat{\varphi}_2\boldsymbol{h}_2^{\mathrm{T}}(\boldsymbol{X}_2)\boldsymbol{h}_2(\boldsymbol{X}_2) \\
&\quad + \frac{1}{2}\tilde{\gamma}\tilde{\varphi}_2\boldsymbol{h}_2^{\mathrm{T}}(\boldsymbol{X}_2)\boldsymbol{h}_2(\boldsymbol{X}_2) - \frac{2\tilde{\varphi}_1\hat{\varphi}_1}{\lambda_1} - \frac{2\tilde{\varphi}_2\hat{\varphi}_2}{\lambda_2}
\end{aligned}
\tag{3.37}
$$

考虑到

$$
\begin{cases}
\tilde{\varphi}_1^2 + 2\tilde{\varphi}_1(\hat{\varphi}_1 - \tilde{\varphi}_1) + \varphi_1^2 = \tilde{\varphi}_1^2 + 2\tilde{\varphi}_1\varphi_1 + \varphi_1^2 = (\tilde{\varphi}_1 + \varphi_1)^2 \geqslant 0 \\
\tilde{\varphi}_2^2 + 2\tilde{\varphi}_2(\hat{\varphi}_2 - \tilde{\varphi}_2) + \varphi_2^2 = \tilde{\varphi}_2^2 + 2\tilde{\varphi}_2\varphi_2 + \varphi_2^2 = (\tilde{\varphi}_2 + \varphi_2)^2 \geqslant 0
\end{cases}
\tag{3.38}
$$

有

$$
\begin{cases}
2\tilde{\varphi}_1\hat{\varphi}_1 \geqslant \tilde{\varphi}_1^2 - \varphi_1^2 \\
2\tilde{\varphi}_2\hat{\varphi}_2 \geqslant \tilde{\varphi}_2^2 - \varphi_2^2
\end{cases}
\tag{3.39}
$$

又由于

$$
\tilde{\gamma}\tilde{\theta} \leqslant \frac{\tilde{\gamma}^2}{2} + \frac{\tilde{\theta}^2}{2}
$$

$$
\tilde{Q}\tilde{\theta} \leqslant \frac{\tilde{Q}^2}{2} + \frac{\tilde{\theta}^2}{2}
$$

$$
\tilde{V}\mu_1 \leqslant |\tilde{V}\mu_{1\mathrm{M}}| \leqslant \frac{\tilde{V}^2}{4} + \mu_{1\mathrm{M}}^2
$$

$$
\tilde{Q}\mu_2 \leqslant |\tilde{Q}\mu_{2\mathrm{M}}| \leqslant \frac{\tilde{Q}^2}{4} + \mu_{2\mathrm{M}}^2
$$

则式(3.37)变为

$$
\begin{aligned}
\dot{W}_0 \leqslant &-\left(k_{V1} - \frac{1}{4}\right)\tilde{V}^2 - \left(k_{\gamma 1} - \frac{1}{2}\right)\tilde{\gamma}^2 - (k_\theta - 1)\tilde{\theta}^2 - \left(k_Q - \frac{3}{4}\right)\tilde{Q}^2 - \frac{\tilde{\varphi}_1^2}{\lambda_1} \\
&- \frac{\tilde{\varphi}_2^2}{\lambda_2} - \frac{1}{2}\tilde{V}^2\varphi_1\boldsymbol{h}_1^{\mathrm{T}}(\boldsymbol{X}_1)\boldsymbol{h}_1(\boldsymbol{X}_1) + \tilde{V}\boldsymbol{W}_1^{*\mathrm{T}}\boldsymbol{h}_1(\boldsymbol{X}_1) + \tilde{Q}\boldsymbol{W}_2^{*\mathrm{T}}\boldsymbol{h}_2(\boldsymbol{X}_2) + \frac{\varphi_1^2}{\lambda_1} \\
&- \frac{1}{2}\tilde{Q}\hat{\varphi}_2\boldsymbol{h}_2^{\mathrm{T}}(\boldsymbol{X}_2)\boldsymbol{h}_2(\boldsymbol{X}_2) + \frac{1}{2}\tilde{\gamma}\tilde{\varphi}_2\boldsymbol{h}_2^{\mathrm{T}}(\boldsymbol{X}_2)\boldsymbol{h}_2(\boldsymbol{X}_2) + \frac{\varphi_2^2}{\lambda_2} + \mu_{1\mathrm{M}}^2 + \mu_{2\mathrm{M}}^2
\end{aligned}
\tag{3.40}
$$

考虑到

$$
\begin{aligned}
\tilde{V}\boldsymbol{W}_1^{*\mathrm{T}}\boldsymbol{h}_1(\boldsymbol{X}_1) &\leqslant \frac{\tilde{V}^2}{2}\|\boldsymbol{W}_1^{*\mathrm{T}}\boldsymbol{h}_1(\boldsymbol{X}_1)\|^2 + \frac{1}{2} \\
&= \frac{\tilde{V}^2}{2}\|\boldsymbol{W}_1^*\|^2\|\boldsymbol{h}_1(\boldsymbol{X}_1)\|^2 + \frac{1}{2} = \frac{\tilde{V}^2}{2}\varphi_1\boldsymbol{h}_1^{\mathrm{T}}(\boldsymbol{X}_1)\boldsymbol{h}_1(\boldsymbol{X}_1) + \frac{1}{2}
\end{aligned}
$$

式(3.40)变为

$$\dot{W}_0 \leqslant -\left(k_{V1}-\frac{1}{4}\right)\tilde{V}^2-\left(k_{\gamma 1}-\frac{1}{2}\right)\tilde{\gamma}^2-(k_\theta-1)\tilde{\theta}^2-\left(k_Q-\frac{3}{4}\right)\tilde{Q}^2$$
$$-\frac{\tilde{\varphi}_1^2}{\lambda_1}-\frac{\tilde{\varphi}_2^2}{\lambda_2}+\tilde{Q}\boldsymbol{W}_2^{*\mathrm{T}}\boldsymbol{h}_2(\boldsymbol{X}_2)-\frac{1}{2}\tilde{Q}\hat{\varphi}_2\boldsymbol{h}_2^{\mathrm{T}}(\boldsymbol{X}_2)\boldsymbol{h}_2(\boldsymbol{X}_2)$$
$$+\frac{1}{2}\tilde{\gamma}\tilde{\varphi}_2\boldsymbol{h}_2^{\mathrm{T}}(\boldsymbol{X}_2)\boldsymbol{h}_2(\boldsymbol{X}_2)+\frac{\varphi_1^2}{\lambda_1}+\frac{\varphi_2^2}{\lambda_2}+\mu_{1\mathrm{M}}^2+\mu_{2\mathrm{M}}^2+\frac{1}{2} \tag{3.41}$$

由于 $\tilde{\varphi}_2=\hat{\varphi}_2-\varphi_2$，故式(3.41)可化为

$$\dot{W}_0 \leqslant -\left(k_{V1}-\frac{1}{4}\right)\tilde{V}^2-\left(k_{\gamma 1}-\frac{1}{2}\right)\tilde{\gamma}^2-(k_\theta-1)\tilde{\theta}^2-\left(k_Q-\frac{3}{4}\right)\tilde{Q}^2$$
$$-\frac{\tilde{\varphi}_1^2}{\lambda_1}-\frac{\tilde{\varphi}_2^2}{\lambda_2}+\tilde{Q}\boldsymbol{W}_2^{*\mathrm{T}}\boldsymbol{h}_2(\boldsymbol{X}_2)-\frac{1}{2}\tilde{Q}\tilde{\varphi}_2\boldsymbol{h}_2^{\mathrm{T}}(\boldsymbol{X}_2)\boldsymbol{h}_2(\boldsymbol{X}_2)$$
$$-\frac{1}{2}\tilde{Q}\varphi_2\boldsymbol{h}_2^{\mathrm{T}}(\boldsymbol{X}_2)\boldsymbol{h}_2(\boldsymbol{X}_2)+\frac{1}{2}\tilde{\gamma}\tilde{\varphi}_2\boldsymbol{h}_2^{\mathrm{T}}(\boldsymbol{X}_2)\boldsymbol{h}_2(\boldsymbol{X}_2)+\frac{\varphi_1^2}{\lambda_1}$$
$$+\frac{\varphi_2^2}{\lambda_2}+\mu_{1\mathrm{M}}^2+\mu_{2\mathrm{M}}^2+\frac{1}{2} \tag{3.42}$$

由注 3.2 可知，必存在一个有界常数 $\bar{h}_2\in\mathbf{R}^+$ 使得 $\|\boldsymbol{h}_2(\boldsymbol{X}_2)\|\leqslant\bar{h}_2$。再根据 Yong 不等式[213]，有

$$\frac{1}{2}\tilde{\gamma}\tilde{\varphi}_2\boldsymbol{h}_2^{\mathrm{T}}(\boldsymbol{X}_2)\boldsymbol{h}_2(\boldsymbol{X}_2)\leqslant\frac{\bar{h}_2^2}{2}|\tilde{\gamma}||\tilde{\varphi}_2|\leqslant\frac{(2\lambda_2)}{2}\left(\frac{\bar{h}_2^2}{2}|\tilde{\gamma}|\right)^2+\frac{\tilde{\varphi}_2^2}{2(2\lambda_2)}=\frac{\lambda_2\bar{h}_2^4}{4}\tilde{\gamma}^2+\frac{\tilde{\varphi}_2^2}{4\lambda_2}$$

$$\tilde{Q}\boldsymbol{W}_2^{*\mathrm{T}}\boldsymbol{h}_2(\boldsymbol{X}_2)\leqslant|\tilde{Q}|\sqrt{\varphi_2}\bar{h}_2\leqslant\sqrt{\varphi_2}\bar{h}_2\left(\frac{\tilde{Q}^2}{2}+\frac{1}{2}\right)=\frac{\sqrt{\varphi_2}\bar{h}_2}{2}\tilde{Q}^2+\frac{\sqrt{\varphi_2}\bar{h}_2}{2}$$

$$-\frac{1}{2}\tilde{Q}\tilde{\varphi}_2\boldsymbol{h}_2^{\mathrm{T}}(\boldsymbol{X}_2)\boldsymbol{h}_2(\boldsymbol{X}_2)\leqslant\frac{\bar{h}_2^2}{2}|\tilde{Q}||\tilde{\varphi}_2|\leqslant\frac{(2\lambda_2)}{2}\left(\frac{\bar{h}_2^2}{2}|\tilde{Q}|\right)^2+\frac{\tilde{\varphi}_2^2}{2(2\lambda_2)}=\frac{\lambda_2\bar{h}_2^4}{4}\tilde{Q}^2+\frac{\tilde{\varphi}_2^2}{4\lambda_2}$$

$$-\frac{1}{2}\tilde{Q}\varphi_2\boldsymbol{h}_2^{\mathrm{T}}(\boldsymbol{X}_2)\boldsymbol{h}_2(\boldsymbol{X}_2)\leqslant\frac{1}{2}|\tilde{Q}|\varphi_2\bar{h}_2^2\leqslant\frac{1}{2}\varphi_2\bar{h}_2^2\left(\frac{\tilde{Q}^2}{2}+\frac{1}{2}\right)=\frac{\varphi_2\bar{h}_2^2}{4}\tilde{Q}^2+\frac{\varphi_2\bar{h}_2^2}{4}$$

则式(3.42)进一步变为

$$\dot{W}_0 \leqslant -\left(k_{V1}-\frac{1}{4}\right)\tilde{V}^2-\left(k_{\gamma 1}-\frac{1}{2}-\frac{\lambda_2\bar{h}_2^4}{4}\right)\tilde{\gamma}^2-(k_\theta-1)\tilde{\theta}^2$$
$$-\left(k_Q-\frac{3}{4}-\frac{\sqrt{\varphi_2}\bar{h}_2}{2}-\frac{\lambda_2\bar{h}_2^4}{4}-\frac{\varphi_2\bar{h}_2^2}{4}\right)\tilde{Q}^2-\frac{\tilde{\varphi}_1^2}{\lambda_1}-\frac{\tilde{\varphi}_2^2}{2\lambda_2}$$
$$+\Sigma_0 \tag{3.43}$$

式中：$\Sigma_0=\sqrt{\varphi_2}\bar{h}_2/2+\varphi_2\bar{h}_2^2/4+\varphi_1^2/\lambda_1+\varphi_2^2/\lambda_2+\mu_{1\mathrm{M}}^2+\mu_{2\mathrm{M}}^2+1/2$。

令 $k_{V1}>1/4$，$k_{\gamma 1}>1/2+\lambda_2\bar{h}_2^4/4$，$k_\theta>1$，$k_Q>3/4+\sqrt{\varphi_2}\bar{h}_2/2+(\lambda_2\bar{h}_2^4+\varphi_2\bar{h}_2^2)/4$ 并定义如下紧集

$$\Omega_{\tilde{V}}=\left\{\tilde{V}\,\middle|\,|\tilde{V}|\leqslant\sqrt{\Sigma_0/\left(k_{V1}-\frac{1}{4}\right)}\right\}$$

$$\Omega_{\tilde{\gamma}}=\left\{\tilde{\gamma}\,\middle|\,|\tilde{\gamma}|\leqslant\sqrt{\Sigma_0/\left(k_{\gamma 1}-\frac{1}{2}-\frac{\lambda_2\bar{h}_2^4}{4}\right)}\right\}$$

$$\Omega_{\tilde{\theta}}=\left\{\tilde{\theta}\,\middle|\,|\tilde{\theta}|\leqslant\sqrt{\Sigma_0/(k_\theta-1)}\right\}$$

$$\Omega_{\widetilde{Q}}=\left\{\widetilde{Q}\left|\ |\widetilde{Q}|\leqslant\sqrt{\Sigma_0\Big/\left(k_Q-\frac{3}{4}-\frac{\sqrt{\varphi_2}\,\bar{h}_2}{2}-\frac{\lambda_2\bar{h}_2^4}{4}-\frac{\varphi_2\bar{h}_2^2}{4}\right)}\right.\right\}$$

$$\Omega_{\widetilde{\varphi}_1}=\left\{\widetilde{\varphi}_1\left|\ |\widetilde{\varphi}_1|\leqslant\sqrt{\Sigma_0\Big/\left(\frac{1}{\lambda_1}\right)}\right.\right\}$$

$$\Omega_{\widetilde{\varphi}_2}=\left\{\widetilde{\varphi}_2\left|\ |\widetilde{\varphi}_2|\leqslant\sqrt{\Sigma_0\Big/\left(\frac{1}{2\lambda_2}\right)}\right.\right\}$$

若 $\widetilde{V}\notin\Omega_{\widetilde{V}}$ 或 $\widetilde{\gamma}\notin\Omega_{\widetilde{\gamma}}$ 或 $\widetilde{\theta}\notin\Omega_{\widetilde{\theta}}$ 或 $\widetilde{Q}\notin\Omega_{\widetilde{Q}}$ 或 $\widetilde{\varphi}_1\notin\Omega_{\widetilde{\varphi}_1}$ 或 $\widetilde{\varphi}_2\notin\Omega_{\widetilde{\varphi}_2}$，则 $\dot{W}_0<0$，故闭环控制系统局部一致渐近稳定。误差 $\widetilde{V}$、$\widetilde{\gamma}$、$\widetilde{\theta}$、$\widetilde{Q}$、$\widetilde{\varphi}_1$ 与 $\widetilde{\varphi}_2$ 半全局一致最终有界，并最终分别收敛到紧集 $\Omega_{\widetilde{V}}$、$\Omega_{\widetilde{\gamma}}$、$\Omega_{\widetilde{\theta}}$、$\Omega_{\widetilde{Q}}$、$\Omega_{\widetilde{\varphi}_1}$ 与 $\Omega_{\widetilde{\varphi}_2}$ 内。通过选取足够大的 $k_{V1}$、$k_{\gamma1}$、$k_\theta$、$k_Q$ 与足够小的 $\lambda_1$、$\lambda_2$，紧集 $\Omega_{\widetilde{V}}$、$\Omega_{\widetilde{\gamma}}$、$\Omega_{\widetilde{\theta}}$、$\Omega_{\widetilde{Q}}$、$\Omega_{\widetilde{\varphi}_1}$ 与 $\Omega_{\widetilde{\varphi}_2}$ 可以变得任意小，则误差 $\widetilde{V}$、$\widetilde{\gamma}$、$\widetilde{\theta}$、$\widetilde{Q}$、$\widetilde{\varphi}_1$ 与 $\widetilde{\varphi}_2$ 也可以任意小。证毕。

**注 3.7**：由定理 3.1 可知，设计参数 $k_{V1}$、$k_{\gamma1}$、$k_\theta$、$k_Q$、$\lambda_1$ 与 $\lambda_2$ 的取值范围为 $k_{V1}>1/4$，$k_{\gamma1}>1/2+\lambda_2\bar{h}_2^4/4$，$k_\theta>1$，$k_Q>3/4+\sqrt{\varphi_2}\,\bar{h}_2/2+(\lambda_2\bar{h}_2^4+\varphi_2\bar{h}_2^2)/4$，$\lambda_1>0$，$\lambda_2>0$。设计参数 $k_{V2}$ 与 $k_{\gamma2}$ 通常选取较小的数值以消除静差。仿真过程中，上述设计参数的取值需要综合考虑其合理取值范围与实际的控制效果。

**注 3.8**：文献[139，158]的逼近策略要求待逼近的未知函数 $F_V$ 与 $F_h$ 必须严格为正且有界，本节所提方法则无需这些苛刻的约束条件，因而工程实用性更好。

### 3.2.5 仿真与分析

为了验证所设计控制律的有效性与优越性，以 HFV 的纵向运动模型(式(2.1)～式(2.7))为被控对象，进行速度与高度参考输入的跟踪仿真。仿真采用四阶 Runge-Kutta 法进行求解，仿真步长取为 0.01 s。速度与高度参考输入均由图 2.21 所示的二阶参考模型给出。仿真采用控制律式(3.2)、式(3.10)、式(3.27)与自适应律式(3.11)、式(3.28)。对于控制律式(3.27)所需的高阶导数 $\dot{\gamma}_d$、$\ddot{\gamma}_d$ 与 $\dddot{\gamma}_d$，则由 2.3.1 节所设计的新型 FD(取 $n=4$)提供。将 $\gamma_d$ 作为 FD 的输入信号，即可得到所需的 $\dot{\gamma}_d$、$\ddot{\gamma}_d$ 与 $\dddot{\gamma}_d$。选择合适的设计参数 $R$、$a_i(i=1\sim4)$，导数估计误差可以任意小。控制律设计参数取为：$k_{V1}=1.5$，$k_{V2}=1$，$k=8$，$k_1=0.01$，$k_{\gamma1}=8$，$k_{\gamma2}=0.01$，$k_\theta=k_Q=8$。自适应律设计参数取为：$\lambda_1=\lambda_2=0.05$。FD 设计参数取为：$R=0.01$，$a_1=a_3=0.5$，$a_2=a_4=0.1$。二阶参考模型参数取为：$\varsigma_A=0.9$，$\omega_A=0.1$。仿真中，HFV 的初始状态取值见表 2.5。神经网络节点的个数取为 $p_1=p_2=100$。中心点坐标向量 $\boldsymbol{c}_1$ 与 $\boldsymbol{c}_2$ 分别在[2500 m/s，2800 m/s]与[2500 m/s，2800 m/s]×[−1°，1°]×[0°，5°]×[−5°/s，5°/s]内平均分布。宽度向量 $\boldsymbol{b}_1$ 与 $\boldsymbol{b}_2$ 的元素均取为 10.94。分别在以下两种情景下进行仿真。

情景一：速度 $V$ 的阶跃幅值为 100 m/s，高度 $h$ 的阶跃幅值为 700 m。为了验证控制律的鲁棒性，假设 HFV 模型气动系数存在±40%的摄动量，定义

$$C=\begin{cases}C_0 & 0\ \text{s}\leqslant t<50\ \text{s}\\ C_0[1+0.4\sin(0.1\pi t)] & t\geqslant 50\ \text{s}\end{cases}\tag{3.44}$$

式中：$C_0$ 表示 HFV 气动系数的标称值，$C$ 为仿真中 $C_0$ 的取值。

情景二：考虑一种更为实际的仿真情形，速度 $V$ 每 100 s 阶跃幅值为 100 m/s，高度参考输入选幅值为 700 m、周期为 200 s 的方波信号。同样假设 HFV 模型气动系数存在 ±40% 的摄动量，并定义

$$C=\begin{cases}C_0 & 0\ \text{s}\leqslant t<50\ \text{s}\\ C_0[1+0.4\sin(0.1\pi t)] & 50\ \text{s}\leqslant t<100\ \text{s}\\ C_0 & 100\ \text{s}\leqslant t<150\ \text{s}\\ C_0[1+0.4\sin(0.1\pi t)] & 150\ \text{s}\leqslant t<200\ \text{s}\\ C_0 & 200\ \text{s}\leqslant t<250\ \text{s}\\ C_0[1+0.4\sin(0.1\pi t)] & 250\ \text{s}\leqslant t\leqslant 300\ \text{s}\end{cases}\tag{3.45}$$

为了验证本节方法的优越性，将本节方法与文献[120]的传统反演控制方法进行对比仿真，仿真结果如图 3.3 与图 3.4 所示。当 HFV 模型气动参数存在摄动时，本节方法可以提供更高的速度与高度跟踪精度（见图(a)～图(d)），这表明本节方法比文献[120]方法具有更强的鲁棒性。图(e)～图(g)、图(j)与图(k)表明，采用本节方法时，HFV 的姿态角与控制输入都较平滑，且一直处于合理的取值范围内，而采用文献[120]方法时，姿态角与控制输入都超过了其合理的取值范围。由图(h)与图(i)可见，采用本节方法时，弹性状态更加平滑，而采用文献[120]方法时，弹性状态在某些时刻存在较为明显的高频抖振。图(l)为 $\varphi_1$ 与 $\varphi_2$ 的变化曲线。综上所述，本节方法可以实现对速度与高度参考输入的鲁棒跟踪，且较文献[120]方法具有一定的优势。

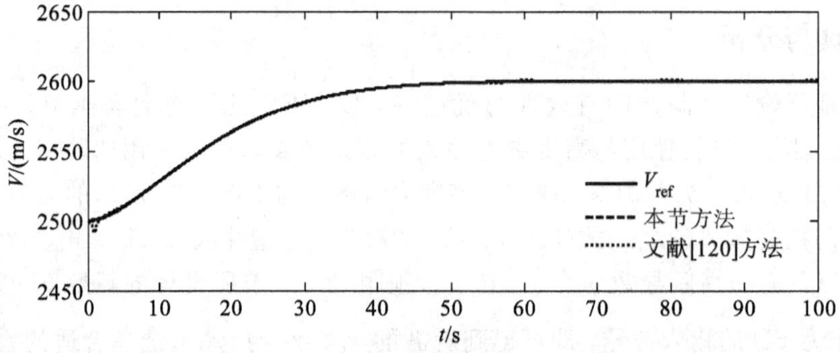


(a) 速度跟踪效果

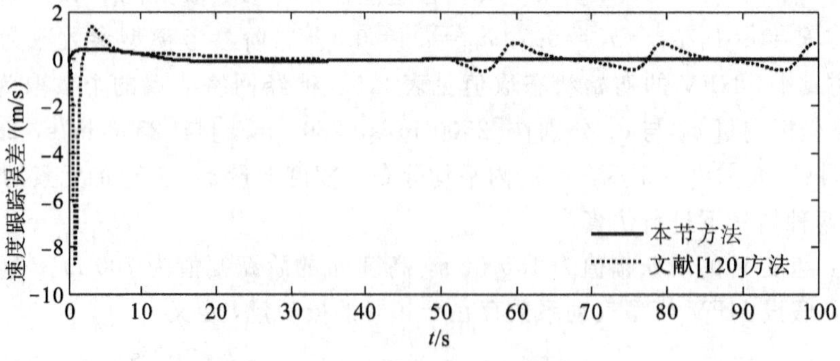


(b) 速度跟踪误差

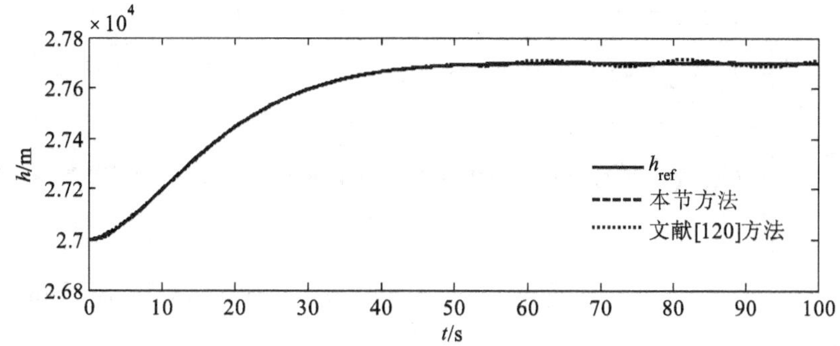


(c) 高度跟踪效果

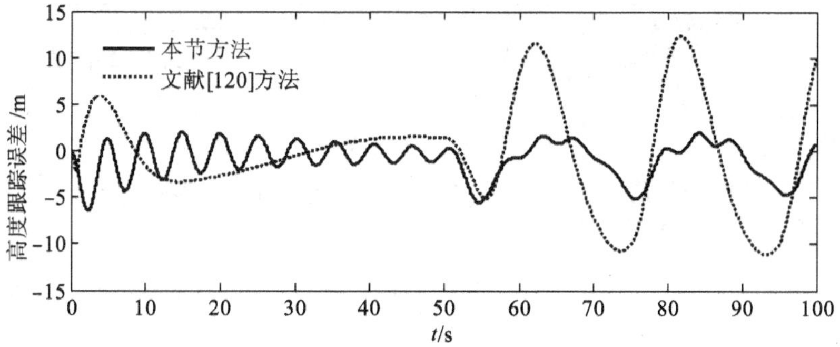


(d) 高度跟踪误差

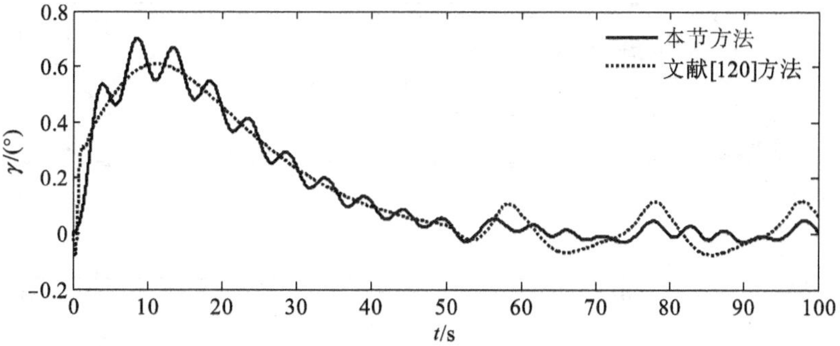


(e) 航迹角变化化曲线

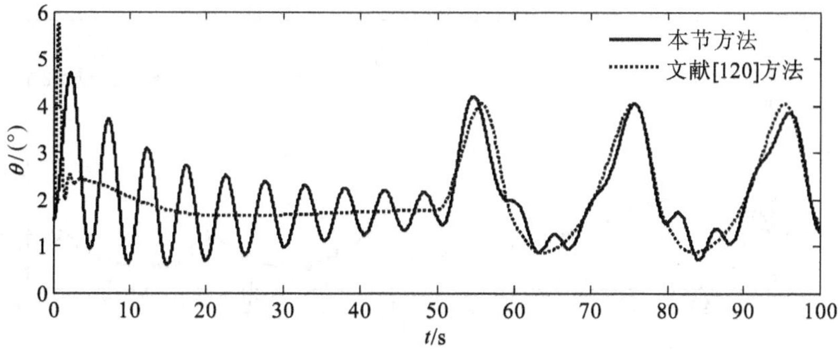


(f) 俯仰角变化曲线

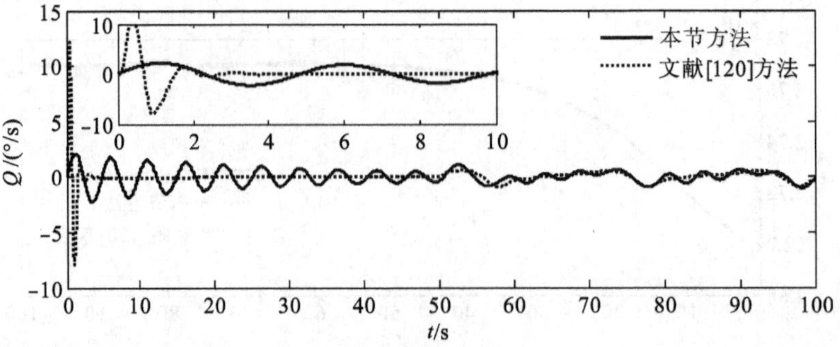


(g) 俯仰角速度变化曲线

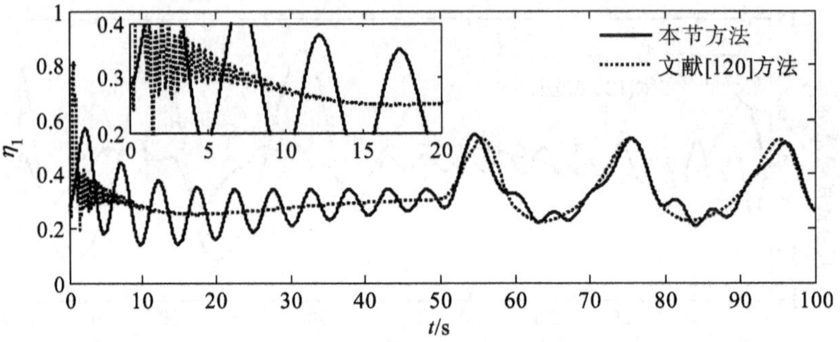


(h) 弹性状态$\eta_1$变化曲线

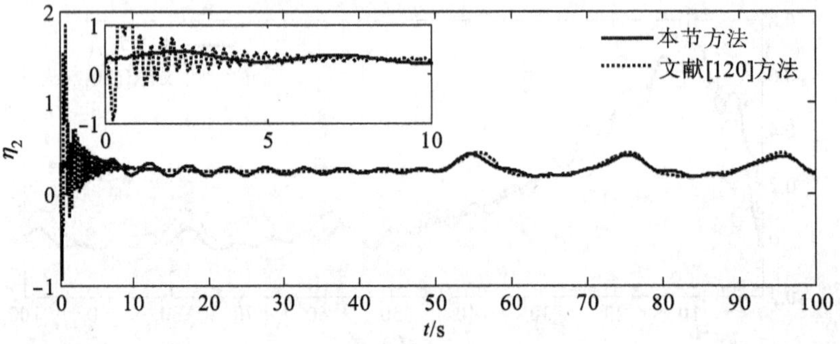


(i) 弹性状态$\eta_2$变化曲线

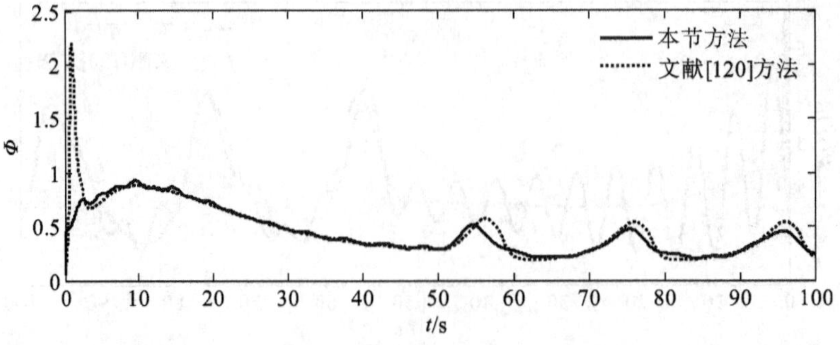


(j) $\Phi$变化曲线

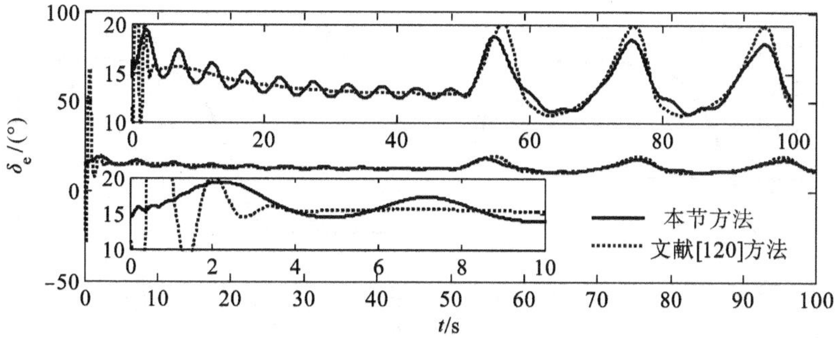


(k) $\delta_e$变化曲线

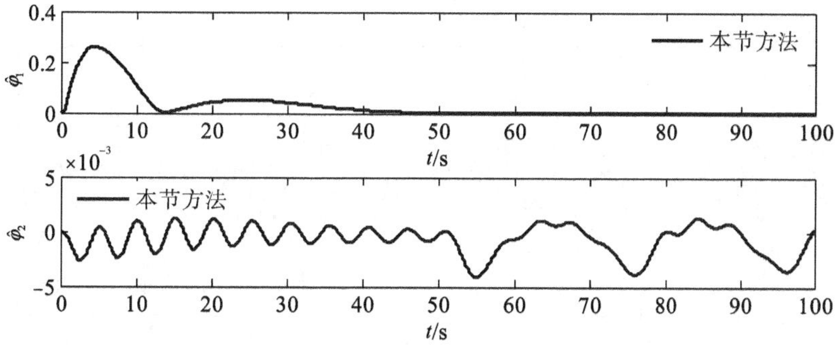


(l) $\hat{\varphi}_1$与$\hat{\varphi}_2$变化曲线

图 3.3　情景一仿真结果

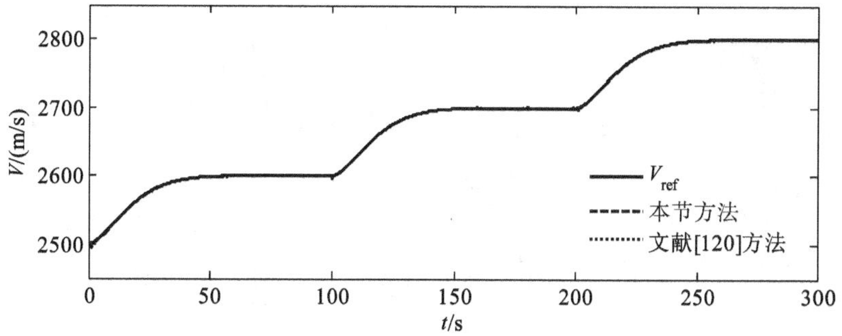


(a) 速度跟踪效果

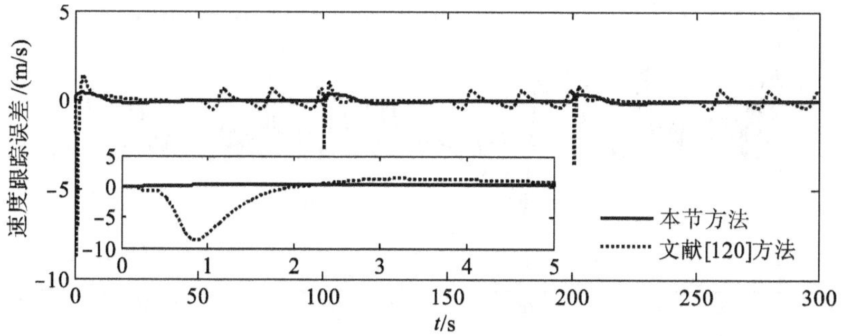


(b) 速度跟踪误差

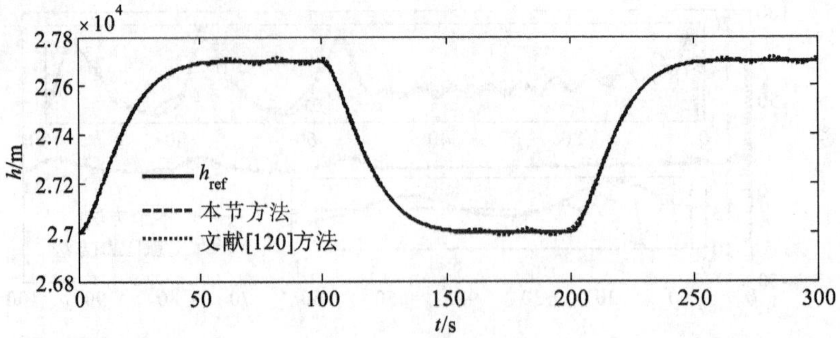


(c) 高度跟踪效果

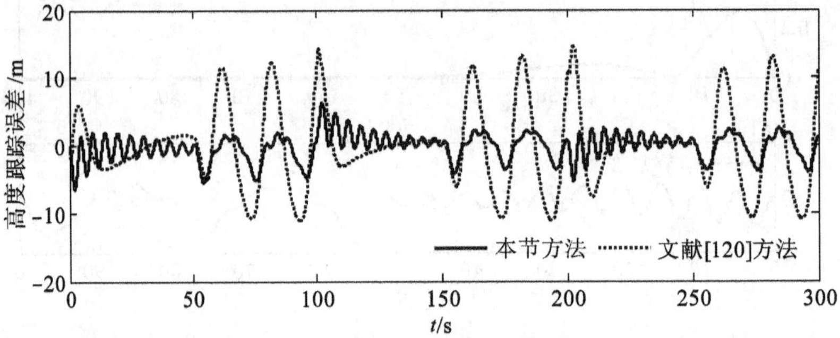


(d) 高度跟踪误差

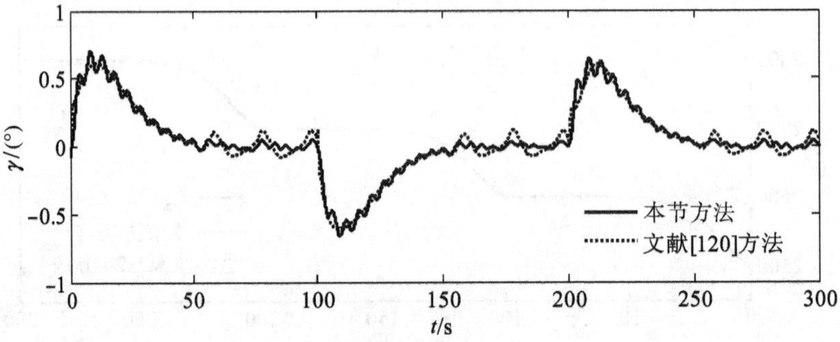


(e) 航迹角变化曲线

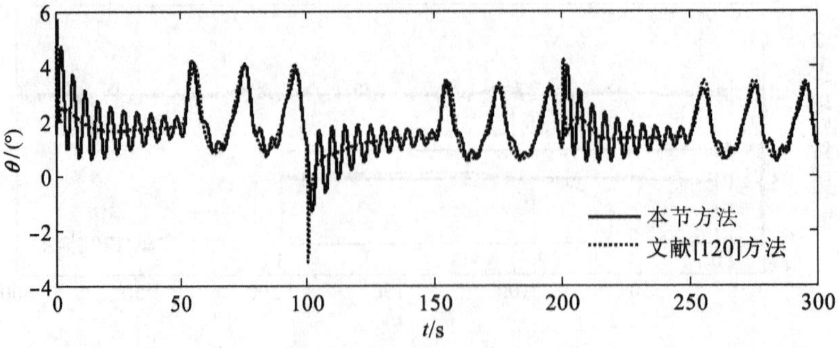


(f) 俯仰角变化曲线

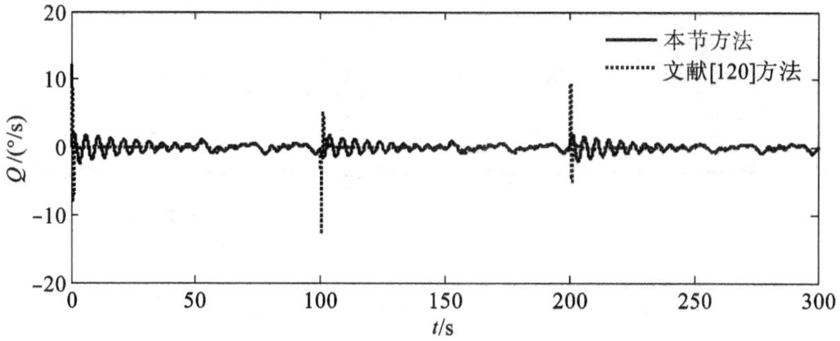


(g) 俯仰角速度变化曲线

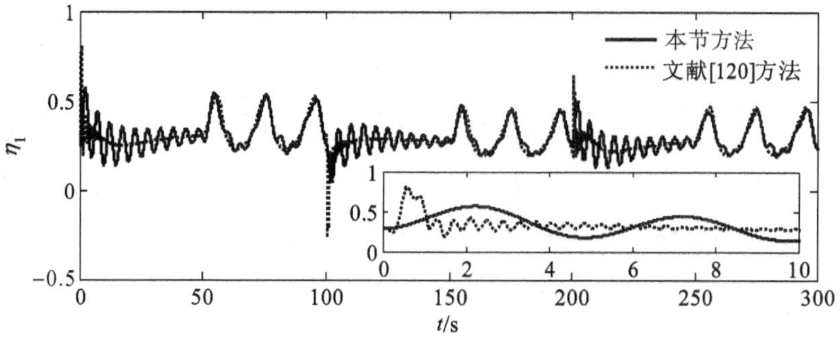


(h) 弹性状态$\eta_1$变化曲线

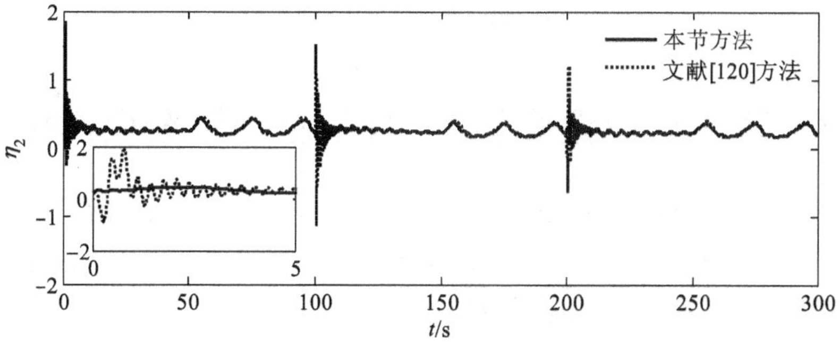


(i) 弹性状态$\eta_2$变化曲线

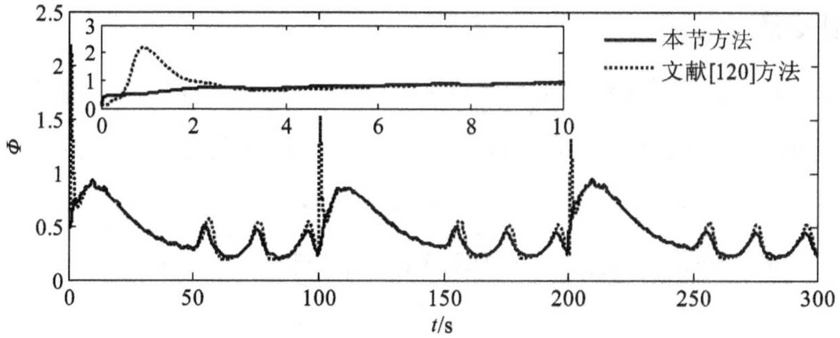


(j) $\Phi$变化曲线

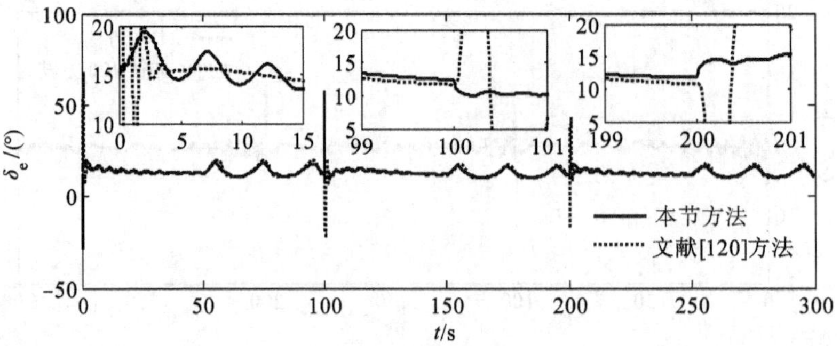


(k) $\delta_e$变化曲线

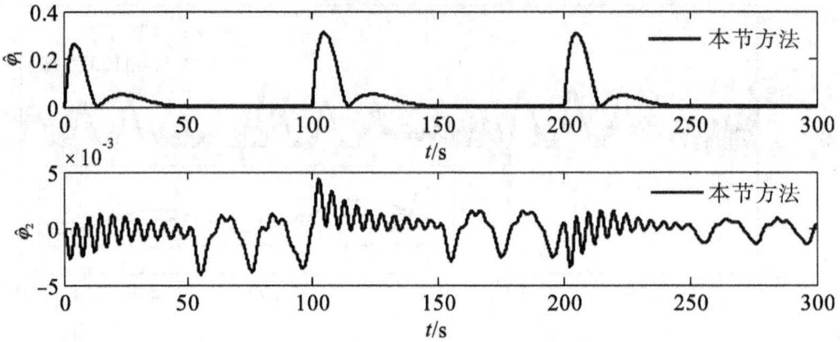


(l) $\hat{\varphi}_1$与$\hat{\varphi}_2$变化曲线

图 3.4　情景二仿真结果

## 3.3　基于纯反馈模型的 HFV 新型神经反演控制

本节提出另一种无虚拟控制律的新型神经反演控制方法。与 3.2 节不同，本节的高度控制律是基于纯反馈模型设计的，且控制律设计与稳定性分析比 3.2 节更简洁。同时，注意到 3.2 节的稳定性分析过程未考虑 FD 估计误差的影响，虽然仿真结果表明控制策略可行，但算法的严密性有待进一步提高。在本节，将对闭环系统的稳定性进行严密分析，并充分考虑 FD 估计误差的影响。

### 3.3.1　模型变换

在控制律设计之前，先要将严格反馈模型(式(3.3))等价变换为一个纯反馈模型。

定义 $z_1=\gamma$，$z_2=\dot{z}_1$。利用式(3.3)，$z_2$ 对时间的一阶导数为

$$\dot{z}_2=\dot{f}_\gamma+\dot{\theta}=\dot{f}_\gamma+Q \tag{3.46}$$

再定义 $z_3=\dot{z}_2$。利用式(3.3)，$z_3$ 对时间的一阶导数为

$$\dot{z}_3=\ddot{f}_\gamma+\dot{Q}=F_h+\delta_e \tag{3.47}$$

式中：$F_h=\ddot{f}_\gamma+f_Q$ 为未知的非线性连续函数。

经过上述等价变换，式(3.3)变为如下纯反馈模型[141, 164]

$$\begin{cases}\dot{z}_1 = z_2 \\ \dot{z}_2 = z_3 \\ \dot{z}_3 = F_h + \delta_e\end{cases} \tag{3.48}$$

式中：$z_1 = \gamma$，$z_2 = \dot{\gamma}$，$z_3 = \ddot{\gamma}$。

### 3.3.2　速度控制律设计

速度控制律设计与 3.2.2 节完全相同，此处略去。

### 3.3.3　高度控制律设计

HFV 的控制目标是：针对纯反馈模型(式(3.48))，设计无虚拟控制律的新型反演控制律 $\delta_e$，以保证 $\gamma \to \gamma_d$，进而实现 $h$ 对其参考输入 $h_{ref}$ 的稳定跟踪。

第一步：定义航迹角跟踪误差

$$e_1 = z_1 - z_{1d} = \gamma - \gamma_d \tag{3.49}$$

对式(3.49)求时间的一阶导数并将式(3.48)代入可得

$$\dot{e}_1 = \dot{z}_1 - \dot{z}_{1d} = z_2 - \dot{z}_{1d} \tag{3.50}$$

选取过渡变量 $z_{2d}$

$$z_{2d} = -\kappa_1 e_1 + \dot{z}_{1d} \tag{3.51}$$

式中：$\kappa_1 \in \mathbf{R}^+$ 为待设计参数。

第二步：定义跟踪误差 $e_2$

$$e_2 = z_2 - z_{2d} \tag{3.52}$$

对式(3.52)求时间的一阶导数并将式(3.48)代入可得

$$\dot{e}_2 = \dot{z}_2 - \dot{z}_{2d} = z_3 - \dot{z}_{2d} \tag{3.53}$$

选取过渡变量 $z_{3d}$

$$z_{3d} = -\kappa_2 e_2 - e_1 + \dot{z}_{2d} \tag{3.54}$$

式中：$\kappa_2 \in \mathbf{R}^+$ 为待设计参数。

第三步：定义跟踪误差 $e_3$

$$e_3 = z_3 - z_{3d} \tag{3.55}$$

对式(3.55)求时间的一阶导数并将式(3.48)代入可得

$$\dot{e}_3 = \dot{z}_3 - \dot{z}_{3d} = \Delta_h + \delta_e \tag{3.56}$$

式中：$\Delta_h = F_h - \dot{z}_{3d}$ 为总不确定项。引入 RBFNN 对 $\Delta_h$ 进行逼近

$$\Delta_h = \boldsymbol{W}_2^{*\mathrm{T}} \boldsymbol{h}_2(\boldsymbol{X}_2) + \mu_2, \quad |\mu_2| \leqslant \mu_{2M} \tag{3.57}$$

式中：$\boldsymbol{W}_2^* = [w_{21}^*, w_{22}^*, \cdots, w_{2p_2}^*]^{\mathrm{T}} \in \mathbf{R}^{p_2}$ 为理想权值向量，$\boldsymbol{X}_2 = [V, \gamma, \theta, Q]^{\mathrm{T}} \in \mathbf{R}^4$ 为输入向量，$\boldsymbol{h}_2(\boldsymbol{X}_2) = [h_{21}(\boldsymbol{X}_2), h_{22}(\boldsymbol{X}_2), \cdots, h_{2p_2}(\boldsymbol{X}_2)]^{\mathrm{T}} \in \mathbf{R}^{p_2}$，$h_{2j}(\boldsymbol{X}_2)$ $(j = 1, 2, \cdots, p_2)$ 为与式(3.5)相同的高斯基函数，$\mu_2$ 为逼近误差，$\mu_{2M}$ 为逼近误差的上界。

定义 $\varphi_2 = \|\boldsymbol{W}_2^*\|^2$ 并设计如下理想的控制律 $\delta_e^*$

$$\delta_e^* = -\kappa_3 e_3 - e_2 - \frac{1}{2}\hat{\varphi}_2 \boldsymbol{h}_2^{\mathrm{T}}(\boldsymbol{X}_2)\boldsymbol{h}_2(\boldsymbol{X}_2) \tag{3.58}$$

式中：$\kappa_3 \in \mathbf{R}^+$ 为待设计参数，$\hat{\varphi}_2$ 为 $\varphi_2$ 的估计值，且其自适应律为

$$\dot{\hat{\varphi}}_2 = \frac{\lambda_2}{2} e_1 \boldsymbol{h}_2^{\mathrm{T}}(\boldsymbol{X}_2)\boldsymbol{h}_2(\boldsymbol{X}_2) - 2\hat{\varphi}_2 \tag{3.59}$$

式中：$\lambda_2 \in \mathbf{R}^+$ 为待设计参数。

考虑式(3.51)与式(3.52)，式(3.50)变为

$$\begin{aligned}\dot{e}_1 &= z_2 - z_{2d} + z_{2d} - \dot{z}_{1d} = e_2 - \kappa_1 e_1 + \dot{z}_{1d} - \dot{z}_{1d} \\ &= e_2 - \kappa_1 e_1\end{aligned} \tag{3.60}$$

式(3.60)变形为

$$e_2 = \dot{e}_1 + \kappa_1 e_1 \tag{3.61}$$

同理，考虑式(3.54)与式(3.55)，式(3.53)变为

$$\begin{aligned}\dot{e}_2 &= z_3 - z_{3d} + z_{3d} - \dot{z}_{2d} = e_3 - \kappa_2 e_2 - e_1 + \dot{z}_{2d} - \dot{z}_{2d} \\ &= e_3 - \kappa_2 e_2 - e_1\end{aligned} \tag{3.62}$$

同样，式(3.62)变形为

$$e_3 = \dot{e}_2 + \kappa_2 e_2 + e_1 \tag{3.63}$$

将式(3.61)代入式(3.63)可得

$$\begin{aligned}e_3 &= \frac{\mathrm{d}}{\mathrm{d}t}(\dot{e}_1 + \kappa_1 e_1) + \kappa_2(\dot{e}_1 + \kappa_1 e_1) + e_1 \\ &= \ddot{e}_1 + (\kappa_1 + \kappa_2)\dot{e}_1 + (\kappa_2\kappa_1 + 1)e_1\end{aligned} \tag{3.64}$$

将式(3.61)与式(3.64)代入式(3.58)，$\delta_e^*$ 变为

$$\begin{aligned}\delta_e^* = &-\kappa_3\ddot{e}_1 - (\kappa_3\kappa_1 + \kappa_3\kappa_2 + 1)\dot{e}_1 - (\kappa_3\kappa_2\kappa_1 + \kappa_3 + \kappa_1)e_1 \\ &- \frac{1}{2}\hat{\varphi}_2 \boldsymbol{h}_2^{\mathrm{T}}(\boldsymbol{X}_2)\boldsymbol{h}_2(\boldsymbol{X}_2)\end{aligned} \tag{3.65}$$

由于式(3.65)中 $\ddot{e}_1$ 与 $\dot{e}_1$ 是完全未知的，故采用2.3.1节设计的新型FD(取 $n=3$)对其进行估计

$$\begin{cases}\dot{\varsigma}_1 = \varsigma_2 \\ \dot{\varsigma}_2 = \varsigma_3 \\ \dot{\varsigma}_3 = R^3\left[-a_1\tanh(\varsigma_1 - e_1) - a_2\tanh\left(\dfrac{\varsigma_2}{R}\right) - a_3\tanh\left(\dfrac{\varsigma_3}{R^2}\right)\right]\end{cases} \tag{3.66}$$

式中：$R, a_1, a_2, a_3 \in \mathbf{R}^+$ 为待设计参数；$\varsigma_1$、$\varsigma_2$ 与 $\varsigma_3$ 分别为 $e_1$、$\dot{e}_1$ 与 $\ddot{e}_1$ 的估计值。

用 $\varsigma_2$ 与 $\varsigma_3$ 分别替换式(3.65)中的 $\dot{e}_1$ 与 $\ddot{e}_1$，得到最终的实际控制律 $\delta_e$

$$\begin{aligned}\delta_e = &-\kappa_3\varsigma_3 - (\kappa_3\kappa_1 + \kappa_3\kappa_2 + 1)\varsigma_2 - (\kappa_3\kappa_2\kappa_1 + \kappa_3 + \kappa_1)e_1 \\ &- \frac{1}{2}\hat{\varphi}_2 \boldsymbol{h}_2^{\mathrm{T}}(\boldsymbol{X}_2)\boldsymbol{h}_2(\boldsymbol{X}_2)\end{aligned} \tag{3.67}$$

至此，已经完成了控制律设计过程，基于纯反馈模型的HFV新型反演控制系统结构

框图如图 3.5 所示。

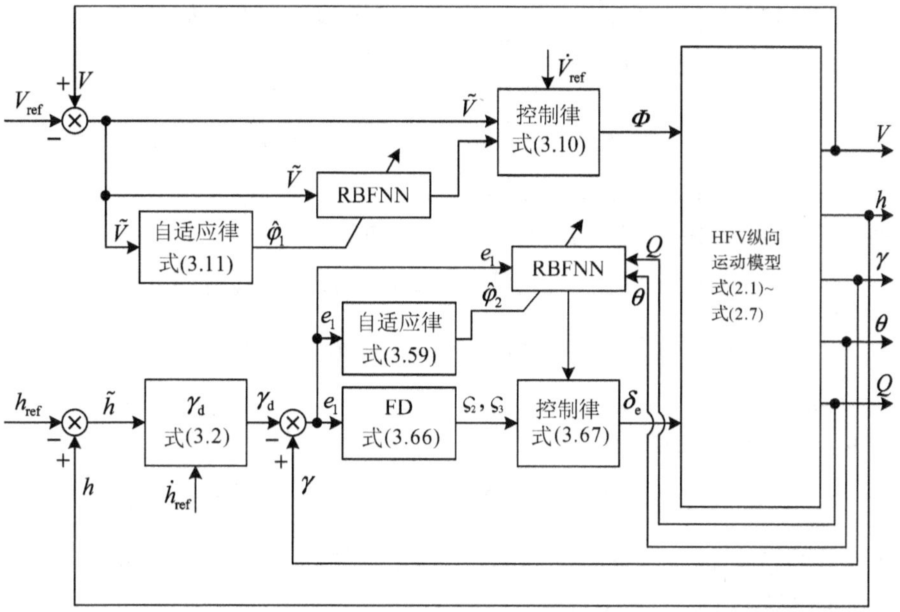


图 3.5　基于纯反馈模型的 HFV 新型反演控制系统结构框图

**注 3.9**：本节为 HFV 高度子系统提出的新型反演控制方法同样不需要虚拟控制律，且仅需一个 RBFNN 对总不确定项进行逼近。再采用 MLP 算法，神经逼近过程仅有一个在线学习参数 $\hat{\varphi}_2$。因此，控制方法的实时性是有保证的。

**注 3.10**：与文献[139，158]不同，本节提出的控制方法不再需要未知函数 $\Delta_h$ 的任何先验信息，因而具有更好的工程实用性。

### 3.3.4　稳定性分析

**定理 3.2**：针对 HFV 的速度子系统(式(3.1))与高度子系统(式(3.48))，若采用控制律式(3.10)、式(3.67)，自适应律式(3.11)、式(3.59)与 FD 式(3.66)，则闭环控制系统局部一致渐近稳定。

**证明**：定义估计误差

$$\begin{cases}\tilde{\varphi}_1=\hat{\varphi}_1-\varphi_1\\ \tilde{\varphi}_2=\hat{\varphi}_2-\varphi_2\end{cases}\tag{3.68}$$

定义 FD 估计误差

$$\begin{cases}s_2=\varsigma_2-\dot{e}_1\\ s_3=\varsigma_3-\ddot{e}_1\end{cases}\tag{3.69}$$

依据定理 2.1 与注 2.8，通过为 FD 式(3.66)选择合适的设计参数，必存在非负有界常数 $\bar{s}_i$，使得 $|s_i|\leqslant\bar{s}_i$，$i=2，3$。

考虑式(3.65)与式(3.68)，式(3.67)变为

$$\begin{aligned}\delta_e &= -\kappa_3(s_3+\ddot{e}_1)-(\kappa_3\kappa_1+\kappa_3\kappa_2+1)(s_2+\dot{e}_1)\\&\quad-(\kappa_3\kappa_2\kappa_1+\kappa_3+\kappa_1)e_1-\frac{1}{2}\hat{\varphi}_2\boldsymbol{h}_2^{\mathrm{T}}(\boldsymbol{X}_2)\boldsymbol{h}_2(\boldsymbol{X}_2)\\&=-\kappa_3\ddot{e}_1-(\kappa_3\kappa_1+\kappa_3\kappa_2+1)\dot{e}_1-(\kappa_3\kappa_2\kappa_1+\kappa_3+\kappa_1)e_1\\&\quad-\frac{1}{2}\hat{\varphi}_2\boldsymbol{h}_2^{\mathrm{T}}(\boldsymbol{X}_2)\boldsymbol{h}_2(\boldsymbol{X}_2)-\kappa_3 s_3-(\kappa_3\kappa_1+\kappa_3\kappa_2+1)s_2\\&=\delta_e^*-\kappa_3 s_3-(\kappa_3\kappa_1+\kappa_3\kappa_2+1)s_2\end{aligned}\tag{3.70}$$

将式(3.57)、式(3.58)与式(3.70)代入式(3.56)可得

$$\begin{aligned}\dot{e}_3&=\boldsymbol{W}_2^{*\mathrm{T}}\boldsymbol{h}_2(\boldsymbol{X}_2)+\mu_2+\delta_e^*-\kappa_3 s_3-(\kappa_3\kappa_1+\kappa_3\kappa_2+1)s_2\\&=\boldsymbol{W}_2^{*\mathrm{T}}\boldsymbol{h}_2(\boldsymbol{X}_2)-\kappa_3 e_3-e_2-\frac{1}{2}\hat{\varphi}_2\boldsymbol{h}_2^{\mathrm{T}}(\boldsymbol{X}_2)h_2(\boldsymbol{X}_2)+\Sigma_1\end{aligned}\tag{3.71}$$

式中：$\Sigma_1=-\kappa_3 s_3-(\kappa_3\kappa_1+\kappa_3\kappa_2+1)s_2+\mu_2$。

选取如下 Lyapunov 函数

$$W_A=\frac{\tilde{V}^2}{2}+\frac{k_{V2}}{2}\left(\int_0^t\tilde{V}\mathrm{d}\tau\right)^2+\frac{e_1^2}{2}+\frac{e_2^2}{2}+\frac{e_3^2}{2}+\frac{\tilde{\varphi}_1^2}{2\lambda_1}+\frac{\tilde{\varphi}_2^2}{2\lambda_2}\tag{3.72}$$

对式(3.72)求时间的一阶导数并将式(3.11)、式(3.30)、式(3.59)、式(3.60)、式(3.62)、式(3.68)与式(3.71)代入可得

$$\begin{aligned}\dot{W}_A&=\tilde{V}\dot{\tilde{V}}+k_{V2}\tilde{V}\int_0^t\tilde{V}\mathrm{d}\tau+e_1\dot{e}_1+e_2\dot{e}_2+e_3\dot{e}_3+\frac{\tilde{\varphi}_1\dot{\hat{\varphi}}_1}{\lambda_1}+\frac{\tilde{\varphi}_2\dot{\hat{\varphi}}_2}{\lambda_2}\\&=\tilde{V}\left[-k_{V1}\tilde{V}-k_{V2}\int_0^t\tilde{V}\mathrm{d}\tau-\frac{1}{2}\tilde{V}\hat{\varphi}_1\boldsymbol{h}_1^{\mathrm{T}}(\boldsymbol{X}_1)\boldsymbol{h}_1(\boldsymbol{X}_1)+\boldsymbol{W}_1^{*\mathrm{T}}\boldsymbol{h}_1(\boldsymbol{X}_1)+\mu_1\right]\\&\quad+k_{V2}\tilde{V}\int_0^t\tilde{V}\mathrm{d}\tau+e_1(e_2-\kappa_1e_1)+e_2(e_3-\kappa_2e_2-e_1)\\&\quad+e_3\left[\boldsymbol{W}_2^{*\mathrm{T}}\boldsymbol{h}_2(\boldsymbol{X}_2)-\kappa_3e_3-e_2-\frac{1}{2}\hat{\varphi}_2\boldsymbol{h}_2^{\mathrm{T}}(\boldsymbol{X}_2)\boldsymbol{h}_2(\boldsymbol{X}_2)+\Sigma_1\right]\\&\quad+\frac{\tilde{\varphi}_1}{\lambda_1}\left[\frac{\lambda_1}{2}\tilde{V}^2\boldsymbol{h}_1^{\mathrm{T}}(\boldsymbol{X}_1)\boldsymbol{h}_1(\boldsymbol{X}_1)-2\hat{\varphi}_1\right]+\frac{\tilde{\varphi}_2}{\lambda_2}\left[\frac{\lambda_2}{2}e_1\boldsymbol{h}_2^{\mathrm{T}}(\boldsymbol{X}_2)\boldsymbol{h}_2(\boldsymbol{X}_2)-2\hat{\varphi}_2\right]\\&=-k_{V1}\tilde{V}^2-\kappa_1e_1^2-\kappa_2e_2^2-\kappa_3e_3^2-\frac{1}{2}\tilde{V}^2\varphi_1\boldsymbol{h}_1^{\mathrm{T}}(\boldsymbol{X}_1)\boldsymbol{h}_1(\boldsymbol{X}_1)+\tilde{V}\boldsymbol{W}_1^{*\mathrm{T}}\boldsymbol{h}_1(\boldsymbol{X}_1)\\&\quad+\tilde{V}\mu_1+e_3\boldsymbol{W}_2^{*\mathrm{T}}\boldsymbol{h}_2(\boldsymbol{X}_2)-\frac{1}{2}e_3\hat{\varphi}_2\boldsymbol{h}_2^{\mathrm{T}}(\boldsymbol{X}_2)\boldsymbol{h}_2(\boldsymbol{X}_2)+e_3\Sigma_1-\frac{2\tilde{\varphi}_1\hat{\varphi}_1}{\lambda_1}\\&\quad+\frac{1}{2}e_1\tilde{\varphi}_2\boldsymbol{h}_2^{\mathrm{T}}(\boldsymbol{X}_2)\boldsymbol{h}_2(\boldsymbol{X}_2)-\frac{2\tilde{\varphi}_2\hat{\varphi}_2}{\lambda_2}\end{aligned}\tag{3.73}$$

由于

$$\begin{aligned}\tilde{V}\boldsymbol{W}_1^{*\mathrm{T}}\boldsymbol{h}_1(\boldsymbol{X}_1)&\leqslant\frac{\tilde{V}^2}{2}\|\boldsymbol{W}_1^{*\mathrm{T}}\boldsymbol{h}_1(\boldsymbol{X}_1)\|^2+\frac{1}{2}\\&=\frac{\tilde{V}^2}{2}\|\boldsymbol{W}_1^*\|^2\|\boldsymbol{h}_1(\boldsymbol{X}_1)\|^2+\frac{1}{2}\\&=\frac{\tilde{V}^2}{2}\varphi_1\boldsymbol{h}_1^{\mathrm{T}}(\boldsymbol{X}_1)\boldsymbol{h}_1(\boldsymbol{X}_1)+\frac{1}{2}\end{aligned}$$

$$2\tilde{\varphi}_1\hat{\varphi}_1 \geqslant \tilde{\varphi}_1^2 - \varphi_1^2$$

$$2\tilde{\varphi}_2\hat{\varphi}_2 \geqslant \tilde{\varphi}_2^2 - \varphi_2^2$$

$$\tilde{V}\mu_1 \leqslant |\tilde{V}\mu_{1M}| \leqslant \frac{\tilde{V}^2}{4} + \mu_{1M}^2$$

$$e_3\Sigma_1 \leqslant |e_3\Sigma_1| \leqslant \frac{e_3^2}{4} + \bar{\Sigma}_1^2$$

式中：$\bar{\Sigma}_1 = \kappa_3\bar{s}_3 + (\kappa_3\kappa_1 + \kappa_3\kappa_2 + 1)\bar{s}_2 + \mu_{2M}$。

则式(3.73)变为

$$\begin{aligned}\dot{W}_A \leqslant &-\left(k_{V1} - \frac{1}{4}\right)\tilde{V}^2 - \kappa_1 e_1^2 - \kappa_2 e_2^2 - \left(\kappa_3 - \frac{1}{4}\right)e_3^2 - \frac{\tilde{\varphi}_1^2}{\lambda_1} - \frac{\tilde{\varphi}_2^2}{\lambda_2}\\ &+ e_3\boldsymbol{W}_2^{*\mathrm{T}}\boldsymbol{h}_2(\boldsymbol{X}_2) - \frac{1}{2}e_3\hat{\varphi}_2\boldsymbol{h}_2^{\mathrm{T}}(\boldsymbol{X}_2)\boldsymbol{h}_2(\boldsymbol{X}_2) + \frac{1}{2}e_1\tilde{\varphi}_2\boldsymbol{h}_2^{\mathrm{T}}(\boldsymbol{X}_2)\boldsymbol{h}_2(\boldsymbol{X}_2)\\ &+ \frac{\varphi_1^2}{\lambda_1} + \frac{\varphi_2^2}{\lambda_2} + \frac{1}{2} + \bar{\Sigma}_1^2 + \mu_{1M}^2\end{aligned} \tag{3.74}$$

由于 $\tilde{\varphi}_2 = \hat{\varphi}_2 - \varphi_2$，式(3.74)变为

$$\begin{aligned}\dot{W}_A \leqslant &-\left(k_{V1} - \frac{1}{4}\right)\tilde{V}^2 - \kappa_1 e_1^2 - \kappa_2 e_2^2 - \left(\kappa_3 - \frac{1}{4}\right)e_3^2 - \frac{\tilde{\varphi}_1^2}{\lambda_1} - \frac{\tilde{\varphi}_2^2}{\lambda_2}\\ &+ e_3\boldsymbol{W}_2^{*\mathrm{T}}\boldsymbol{h}_2(\boldsymbol{X}_2) - \frac{1}{2}e_3(\tilde{\varphi}_2 + \varphi_2)\boldsymbol{h}_2^{\mathrm{T}}(\boldsymbol{X}_2)\boldsymbol{h}_2(\boldsymbol{X}_2)\\ &+ \frac{1}{2}e_1\tilde{\varphi}_2\boldsymbol{h}_2^{\mathrm{T}}(\boldsymbol{X}_2)\boldsymbol{h}_2(\boldsymbol{X}_2) + \frac{\varphi_1^2}{\lambda_1} + \frac{\varphi_2^2}{\lambda_2} + \frac{1}{2} + \bar{\Sigma}_1^2 + \mu_{1M}^2\\ = &-\left(k_{V1} - \frac{1}{4}\right)\tilde{V}^2 - \kappa_1 e_1^2 - \kappa_2 e_2^2 - \left(\kappa_3 - \frac{1}{4}\right)e_3^2 - \frac{\tilde{\varphi}_1^2}{\lambda_1} - \frac{\tilde{\varphi}_2^2}{\lambda_2}\\ &+ e_3\boldsymbol{W}_2^{*\mathrm{T}}\boldsymbol{h}_2(\boldsymbol{X}_2) - \frac{1}{2}e_3\tilde{\varphi}_2\boldsymbol{h}_2^{\mathrm{T}}(\boldsymbol{X}_2)\boldsymbol{h}_2(\boldsymbol{X}_2) - \frac{1}{2}e_3\varphi_2\boldsymbol{h}_2^{\mathrm{T}}(\boldsymbol{X}_2)\boldsymbol{h}_2(\boldsymbol{X}_2)\\ &+ \frac{1}{2}e_1\tilde{\varphi}_2\boldsymbol{h}_2^{\mathrm{T}}(\boldsymbol{X}_2)\boldsymbol{h}_2(\boldsymbol{X}_2) + \frac{\varphi_1^2}{\lambda_1} + \frac{\varphi_2^2}{\lambda_2} + \frac{1}{2} + \bar{\Sigma}_1^2 + \mu_{1M}^2\end{aligned} \tag{3.75}$$

由注 3.2 可知，必存在一个有界常数 $\bar{h}_2 \in \mathbf{R}^+$ 使得 $\|\boldsymbol{h}_2(\boldsymbol{X}_2)\| \leqslant \bar{h}_2$。再根据 Yong 不等式[213]，有

$$\frac{1}{2}e_1\tilde{\varphi}_2\boldsymbol{h}_2^{\mathrm{T}}(\boldsymbol{X}_2)\boldsymbol{h}_2(\boldsymbol{X}_2) \leqslant \frac{\bar{h}_2^2}{2}|e_1||\tilde{\varphi}_2| \leqslant \frac{(2\lambda_2)}{2}\left(\frac{\bar{h}_2^2}{2}|e_1|\right)^2 + \frac{\tilde{\varphi}_2^2}{2(2\lambda_2)} = \frac{\lambda_2\bar{h}_2^4}{4}e_1^2 + \frac{\tilde{\varphi}_2^2}{4\lambda_2}$$

$$-\frac{1}{2}e_3\tilde{\varphi}_2\boldsymbol{h}_2^{\mathrm{T}}(\boldsymbol{X}_2)\boldsymbol{h}_2(\boldsymbol{X}_2) \leqslant \frac{\bar{h}_2^2}{2}|e_3||\tilde{\varphi}_2| \leqslant \frac{(2\lambda_2)}{2}\left(\frac{\bar{h}_2^2}{2}|e_3|\right)^2 + \frac{\tilde{\varphi}_2^2}{2(2\lambda_2)} = \frac{\lambda_2\bar{h}_2^4}{4}e_3^2 + \frac{\tilde{\varphi}_2^2}{4\lambda_2}$$

$$e_3\boldsymbol{W}_2^{*\mathrm{T}}\boldsymbol{h}_2(\boldsymbol{X}_2) \leqslant |e_3|\sqrt{\varphi_2}\,\bar{h}_2 \leqslant \sqrt{\varphi_2}\,\bar{h}_2\left(\frac{e_3^2}{2} + \frac{1}{2}\right) = \frac{\sqrt{\varphi_2}\,\bar{h}_2}{2}e_3^2 + \frac{\sqrt{\varphi_2}\,\bar{h}_2}{2}$$

$$-\frac{1}{2}e_3\varphi_2\boldsymbol{h}_2^{\mathrm{T}}(\boldsymbol{X}_2)\boldsymbol{h}_2(\boldsymbol{X}_2) \leqslant \frac{1}{2}|e_3|\varphi_2\bar{h}_2^2 \leqslant \frac{1}{2}\varphi_2\bar{h}_2^2\left(\frac{e_3^2}{2} + \frac{1}{2}\right) = \frac{\varphi_2\bar{h}_2^2}{4}e_3^2 + \frac{\varphi_2\bar{h}_2^2}{4}$$

则式(3.75)变为

$$\dot{W}_A \leqslant -\left(k_{V1}-\frac{1}{4}\right)\tilde{V}^2-\left(\kappa_1-\frac{\lambda_2\bar{h}_2^4}{4}\right)e_1^2-\kappa_2 e_2^2-\frac{\tilde{\varphi}_1^2}{\lambda_1}-\frac{\tilde{\varphi}_2^2}{2\lambda_2}$$
$$-\left[\kappa_3-\frac{1}{4}-\frac{\sqrt{\varphi_2}\,\bar{h}_2}{2}-\frac{\lambda_2\bar{h}_2^4}{4}-\frac{\varphi_2\bar{h}_2^2}{4}\right]e_3^2+\Sigma_2 \tag{3.76}$$

式中：$\Sigma_2=\sqrt{\varphi_2}\,\bar{h}_2/2+\varphi_2\bar{h}_2^2/4+\varphi_1^2/\lambda_1+\varphi_2^2/\lambda_2+1/2+\bar{\Sigma}_1^2+\mu_{1M}^2$。

令 $k_{V1}>1/4$，$\kappa_1>\lambda_2\bar{h}_2^4/4$，$\kappa_3>1/4+\sqrt{\varphi_2}\,\bar{h}_2/2+\lambda_2\bar{h}_2^4/4+\varphi_2\bar{h}_2^2/4$ 并定义如下紧集

$$\Omega_{\tilde{V}}=\left\{\tilde{V}\left|-|\tilde{V}|\leqslant\sqrt{\Sigma_2\Big/\left(k_{V1}-\frac{1}{4}\right)}\right.\right\}$$

$$\Omega_{e_1}=\left\{e_1\left|-|e_1|\leqslant\sqrt{\Sigma_2\Big/\left(\kappa_1-\frac{\lambda_2\bar{h}_2^4}{4}\right)}\right.\right\}$$

$$\Omega_{e_2}=\left\{e_2\left|-|e_2|\leqslant\sqrt{\Sigma_2/\kappa_2}\right.\right\}$$

$$\Omega_{\tilde{\varphi}_1}=\left\{\tilde{\varphi}_1\left|-|\tilde{\varphi}_1|\leqslant\sqrt{\Sigma_2\Big/\left(\frac{1}{\lambda_1}\right)}\right.\right\}$$

$$\Omega_{\tilde{\varphi}_2}=\left\{\tilde{\varphi}_2\left|-|\tilde{\varphi}_2|\leqslant\sqrt{\Sigma_2\Big/\left(\frac{1}{2\lambda_2}\right)}\right.\right\}$$

$$\Omega_{e_3}=\left\{e_3\left|-|e_3|\leqslant\sqrt{\Sigma_2\Big/\left[\kappa_3-\frac{1}{4}-\frac{\sqrt{\varphi_2}\,\bar{h}_2}{2}-\frac{\lambda_2\bar{h}_2^4}{4}-\frac{\varphi_2\bar{h}_2^2}{4}\right]}\right.\right\}$$

若 $\tilde{V}\notin\Omega_{\tilde{V}}$ 或 $e_1\notin\Omega_{e_1}$ 或 $e_2\notin\Omega_{e_2}$ 或 $e_3\notin\Omega_{e_3}$ 或 $\tilde{\varphi}_1\notin\Omega_{\tilde{\varphi}_1}$ 或 $\tilde{\varphi}_2\notin\Omega_{\tilde{\varphi}_2}$，则 $\dot{W}_A<0$，故闭环控制系统局部一致渐近稳定。误差 $\tilde{V}$、$e_1$、$e_2$、$e_3$、$\tilde{\varphi}_1$ 与 $\tilde{\varphi}_2$ 半全局一致最终有界，并最终分别收敛到紧集 $\Omega_{\tilde{V}}$、$\Omega_{e_1}$、$\Omega_{e_2}$、$\Omega_{e_3}$、$\Omega_{\tilde{\varphi}_1}$ 与 $\Omega_{\tilde{\varphi}_2}$ 内。通过选取足够大的 $k_{V1}$、$\kappa_1$、$\kappa_2$、$\kappa_3$ 与足够小的 $\lambda_1$、$\lambda_2$，紧集 $\Omega_{\tilde{V}}$、$\Omega_{e_1}$、$\Omega_{e_2}$、$\Omega_{e_3}$、$\Omega_{\tilde{\varphi}_1}$ 与 $\Omega_{\tilde{\varphi}_2}$ 可以变得任意小，则误差 $\tilde{V}$、$e_1$、$e_2$、$e_3$、$\tilde{\varphi}_1$ 与 $\tilde{\varphi}_2$ 也可以任意小。证毕。

### 3.3.5 仿真与分析

以 HFV 的纵向运动模型(式(2.1)～式(2.7))为被控对象，进行速度与高度参考输入的跟踪仿真。仿真采用四阶 Runge-Kutta 法进行求解，仿真步长取为 0.01 s。速度与高度参考输入均由图 2.21 所示的二阶参考模型给出。仿真采用控制律式(3.2)、式(3.10)、式(3.67)，自适应律式(3.11)、式(3.59)与 FD 式(3.66)。控制律设计参数取为：$k_{V1}=0.5$，$k_{V2}=0.6$，$\kappa_1=\kappa_2=\kappa_3=25$，$k=10$，$k_1=0.01$。自适应律设计参数取为：$\lambda_1=\lambda_2=0.05$。FD 设计参数取为：$R=0.01$，$a_1=a_3=0.5$，$a_2=0.1$。二阶参考模型参数取为：$\varsigma_A=0.9$，$\omega_A=0.1$。仿真中，HFV 的初始状态取值见表 2.5。神经网络节点个数取为 $p_1=p_2=100$，中心点坐标向量 $\boldsymbol{c}_1$ 与 $\boldsymbol{c}_2$ 分别在[2500 m/s, 2800 m/s]与[2500 m/s, 2800 m/s]×[−1°, 1°]×[0°, 5°]×[−5°/s, 5°/s]内平均分布。宽度向量 $\boldsymbol{b}_1$ 与 $\boldsymbol{b}_2$ 的元素均取为 16.4。分别在以下两种情景下进行仿真。

情景一：速度 $V$ 的阶跃幅值为 100 m/s，高度 $h$ 的阶跃幅值为 200 m。为了考察控制律的鲁棒性，假设 HFV 模型气动系数存在±40%的摄动量，定义

$$C=\begin{cases}C_0 & 0\ \mathrm{s}\leqslant t<50\ \mathrm{s}\\ C_0[1+0.4\sin(0.1\pi t)] & t\geqslant 50\ \mathrm{s}\end{cases}\tag{3.77}$$

式中：$C_0$ 表示 HFV 气动系数的标称值，$C$ 为仿真中 $C_0$ 的取值。

情景二：考虑一种更为实际的仿真情形，速度 $V$ 每 100 s 阶跃幅值为 100 m/s，高度参考输入选幅值为 200 m、周期为 200 s 的方波信号。同样假设 HFV 模型气动系数存在 ±40% 的摄动量，并定义

$$C=\begin{cases}C_0 & 0\ \mathrm{s}\leqslant t<50\ \mathrm{s}\\ C_0[1+0.4\sin(0.1\pi t)] & 50\ \mathrm{s}\leqslant t<100\ \mathrm{s}\\ C_0 & 100\ \mathrm{s}\leqslant t<150\ \mathrm{s}\\ C_0[1+0.4\sin(0.1\pi t)] & 150\ \mathrm{s}\leqslant t<200\ \mathrm{s}\\ C_0 & 200\ \mathrm{s}\leqslant t<250\ \mathrm{s}\\ C_0[1+0.4\sin(0.1\pi t)] & 250\ \mathrm{s}\leqslant t\leqslant 300\ \mathrm{s}\end{cases}\tag{3.78}$$

仿真中，将本节方法与 3.2 节方法（设计参数取值同 3.2.4 节）作对比。仿真结果如图 3.6与图 3.7 所示。由图(a)～图(d)可见，两种控制方法的速度跟踪效果相当，但本节控制方法可以提供更高的高度跟踪精度。图(e)表明，采用本节方法时，航迹角响应更平滑。由图(f)～图(k)可见，采用两种控制方法时，俯仰角 $\theta$、俯仰角速度 $Q$、弹性状态 $\eta_1$、$\eta_2$ 与控制输入 $\Phi$、$\delta_e$ 均处于合理的取值范围，且无高频抖振现象，但采用 3.2 节控制方法时，上述状态响应更平滑。图(f)与图(m)为 RBFNN 学习参数 $\hat{\varphi}_1$ 与 $\hat{\varphi}_2$ 的调整效果。

综合以上仿真结果可见，本章提出的两种新型反演控制方法互有优劣。3.2 节控制方法的姿态角与控制输入响应更平滑，3.3 节控制方法的高度跟踪精度更高。同时，两种控制方法对模型参数摄动均具有一定的鲁棒性。

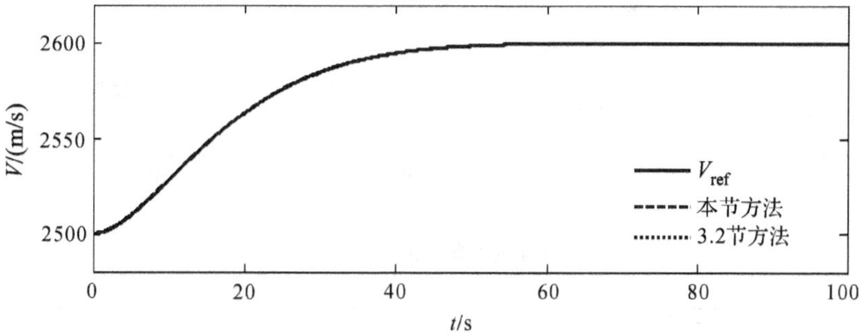


(a) 速度跟踪效果

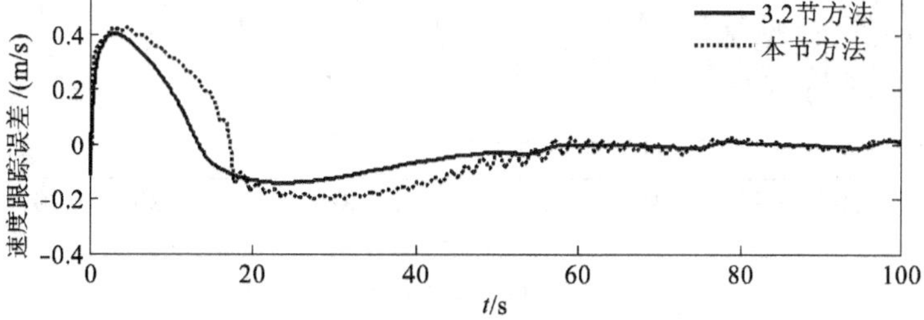


(b) 速度跟踪误差

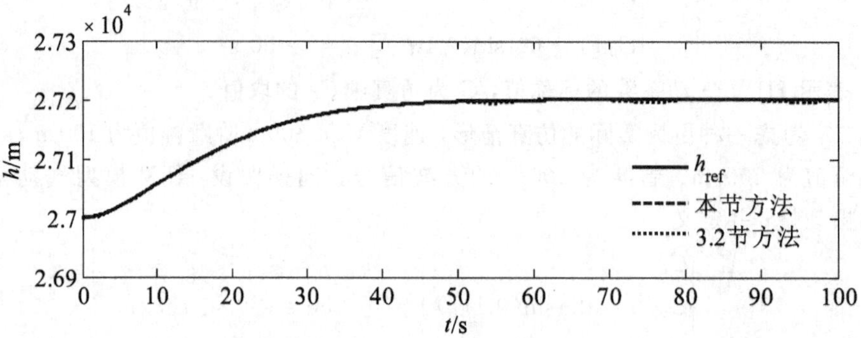


(c) 高度跟踪效果

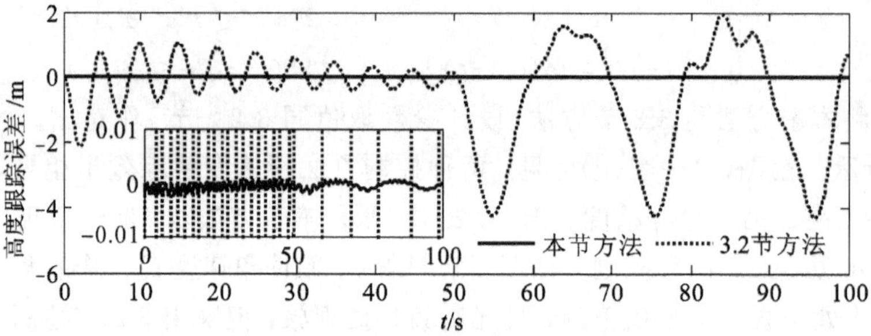


(d) 高度跟踪误差

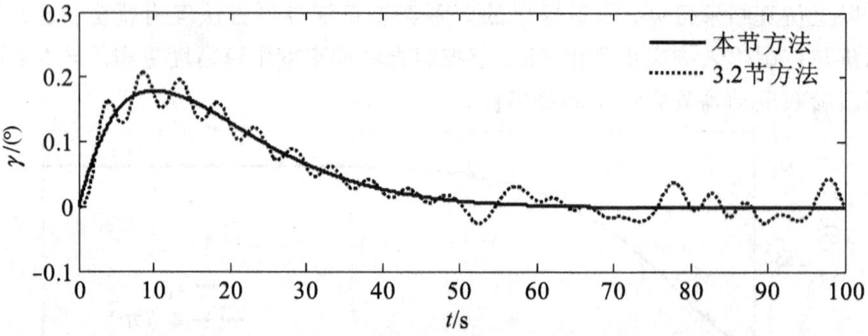


(e) 航迹角变化曲线

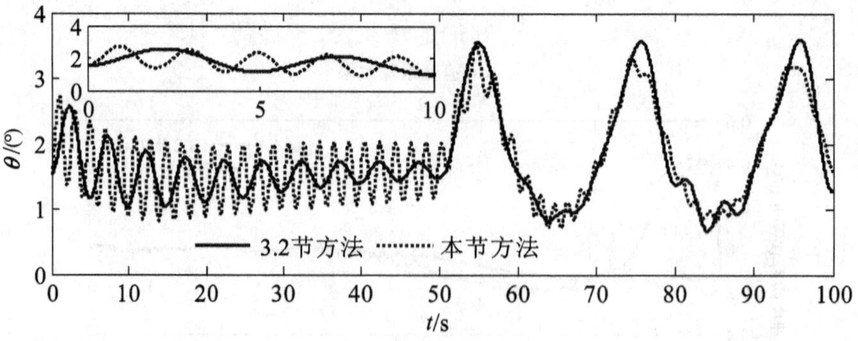


(f) 俯仰角变化曲线

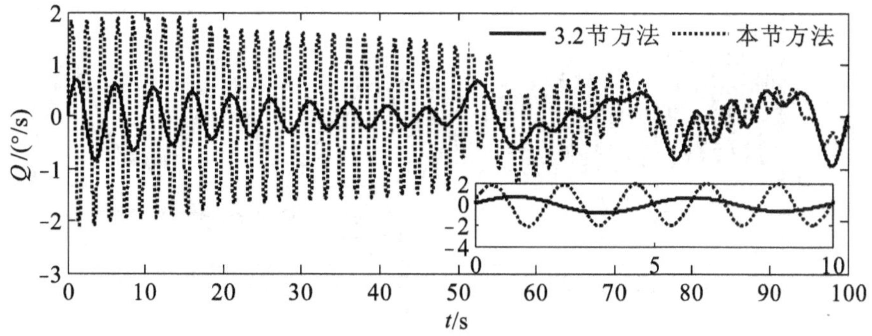


(g) 俯仰角速度变化曲线

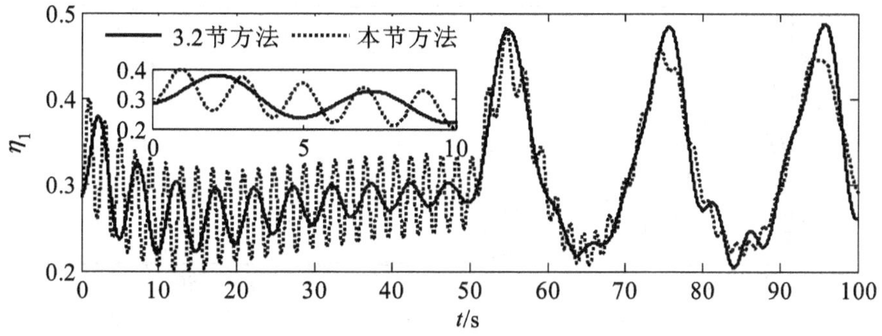


(h) 弹性状态$\eta_1$变化曲线

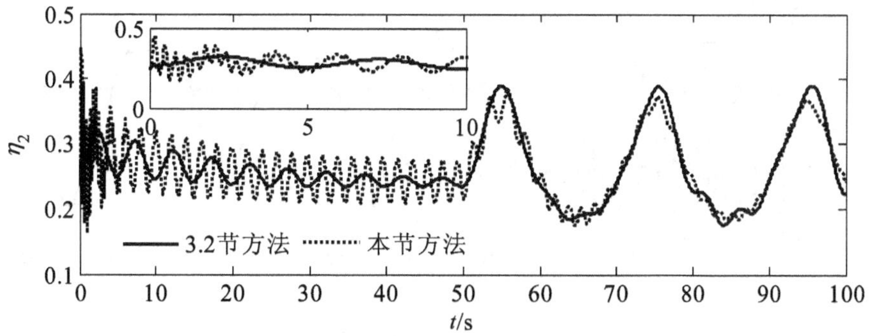


(i) 弹性状态$\eta_2$变化曲线

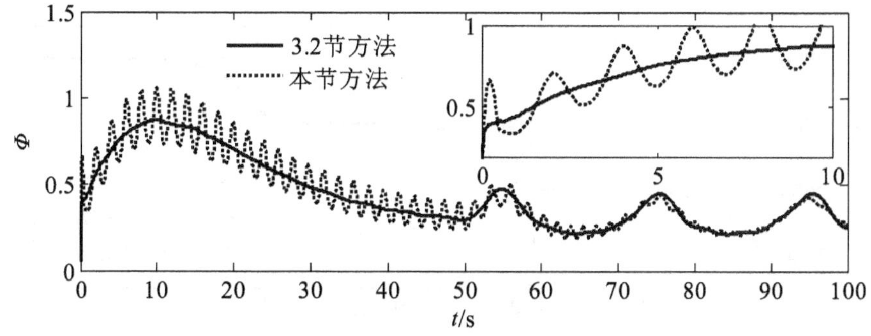


(j) $\Phi$变化曲线

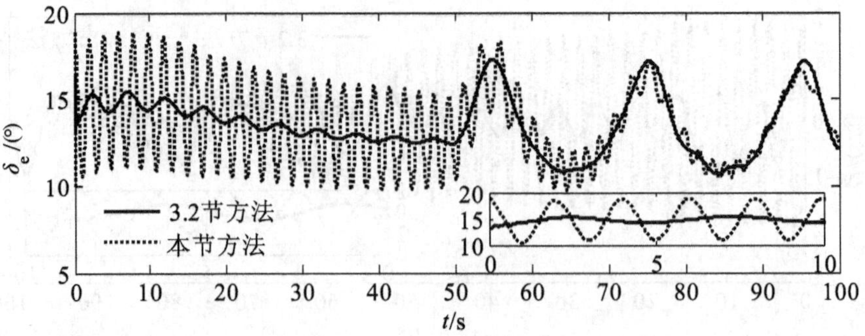


(k) $\delta_e$变化曲线

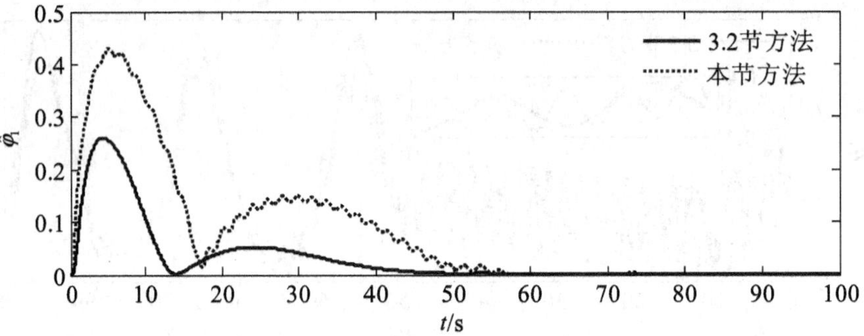


(l) $\hat{\varphi}_1$变化曲线

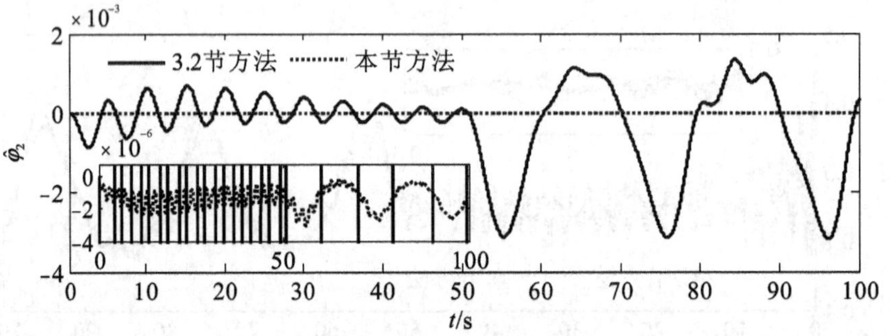


(m) $\hat{\varphi}_2$变化曲线

图 3.6　情景一仿真结果

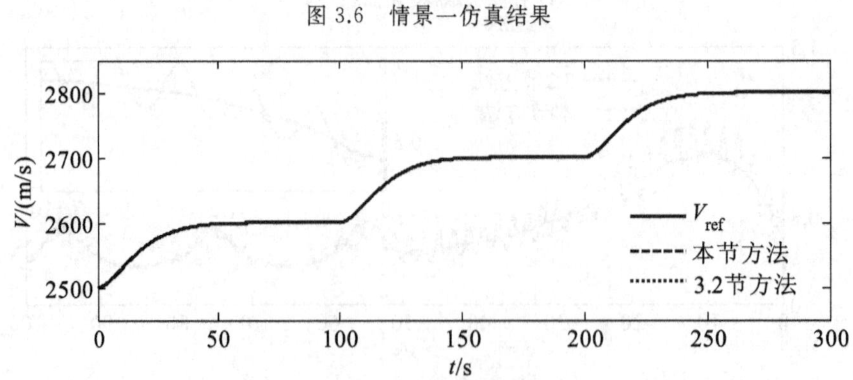


(a) 速度跟踪效果

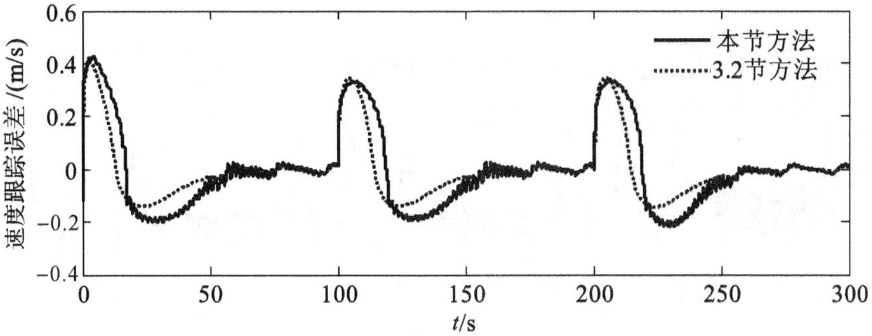


(b) 速度跟踪误差

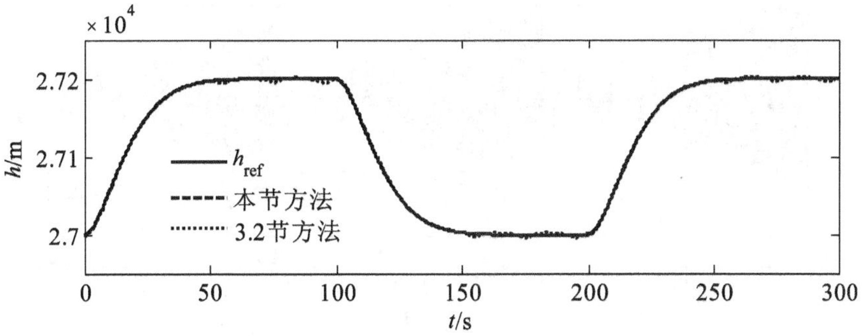


(c) 高度跟踪效果

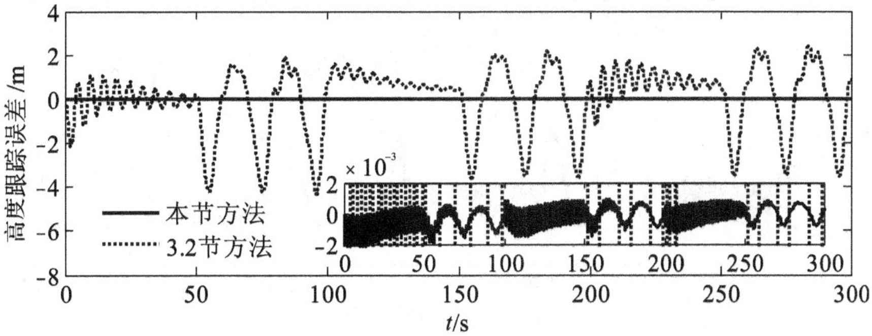


(d) 高度跟踪误差

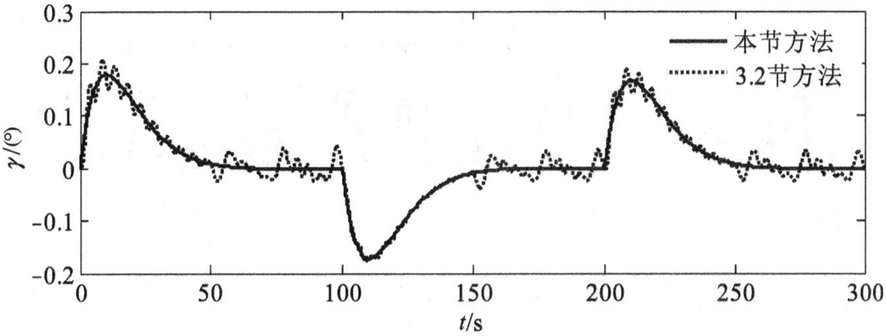


(e) 航迹角跟踪效果

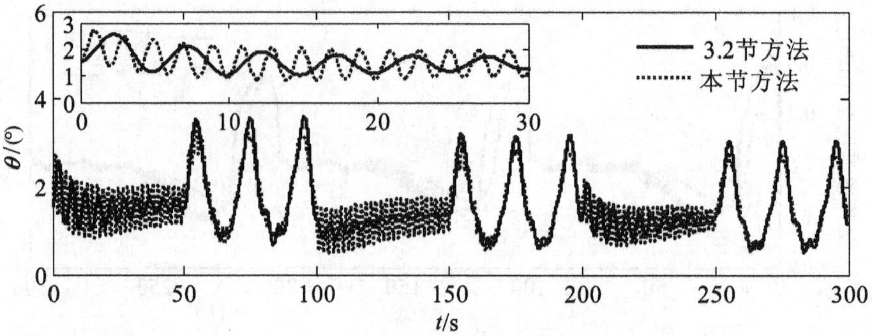


(f) 俯仰角跟踪效果

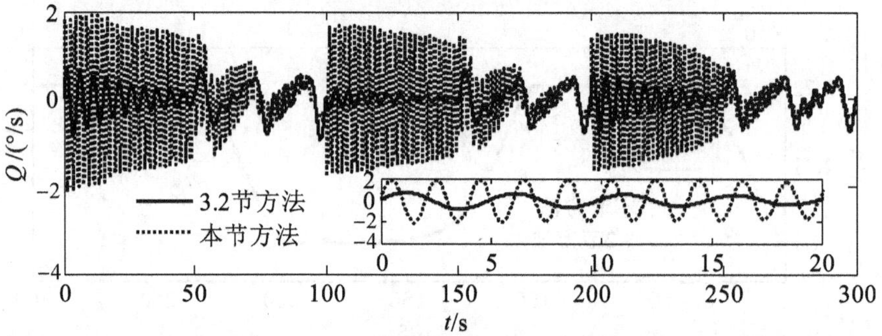


(g) 俯仰角速度跟踪效果

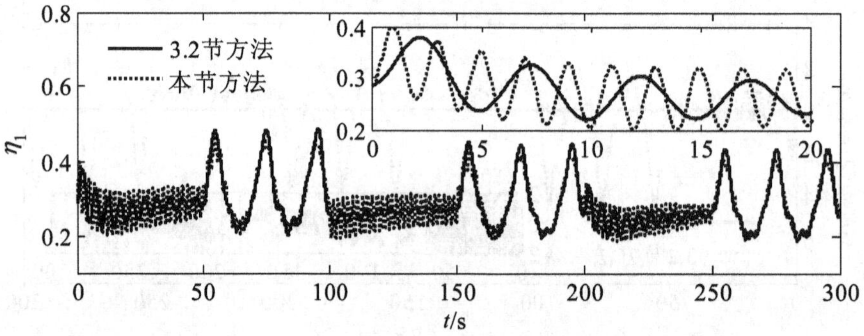


(h) 弹性状态$\eta_1$变化曲线

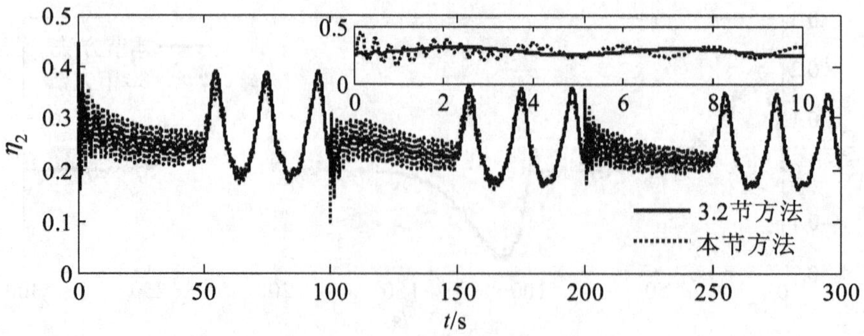


(i) 弹性状态$\eta_2$变化曲线

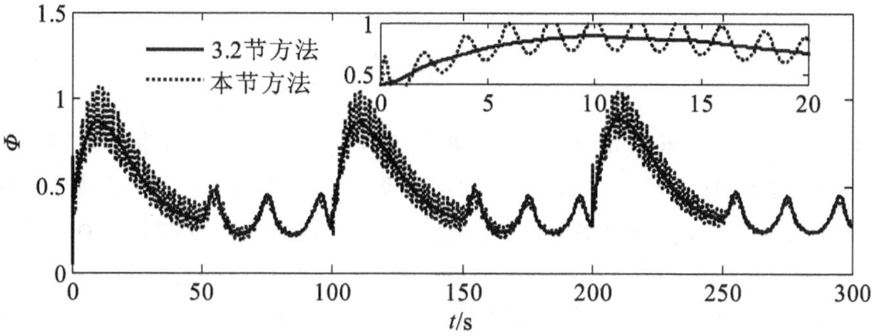


(j) Φ 变化曲线

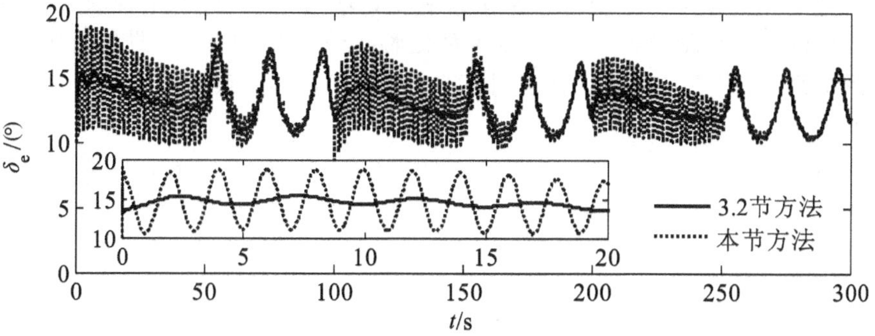


(k) $\delta_e$ 变化曲线

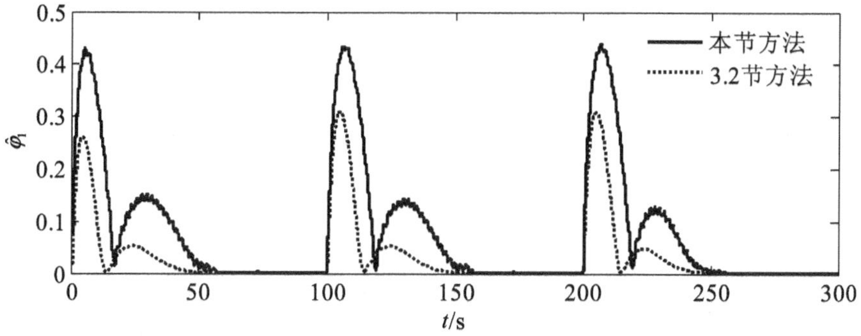


(l) $\hat{\varphi}_1$ 变化曲线

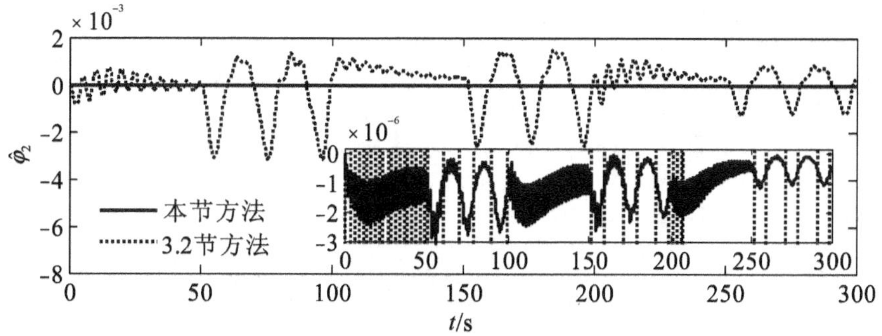


(m) $\hat{\varphi}_2$ 变化曲线

图 3.7　情景二仿真结果

## 3.4 本章小结

本章主要研究了存在参数摄动的 HFV 神经反演控制方法。分别提出了基于严格反馈模型和基于纯反馈模型的 HFV 新型神经反演控制方法。不同于传统反演控制策略，本章方法无需虚拟控制律，仅有一个最终的实际控制律，不仅避免了虚拟控制律一阶导数的反复求取，而且控制算法更加简化，实用性更强。针对 HFV 模型的每一个子系统，仅引入一个 RBFNN 对该子系统的总不确定项进行逼近，在保证控制律鲁棒性的同时，有效降低了控制方法的计算量。基于 MLP 思想，直接对 RBFNN 权值向量的范数而不是元素进行在线调整，对于每一个 RBFNN，仅有一个在线学习参数，进一步降低了神经逼近的学习量，保证了算法良好的实时性。基于 Lyapunov 稳定性理论，为 RBFNN 的在线学习参数设计了使闭环系统稳定的自适应律，保证了闭环控制系统的局部一致渐近稳定。

# 第 4 章
# 基于非仿射模型的 HFV 输入受限神经控制

## 4.1 引　　言

第 2 章与第 3 章的控制律均是基于仿射模型设计的，这就需要在一定的假设条件下，将 HFV 的运动模型简化为关于控制输入的仿射形式。但是，HFV 模型的气动力(矩)却是 $\delta_e$与飞行姿态的非线性函数。因此，对控制输入(采用反演控制方法时，飞行姿态角将作为虚拟控制量)而言，HFV 的运动模型是非仿射的，且在大多数情况下是不宜被仿射化的。若强行将 HFV 的非仿射运动模型简化为仿射模型，势必会造成某些关键动力学特性的丢失，基于简化后的仿射模型所设计的控制律就会有部分或完全失效的风险。

基于以上分析，本章研究基于非仿射模型的 HFV 自适应神经控制方法。将 HFV 模型的高度子系统转化为等价的纯反馈形式，从而避免传统反演控制的复杂设计过程。对于每一个子系统，引入一个 RBFNN 对总不确定项进行逼近，以保证控制律的鲁棒性。基于 MLP 算法，对 RBFNN 权值向量的范数进行自适应调整，以降低在线学习量，保证实时性。将第 2 章提出的辅助误差补偿策略扩展到高阶系统，以处理 $\delta_e$的饱和问题。最后，针对 HFV 的纵向运动模型进行数字仿真，以验证控制方法的有效性。

## 4.2　HFV 的非仿射自适应神经控制

先不考虑控制输入受限问题，本节提出一种无需反演设计的 HFV 自适应神经控制方法。给出如下隐函数定理。

**隐函数定理**[214]：隐函数 $H:\mathbf{R}^l\times\mathbf{R}^r\rightarrow\mathbf{R}^l$ 在开集 $Y\subset\mathbf{R}^l\times\mathbf{R}^r$ 上的每一点($\bar{\boldsymbol{\omega}}$，$\boldsymbol{\sigma}$)均连续可微。($\bar{\boldsymbol{\omega}}_0$，$\boldsymbol{\sigma}_0$)为 $Y$ 中使 $H(\bar{\boldsymbol{\omega}}_0,\boldsymbol{\sigma}_0)=0$ 且雅可比矩阵$(\partial H/\partial\bar{\boldsymbol{\omega}})(\bar{\boldsymbol{\omega}}_0,\boldsymbol{\sigma}_0)$为非奇异的点。那么，存在 $\bar{\boldsymbol{\omega}}_0$ 的邻域 $U\subset\mathbf{R}^l$ 与 $\boldsymbol{\sigma}_0$ 的邻域 $G\subset\mathbf{R}^r$，使得对于任意 $\boldsymbol{\sigma}\in G$，方程 $H(\bar{\boldsymbol{\omega}},\boldsymbol{\sigma})=0$ 有唯一解 $\bar{\boldsymbol{\omega}}\in U$，并且，该解可表示为 $\bar{\boldsymbol{\omega}}=g_0(\boldsymbol{\sigma})$，这里，$g_0(\cdot)$为在 $\boldsymbol{\sigma}=\boldsymbol{\sigma}_0$ 上的连续可微函数。

**注 4.1**：对于任意隐函数 $H(\bar{\boldsymbol{\omega}},\boldsymbol{\sigma})$，一旦其满足上述隐函数定理中的全部条件，$\bar{\boldsymbol{\omega}}$ 便可表示为 $\boldsymbol{\sigma}$ 的连续可微函数，即 $\bar{\boldsymbol{\omega}}=g_0(\boldsymbol{\sigma})$。此时，$H(\bar{\boldsymbol{\omega}},\boldsymbol{\sigma})$便可视为 $\boldsymbol{\sigma}$ 的连续可微函数。若 $H(\bar{\boldsymbol{\omega}},\boldsymbol{\sigma})$为未知函数且 $\bar{\boldsymbol{\omega}}$ 无法有效获取，当采用 RBFNN 对 $H(\bar{\boldsymbol{\omega}},\boldsymbol{\sigma})$进行逼近时，只需将 $\boldsymbol{\sigma}$ 而不是 $\bar{\boldsymbol{\omega}}$ 作为神经网络的输入信号，即可获得满意的逼近效果。这便是隐函数定理的特殊意义之所在。

### 4.2.1 速度控制律设计与稳定性分析

根据文献[30, 31]的研究结论，将 HFV 的速度子系统表示为如下关于控制输入的非仿射形式

$$\dot{V}=f_V(V,\ \Phi) \tag{4.1}$$

式中：$f_V(V,\ \Phi)$为连续可微的未知非线性函数。

HFV 的控制目标是：针对非仿射模型(式(4.1))，通过为 $\Phi$ 设计合适的控制律以实现速度 $V$ 对其参考输入 $V_{ref}$的鲁棒跟踪。

先给出如下合理假设。

**假设 4.1**：对于任意$(V,\ \Phi)\in\Omega_V\times\mathbf{R}$，均有不等式

$$\frac{\partial f_V(V,\ \Phi)}{\partial\Phi}>0 \tag{4.2}$$

成立。其中，$\Omega_V$ 为一可控域。

**注 4.2**：根据文献[30]以及 HFV 飞行包线的刚体状态取值范围(见表 2.1)可知，假设 4.1 成立。

定义速度跟踪误差

$$\tilde{V}=V-V_{ref} \tag{4.3}$$

对式(4.3)求时间的一阶导数并将式(4.1)代入可得

$$\dot{\tilde{V}}=\dot{V}-\dot{V}_{ref}=k_V\Phi+F_V(V,\ \Phi)-\dot{V}_{ref} \tag{4.4}$$

式中：$k_V\in\mathbf{R}^+$为待设计参数，$F_V(V,\ \Phi)=f_V(V,\ \Phi)-k_V\Phi$ 为连续可微的未知函数。

为 $\Phi$ 设计如下控制律

$$\Phi=k_V^{-1}(\Phi_0-\Phi_1) \tag{4.5}$$

式中：$\Phi_0=-k_{V1}\tilde{V}-k_{V2}\int_0^t\tilde{V}\mathrm{d}\tau+\dot{V}_{ref}$，$k_{V1}$，$k_{V2}\in\mathbf{R}^+$为待设计参数；$\Phi_1$ 为待设计的神经控制律，用以抵消不确定项 $F_V(V,\ \Phi)$的影响。

根据隐函数定理，存在 $\Phi_1^*\in\mathbf{R}$ 满足

$$H_1(V,\ \Phi_0,\ \Phi_1^*)\triangleq F_V(V,\ k_V^{-1}(\Phi_0-\Phi_1^*))-\Phi_1^*=0 \tag{4.6}$$

进而可得如下定理。

**定理 4.1**：定义

$$k_V>\frac{1}{2}\frac{\partial f_V(V,\ \Phi)}{\partial\Phi} \tag{4.7}$$

则存在可控域 $\Omega_V\subset\mathbf{R}$ 与唯一的 $\Phi_1^*$($\Phi_1^*$ 为 $V$ 与 $\Phi_0$ 的函数)，使得对于任意的$(V,\ \Phi_0)\in\Omega_V\times\mathbf{R}$，$\Phi_1^*(V,\ \Phi_0)$均满足式(4.6)。

**证明**：$\Phi_1^*$ 存在的充分条件为下列不等式成立[214, 215]

$$\left|\frac{\partial F_V(V,\ \Phi)}{\partial\Phi_1^*}\right|<1 \tag{4.8}$$

根据式(4.2)、式(4.5)与式(4.7)以及 $F_V(V,\ \Phi)=f_V(V,\ \Phi)-k_V\Phi$ 可得

$$\begin{aligned}\left|\frac{\partial F_V(V,\ \Phi)}{\partial \Phi_1^*}\right| &= \left|\frac{\partial}{\partial \Phi_1^*}[f_V(V,\ \Phi)-k_V\Phi]\right| \\ &= \left|\frac{\partial[f_V(V,\ \Phi)-k_V\Phi]}{\partial \Phi}\frac{\partial \Phi}{\partial \Phi_1^*}\right| \\ &= \left|\left[\frac{\partial f_V(V,\ \Phi)}{\partial \Phi}-k_V\right]\frac{1}{k_V}\right| \\ &= \left|\frac{1}{k_V}\frac{\partial f_V(V,\ \Phi)}{\partial \Phi}-1\right|<1\end{aligned} \tag{4.9}$$

故 $\Phi_1^*$ 存在。进一步，注意到

$$\begin{aligned}\frac{\partial}{\partial \Phi_1^*}H_1(V,\ \Phi_0,\ \Phi_1^*) &= \frac{\partial}{\partial \Phi_1^*}[F_V(V,\ \Phi^*)-\Phi_1^*] \\ &= \frac{\partial}{\partial \Phi^*}[f_V(V,\ \Phi^*)-k_V\Phi^*]\frac{\partial \Phi^*}{\partial \Phi_1^*}-1 \\ &= \left[\frac{\partial}{\partial \Phi^*}f_V(V,\ \Phi^*)-k_V\right]\left(-\frac{1}{k_V}\right)-1 \\ &= -\frac{1}{k_V}\frac{\partial f_V(V,\ \Phi^*)}{\partial \Phi^*}\end{aligned} \tag{4.10}$$

式中：$\Phi^*=k_V^{-1}(\Phi_0-\Phi_1^*)$。

再根据式(4.2)与式(4.7)可知，$\partial H_1(V,\ \Phi_0,\ \Phi_1^*)/(\partial \Phi_1^*)$非奇异，故定理 4.1 成立。证毕。

定理 4.1 表明，对于任意$(V,\ \Phi_0)\in \Omega_V\times \mathbf{R}$，$\Phi$ 均可视为 $V$ 与 $\Phi_0$ 的函数(因为 $\Phi=k_V^{-1}(\Phi_0-\Phi_1)$)。因此，$F_V(V,\ \Phi)=f_V(V,\ \Phi)-k_V\Phi$ 同样可视为 $V$ 与 $\Phi_0$ 的函数。定义 $\boldsymbol{X}_1=[V,\ \Phi_0]^{\mathrm{T}}\in \mathbf{R}^2$ 为 RBFNN 的输入向量，并采用 RBFNN 对 $F_V(V,\ \Phi)$进行逼近

$$F_V(V,\ \Phi)=\boldsymbol{W}_1^{*\mathrm{T}}\boldsymbol{h}_1(\boldsymbol{X}_1)+\iota_1,\quad |\iota_1|\leqslant \iota_{1\mathrm{M}} \tag{4.11}$$

式中，$\boldsymbol{W}_1^*=[w_{11}^*,\ w_{12}^*,\ \cdots,\ w_{1p_1}^*]^{\mathrm{T}}\in \mathbf{R}^{p_1}$ 为理想权值向量，$\iota_1$ 与 $\iota_{1\mathrm{M}}$分别为逼近误差及其上界，$\boldsymbol{h}_1(\boldsymbol{X}_1)=[h_{11}(\boldsymbol{X}_1),\ h_{12}(\boldsymbol{X}_1),\ \cdots,\ h_{1p_1}(\boldsymbol{X}_1)]^{\mathrm{T}}\in \mathbf{R}^{p_1}$，$h_{1j}(\boldsymbol{X}_1)(j=1,\ 2,\ \cdots,\ p_1)$为与式(3.5)相同的高斯基函数，$p_1$ 为节点个数。

定义 $\varphi_1=||\boldsymbol{W}_1^*||^2$ 并将 $\Phi_1$ 设计为

$$\Phi_1=\frac{1}{2}\widetilde{V}\hat{\varphi}_1\boldsymbol{h}_1^{\mathrm{T}}(\boldsymbol{X}_1)\boldsymbol{h}_1(\boldsymbol{X}_1) \tag{4.12}$$

式中：$\hat{\varphi}_1$ 为 $\varphi_1$ 的估计值，其自适应律为

$$\dot{\hat{\varphi}}_1=\frac{\lambda_1}{2}\widetilde{V}^2\boldsymbol{h}_1^{\mathrm{T}}(\boldsymbol{X}_1)\boldsymbol{h}_1(\boldsymbol{X}_1)-2\hat{\varphi}_1 \tag{4.13}$$

式中：$\lambda_1\in \mathbf{R}^+$为待设计参数。

下面进行稳定性分析。

**定理 4.2**：针对 HFV 的速度子系统(式(4.1))，在假设 4.1 的前提下，若采用控制律式(4.5)与自适应律式(4.13)，则闭环控制系统局部一致渐近稳定。

**证明**：定义估计误差

$$\widetilde{\varphi}_1=\hat{\varphi}_1-\varphi_1 \tag{4.14}$$

将式(4.5)、式(4.11)与式(4.12)代入式(4.4)可得

$$\begin{aligned}\dot{\tilde{V}} &= \Phi_0 - \Phi_1 + F_V(V, \Phi) - \dot{V}_{\text{ref}} \\ &= -k_{V1}\tilde{V} - k_{V2}\int_0^t \tilde{V}\mathrm{d}\tau - \frac{1}{2}\tilde{V}\hat{\varphi}_1 \boldsymbol{h}_1^{\mathrm{T}}(\boldsymbol{X}_1)\boldsymbol{h}_1(\boldsymbol{X}_1) + \boldsymbol{W}_1^{*\mathrm{T}}\boldsymbol{h}_1(\boldsymbol{X}_1) + \iota_1\end{aligned} \tag{4.15}$$

选取如下 Lyapunov 函数

$$W_V = \frac{\tilde{V}^2}{2} + \frac{k_{V2}}{2}\left(\int_0^t \tilde{V}\mathrm{d}\tau\right)^2 + \frac{\tilde{\varphi}_1^2}{2\lambda_1} \tag{4.16}$$

对式(4.16)求时间的一阶导数并将式(4.13)～式(4.15)代入可得

$$\begin{aligned}\dot{W}_V &= \tilde{V}\dot{\tilde{V}} + k_{V2}\tilde{V}\int_0^t \tilde{V}\mathrm{d}\tau + \frac{\tilde{\varphi}_1\dot{\tilde{\varphi}}_1}{\lambda_1} \\ &= \tilde{V}\left[-k_{V1}\tilde{V} - k_{V2}\int_0^t \tilde{V}\mathrm{d}\tau - \frac{1}{2}\tilde{V}\hat{\varphi}_1 \boldsymbol{h}_1^{\mathrm{T}}(\boldsymbol{X}_1)\boldsymbol{h}_1(\boldsymbol{X}_1) + \boldsymbol{W}_1^{*\mathrm{T}}\boldsymbol{h}_1(\boldsymbol{X}_1) + \iota_1\right] \\ &\quad + k_{V2}\tilde{V}\int_0^t \tilde{V}\mathrm{d}\tau + \frac{\tilde{\varphi}_1}{\lambda_1}\left(\frac{\lambda_1}{2}\tilde{V}^2 \boldsymbol{h}_1^{\mathrm{T}}(\boldsymbol{X}_1)\boldsymbol{h}_1(\boldsymbol{X}_1) - 2\hat{\varphi}_1\right) \\ &= -k_{V1}\tilde{V}^2 - \frac{1}{2}\tilde{V}^2\varphi_1 \boldsymbol{h}_1^{\mathrm{T}}(\boldsymbol{X}_1)\boldsymbol{h}_1(\boldsymbol{X}_1) + \tilde{V}\boldsymbol{W}_1^{*\mathrm{T}}\boldsymbol{h}_1(\boldsymbol{X}_1) + \tilde{V}\iota_1 - \frac{2\tilde{\varphi}_1\hat{\varphi}_1}{\lambda_1}\end{aligned} \tag{4.17}$$

由于

$$\begin{aligned}\tilde{V}\boldsymbol{W}_1^{*\mathrm{T}}\boldsymbol{h}_1(\boldsymbol{X}_1) &\leqslant \frac{\tilde{V}^2}{2}\|\boldsymbol{W}_1^{*\mathrm{T}}\boldsymbol{h}_1(\boldsymbol{X}_1)\|^2 + \frac{1}{2} \\ &= \frac{\tilde{V}^2}{2}\|\boldsymbol{W}_1^{*}\|^2\|\boldsymbol{h}_1(\boldsymbol{X}_1)\|^2 + \frac{1}{2} \\ &= \frac{\tilde{V}^2}{2}\varphi_1 \boldsymbol{h}_1^{\mathrm{T}}(\boldsymbol{X}_1)\boldsymbol{h}_1(\boldsymbol{X}_1) + \frac{1}{2}\end{aligned}$$

$$\tilde{V}\iota_1 \leqslant \frac{\tilde{V}^2}{4} + \iota_{1\mathrm{M}}^2$$

$$2\tilde{\varphi}_1\hat{\varphi}_1 \geqslant \tilde{\varphi}_1^2 - \varphi_1^2$$

则式(4.17)变为

$$\dot{W}_V \leqslant -\left(k_{V1} - \frac{1}{4}\right)\tilde{V}^2 - \frac{\tilde{\varphi}_1^2}{\lambda_1} + \frac{1}{2} + \iota_{1\mathrm{M}}^2 + \frac{\varphi_1^2}{\lambda_1} \tag{4.18}$$

令 $k_{V1} > 1/4$ 并定义如下紧集

$$\Omega_{\tilde{V}} = \left\{\tilde{V}\,\middle|\,|\tilde{V}| \leqslant \sqrt{\left(\frac{1}{2} + \iota_{1\mathrm{M}}^2 + \frac{\varphi_1^2}{\lambda_1}\right)\Big/\left(k_{V1} - \frac{1}{4}\right)}\right\}$$

$$\Omega_{\tilde{\varphi}_1} = \left\{\tilde{\varphi}_1\,\middle|\,|\tilde{\varphi}_1| \leqslant \sqrt{\left(\frac{1}{2} + \iota_{1\mathrm{M}}^2 + \frac{\varphi_1^2}{\lambda_1}\right)\Big/\left(\frac{1}{\lambda_1}\right)}\right\}$$

若 $\tilde{V} \notin \Omega_{\tilde{V}}$ 或 $\tilde{\varphi}_1 \notin \Omega_{\tilde{\varphi}_1}$，则 $\dot{W}_V < 0$，故闭环控制系统局部一致渐近稳定。误差 $\tilde{V}$ 与 $\tilde{\varphi}_1$ 半全局一致最终有界，并最终分别收敛到紧集 $\Omega_{\tilde{V}}$ 与 $\Omega_{\tilde{\varphi}_1}$ 内。通过选取足够大的 $k_{V1}$ 与充分小的 $\lambda_1$，紧集 $\Omega_{\tilde{V}}$ 与 $\Omega_{\tilde{\varphi}_1}$ 可以任意小，则误差 $\tilde{V}$ 与 $\tilde{\varphi}_1$ 也可以任意小。证毕。

### 4.2.2　高度控制律设计与稳定性分析

HFV 的控制目标是：针对高度子系统（式(2.2)～式(2.5)），通过为 $\delta_e$ 设计合适的控制律，保证高度 $h$ 对其参考输入 $h_{ref}$ 的鲁棒跟踪。

定义高度跟踪误差 $\tilde{h}=h-h_{ref}$，将航迹角参考输入选为

$$\gamma_d=\arcsin\left(\frac{-k_\gamma\tilde{h}+\dot{h}_{ref}}{V}\right) \tag{4.19}$$

式中：$k_\gamma\in\mathbf{R}^+$ 为待设计参数。

一旦 $\gamma$ 收敛于 $\gamma_d$，即可保证 $h$ 对其参考输入的稳定跟踪[161]。这样，控制目标变为：通过为 $\delta_e$ 设计合适的控制律，使得 $\gamma\to\gamma_d$。

定义 $x_1=\gamma$，$x_2=\theta$，$x_3=Q$，则 HFV 高度子系统的余下部分（式(2.3)～式(2.5)）可表述为如下非仿射形式[131, 141]

$$\begin{cases}\dot{x}_1=f_1(x_1,\ x_2)\\ \dot{x}_2=x_3\\ \dot{x}_3=f_3(\boldsymbol{x},\ \delta_e)\end{cases} \tag{4.20}$$

式中：$\boldsymbol{x}=[x_1,\ x_2,\ x_3]^T$，$f_1(x_1,\ x_2)$ 与 $f_3(\boldsymbol{x},\ \delta_e)$ 为连续可微的未知函数。

先给出如下合理假设。

**假设 4.2**：对于任意 $(\boldsymbol{x},\ \delta_e)\in\Omega_x\times\mathbf{R}$，均有下列不等式成立

$$\begin{cases}\dfrac{\partial f_1(x_1,\ x_2)}{\partial x_2}>0\\ \dfrac{\partial f_3(\boldsymbol{x},\ \delta_e)}{\partial\delta_e}>0\end{cases} \tag{4.21}$$

式中：$\Omega_x$ 为一可控域。

**注 4.3**：根据文献[30]以及 HFV 飞行包线的刚体状态取值范围（见表 2.1）可知，假设 4.2 成立。

为了避免反演控制复杂的设计过程，对模型（式(4.20)）进行如下等价变换。

第一步：定义 $z_1=x_1=\gamma$，$z_2=\dot{z}_1=f_1(x_1,\ x_2)$。根据式(4.20)，$z_2$ 对时间的一阶导数为

$$\begin{aligned}\dot{z}_2&=\frac{\partial f_1(x_1,\ x_2)}{\partial x_1}\dot{x}_1+\frac{\partial f_1(x_1,\ x_2)}{\partial x_2}\dot{x}_2\\ &=\frac{\partial f_1(x_1,\ x_2)}{\partial x_1}f_1(x_1,\ x_2)+\frac{\partial f_1(x_1,\ x_2)}{\partial x_2}x_3\\ &\triangleq f_{h1}(\boldsymbol{x})\end{aligned} \tag{4.22}$$

第二步：定义 $z_3=\dot{z}_2=f_{h1}(\boldsymbol{x})$。根据式(4.20)，$z_3$ 对时间的一阶导数为

$$\begin{aligned}\dot{z}_3&=\frac{\partial f_{h1}(\boldsymbol{x})}{\partial x_1}\dot{x}_1+\frac{\partial f_{h1}(\boldsymbol{x})}{\partial x_2}\dot{x}_2+\frac{\partial f_{h1}(\boldsymbol{x})}{\partial x_3}\dot{x}_3\\ &=\frac{\partial f_{h1}(\boldsymbol{x})}{\partial x_1}f_1(x_1,\ x_2)+\frac{\partial f_{h1}(\boldsymbol{x})}{\partial x_2}x_3+\frac{\partial f_{h1}(\boldsymbol{x})}{\partial x_3}f_3(\boldsymbol{x},\ \delta_e)\\ &\triangleq f_{h2}(\boldsymbol{x},\ \delta_e)\end{aligned} \tag{4.23}$$

经过上述模型变换，式(4.20)变为如下非仿射的纯反馈模型

$$\begin{cases}\dot{z}_1=z_2\\ \dot{z}_2=z_3\\ \dot{z}_3=f_{h2}(\boldsymbol{x},\ \delta_e)\end{cases}\tag{4.24}$$

式中：$f_{h2}(\boldsymbol{x},\ \delta_e)$为连续可微的未知函数。

**注 4.4**：由式(4.21)～式(4.23)可得

$$\frac{\partial f_{h2}(\boldsymbol{x},\ \delta_e)}{\partial\delta_e}=\frac{\partial f_{h1}(\boldsymbol{x})}{\partial x_3}\frac{\partial f_3(\boldsymbol{x},\ \delta_e)}{\partial\delta_e}=\frac{\partial f_1(x_1,\ x_2)}{\partial x_2}\frac{\partial f_3(\boldsymbol{x},\ \delta_e)}{\partial\delta_e}>0\tag{4.25}$$

**注 4.5**：与式(4.20)相比，式(4.24)不仅形式简单，而且只含有一个未知函数。基于式(4.24)设计控制律，不再需要繁琐的反演设计过程。

定义航迹角跟踪误差 $e_0$ 与误差函数 $E$

$$\begin{cases}e_0=\gamma-\gamma_d=z_1-\gamma_d\\ E=\left(\dfrac{d}{dt}+\mu\right)^3\displaystyle\int_0^t e_0\,d\tau\\ \quad=\ddot{e}_0+3\mu\dot{e}_0+3\mu^2e_0+\mu^3\displaystyle\int_0^t e_0\,d\tau\end{cases}\tag{4.26}$$

式中：$\mu\in\mathbf{R}^+$ 为待设计参数。由于$(s+\mu)^3$ 为 Hurwitz 多项式，故当 $E$ 有界时，$e_0$ 必有界。

$e_0$ 对时间的前三阶导数为

$$\begin{cases}\dot{e}_0=\dot{z}_1-\dot{\gamma}_d=z_2-\dot{\gamma}_d\\ \ddot{e}_0=\dot{z}_2-\ddot{\gamma}_d=z_3-\ddot{\gamma}_d\\ \dddot{e}_0=\dot{z}_3-\dddot{\gamma}_d=k_h\delta_e+F_h(\boldsymbol{x},\ \delta_e)-\dddot{\gamma}_d\end{cases}\tag{4.27}$$

式中：$k_h\in\mathbf{R}^+$ 为待设计参数，$F_h(\boldsymbol{x},\ \delta_e)=f_{h2}(\boldsymbol{x},\ \delta_e)-k_h\delta_e$ 为连续可微的未知函数。

$E$ 对时间的一阶导数为

$$\begin{aligned}\dot{E}&=\dddot{e}_0+3\mu\ddot{e}_0+3\mu^2\dot{e}_0+\mu^3e_0\\ &=k_h\delta_e+F_h(\boldsymbol{x},\ \delta_e)-\dddot{\gamma}_d+3\mu\ddot{e}_0+3\mu^2\dot{e}_0+\mu^3e_0\end{aligned}\tag{4.28}$$

注意到 $z_2$ 与 $z_3$ 是未知的，但由前面的模型转换过程可知，$z_2=\dot{\gamma}$，$z_3=\ddot{\gamma}$。将 $\gamma$ 作为 FD(取 $n=4$)的输入信号，即可得到 $z_2$ 与 $z_3$ 的估计值，分别用 $\hat{z}_2$ 与 $\hat{z}_3$ 来表示。将 $\gamma_d$ 作为 FD(取 $n=4$)的输入信号，即可得到 $\dot{\gamma}_d$、$\ddot{\gamma}_d$ 与 $\dddot{\gamma}_d$ 的估计值，分别用$\hat{\dot{\gamma}}_d$、$\hat{\ddot{\gamma}}_d$ 与 $\hat{\dddot{\gamma}}_d$ 来表示。将 FD 的估计误差定义为

$$\begin{cases}s_1=\hat{z}_2-z_2\\ s_2=\hat{z}_3-z_3\\ s_3=\hat{\dot{\gamma}}_d-\dot{\gamma}_d\\ s_4=\hat{\ddot{\gamma}}_d-\ddot{\gamma}_d\\ s_5=\hat{\dddot{\gamma}}_d-\dddot{\gamma}_d\end{cases}\tag{4.29}$$

由定理 2.1 与注 2.8 可知，当为 FD 选择合适的设计参数时，必存在非负有界常数 $\bar{s}_i$ 使得$|s_i|\leqslant\bar{s}_i(i=1,\ 2,\ \cdots,\ 5)$。

将式(4.27)与式(4.28)中未知信号 $z_2$、$z_3$、$\dot{\gamma}_d$、$\ddot{\gamma}_d$ 与 $\dddot{\gamma}_d$ 替换为其估计值，有

$$\begin{cases} \dot{\hat{e}}_0 = \hat{z}_2 - \dot{\hat{\gamma}}_d \\ \ddot{\hat{e}}_0 = \hat{z}_3 - \ddot{\hat{\gamma}}_d \\ \dddot{\hat{e}}_0 = k_h\delta_e + F_h(\boldsymbol{x}, \delta_e) - \dddot{\hat{\gamma}}_d \end{cases} \tag{4.30}$$

$$\dot{\hat{E}} = k_h\delta_e + F_h(\boldsymbol{x}, \delta_e) - \dddot{\hat{\gamma}}_d + 3\mu\ddot{\hat{e}}_0 + 3\mu^2\dot{\hat{e}}_0 + \mu^3 e_0 \tag{4.31}$$

将控制律 $\delta_e$ 设计为

$$\delta_e = k_h^{-1}(\delta_{e0} - \delta_{e1}) \tag{4.32}$$

式中：$\delta_{e0} = -k_{h1}\hat{E} + \dddot{\hat{\gamma}}_d - 3\mu\ddot{\hat{e}}_0 - 3\mu^2\dot{\hat{e}}_0 - \mu^3 e_0$；$k_{h1}$，$k_h \in \mathbf{R}^+$ 为待设计参数；$\delta_{e1}$ 为待设计的神经控制律，用以抵消不确定项 $F_h(\boldsymbol{x}, \delta_e)$ 的影响。

根据隐函数定理，必存在一个 $\delta_{e1}^*$ 满足

$$H_2(\boldsymbol{x}, \delta_{e0}, \delta_{e1}^*) \triangleq F_h(\boldsymbol{x}, k_h^{-1}(\delta_{e0} - \delta_{e1}^*)) - \delta_{e1}^* = 0 \tag{4.33}$$

可得如下定理。

**定理 4.3**：定义

$$k_h > \frac{1}{2}\frac{\partial f_{h2}(\boldsymbol{x}, \delta_e)}{\partial \delta_e} \tag{4.34}$$

则存在可控域 $\Omega_x \subset \mathbf{R}^3$ 与唯一的 $\delta_{e1}^*$（$\delta_{e1}^*$ 为 $\boldsymbol{x}$ 与 $\delta_e$ 的函数），使得对于任意的$(\boldsymbol{x}, \delta_{e0}) \in \Omega_x \times \mathbf{R}$，$\delta_{e1}^*(\boldsymbol{x}, \delta_{e0})$均满足式(4.33)。

**证明**：$\delta_{e1}^*$ 存在的充分条件是下列不等式成立[214, 215]

$$\left|\frac{\partial F_h(\boldsymbol{x}, \delta_e)}{\partial \delta_{e1}^*}\right| < 1 \tag{4.35}$$

考虑式(4.25)、式(4.32)与式(4.34)，有

$$\begin{aligned} \left|\frac{\partial F_h(\boldsymbol{x}, \delta_e)}{\partial \delta_{e1}^*}\right| &= \left|\frac{\partial[f_{h2}(\boldsymbol{x}, \delta_e) - k_h\delta_e]}{\partial \delta_{e1}^*}\right| \\ &= \left|\frac{\partial[f_{h2}(\boldsymbol{x}, \delta_e) - k_h\delta_e]}{\partial \delta_e}\frac{\partial \delta_e}{\partial \delta_{e1}^*}\right| \\ &= \left|\left[\frac{\partial f_{h2}(\boldsymbol{x}, \delta_e)}{\partial \delta_e} - k_h\right]\frac{1}{k_h}\right| \\ &= \left|\frac{1}{k_h}\frac{\partial f_{h2}(\boldsymbol{x}, \delta_e)}{\partial \delta_e} - 1\right| < 1 \end{aligned} \tag{4.36}$$

故 $\delta_{e1}^*$ 存在。

又因为

$$\begin{aligned} \frac{\partial}{\partial \delta_{e1}^*}H_2(\boldsymbol{x}, \delta_{e0}, \delta_{e1}^*) &= \frac{\partial}{\partial \delta_{e1}^*}[F_h(\boldsymbol{x}, \delta_e^*) - \delta_{e1}^*] \\ &= \frac{\partial}{\partial \delta_{e1}^*}[f_{h2}(\boldsymbol{x}, \delta_e^*) - k_h\delta_e^*] - 1 \\ &= \frac{\partial}{\partial \delta_e^*}[f_{h2}(\boldsymbol{x}, \delta_e^*) - k_h\delta_e^*]\frac{\partial \delta_e^*}{\partial \delta_{e1}^*} - 1 \\ &= \left[\frac{\partial f_{h2}(\boldsymbol{x}, \delta_e^*)}{\partial \delta_e^*} - k_h\right]\left(-\frac{1}{k_h}\right) - 1 \end{aligned}$$

$$=-\frac{1}{k_h}\frac{\partial f_{h2}(\boldsymbol{x},\delta_e^*)}{\partial\delta_e^*} \tag{4.37}$$

式中，$\delta_e^*=k_h^{-1}(\delta_{e0}-\delta_{e1}^*)$。

易知，$\partial H_2(\boldsymbol{x},\delta_{e0},\delta_{e1}^*)/(\partial\delta_{e1}^*)$是非奇异的，故定理4.3成立。证毕。

定理4.3表明，可将$\delta_e$视为$\boldsymbol{x}$与$\delta_{e0}$的函数(因为$\delta_e=k_h^{-1}(\delta_{e0}-\delta_{e1})$)。因此，$F_h(\boldsymbol{x},\delta_e)=f_{h2}(\boldsymbol{x},\delta_e)-k_h\delta_e$同样可视为$\boldsymbol{x}$与$\delta_{e0}$的函数。定义$\boldsymbol{X}_2=[\boldsymbol{x}^{\mathrm{T}},\delta_{e0}]^{\mathrm{T}}\in\mathbf{R}^4$为RBFNN的输入向量，并引入RBFNN对$F_h(\boldsymbol{x},\delta_e)$进行逼近

$$F_h(\boldsymbol{x},\delta_e)=\boldsymbol{W}_2^{*\mathrm{T}}\boldsymbol{h}_2(\boldsymbol{X}_2)+\iota_2,\quad |\iota_2|\leqslant\iota_{2\mathrm{M}} \tag{4.38}$$

式中，$\boldsymbol{W}_2^*=[w_{21}^*,w_{22}^*,\cdots,w_{2p_2}^*]^{\mathrm{T}}\in\mathbf{R}^{p_2}$为权值向量，$\iota_2$与$\iota_{2\mathrm{M}}$分别为逼近误差及其上界，$\boldsymbol{h}_2(\boldsymbol{X}_2)=[h_{21}(\boldsymbol{X}_2),h_{22}(\boldsymbol{X}_2),\cdots,h_{2p_2}(\boldsymbol{X}_2)]^{\mathrm{T}}\in\mathbf{R}^{p_2}$，$h_{2j}(\boldsymbol{X}_2)$ $(j=1,2,\cdots,p_2)$为与式(3.5)相同的高斯基函数，$p_2$为节点个数。

定义$\varphi_2=||\boldsymbol{W}_2^*||^2$并将$\delta_{e1}$设计为

$$\delta_{e1}=\frac{1}{2}\hat{E}\hat{\varphi}_2\boldsymbol{h}_2^{\mathrm{T}}(\boldsymbol{X}_2)\boldsymbol{h}_2(\boldsymbol{X}_2) \tag{4.39}$$

式中：$\hat{\varphi}_2$为$\varphi_2$的估计值，其自适应律为

$$\dot{\hat{\varphi}}_2=\frac{\lambda_2}{2}\hat{E}^2\boldsymbol{h}_2^{\mathrm{T}}(\boldsymbol{X}_2)\boldsymbol{h}_2(\boldsymbol{X}_2)-2\hat{\varphi}_2 \tag{4.40}$$

式中：$\lambda_2\in\mathbf{R}^+$为待设计参数。

下面进行稳定性分析。

**定理4.4**：针对HFV的高度子系统(式(4.24))，在假设4.2的前提下，若采用控制律式(4.32)与自适应律式(4.40)，则闭环控制系统局部一致渐近稳定。

**证明**：定义估计误差

$$\tilde{\varphi}_2=\hat{\varphi}_2-\varphi_2 \tag{4.41}$$

将式(4.32)、式(4.38)与式(4.39)代入式(4.31)可得

$$\begin{aligned}\dot{\hat{E}}&=\delta_{e0}-\delta_{e1}+\boldsymbol{W}_2^{*\mathrm{T}}\boldsymbol{h}_2(\boldsymbol{X}_2)+\iota_2-\dddot{\gamma}_d+3\mu\ddot{e}_0+3\mu^2\dot{e}_0+\mu^3e_0\\&=-k_{h1}\hat{E}-\frac{1}{2}\hat{E}\hat{\varphi}_2\boldsymbol{h}_2^{\mathrm{T}}(\boldsymbol{X}_2)\boldsymbol{h}_2(\boldsymbol{X}_2)+\boldsymbol{W}_2^{*\mathrm{T}}\boldsymbol{h}_2(\boldsymbol{X}_2)+\iota_2\end{aligned} \tag{4.42}$$

选取如下Lyapunov函数

$$W_h=\frac{1}{2}\hat{E}^2+\frac{\tilde{\varphi}_2^2}{2\lambda_2} \tag{4.43}$$

对式(4.43)求时间的一阶导数并将式(4.40)～式(4.42)代入可得

$$\begin{aligned}\dot{W}_h&=\hat{E}\dot{\hat{E}}+\frac{\tilde{\varphi}_2\dot{\hat{\varphi}}_2}{\lambda_2}\\&=\hat{E}\left[-k_{h1}\hat{E}-\frac{1}{2}\hat{E}\hat{\varphi}_2\boldsymbol{h}_2^{\mathrm{T}}(\boldsymbol{X}_2)\boldsymbol{h}_2(\boldsymbol{X}_2)+\boldsymbol{W}_2^{*\mathrm{T}}\boldsymbol{h}_2(\boldsymbol{X}_2)+\iota_2\right]\\&\quad+\frac{\tilde{\varphi}_2}{\lambda_2}\left[\frac{\lambda_2}{2}\hat{E}^2\boldsymbol{h}_2^{\mathrm{T}}(\boldsymbol{X}_2)\boldsymbol{h}_2(\boldsymbol{X}_2)-2\hat{\varphi}_2\right]\\&=-k_{h1}\hat{E}^2-\frac{1}{2}\hat{E}^2\varphi_2\boldsymbol{h}_2^{\mathrm{T}}(\boldsymbol{X}_2)\boldsymbol{h}_2(\boldsymbol{X}_2)+\hat{E}\boldsymbol{W}_2^{*\mathrm{T}}\boldsymbol{h}_2(\boldsymbol{X}_2)+\hat{E}\iota_2-\frac{2\tilde{\varphi}_2\hat{\varphi}_2}{\lambda_2}\end{aligned} \tag{4.44}$$

注意到

$$\hat{E}\boldsymbol{W}_2^{*\mathrm{T}}\boldsymbol{h}_2(\boldsymbol{X}_2) \leqslant \frac{\hat{E}^2}{2}\|\boldsymbol{W}_2^{*\mathrm{T}}\boldsymbol{h}_2(\boldsymbol{X}_2)\|^2 + \frac{1}{2}$$
$$= \frac{\hat{E}^2}{2}\|\boldsymbol{W}_2^*\|^2\|\boldsymbol{h}_2(\boldsymbol{X}_2)\|^2 + \frac{1}{2}$$
$$= \frac{\hat{E}^2}{2}\varphi_2\boldsymbol{h}_2^{\mathrm{T}}(\boldsymbol{X}_2)\boldsymbol{h}_2(\boldsymbol{X}_2) + \frac{1}{2}$$

$$\frac{2\tilde{\varphi}_2\hat{\varphi}_2}{\lambda_2} \geqslant \frac{\tilde{\varphi}_2^2}{\lambda_2} - \frac{\varphi_2^2}{\lambda_2}$$

$$\hat{E}\iota_2 \leqslant |\hat{E}\iota_2| \leqslant \frac{\hat{E}^2}{4} + \iota_{2\mathrm{M}}^2$$

则式(4.44)变为

$$\dot{W}_h \leqslant -\left(k_{h1} - \frac{1}{4}\right)\hat{E}^2 - \frac{\tilde{\varphi}_2^2}{\lambda_2} + \frac{1}{2} + \iota_{2\mathrm{M}}^2 + \frac{\varphi_2^2}{\lambda_2} \tag{4.45}$$

令 $k_{h1} > 1/4$ 并定义如下紧集

$$\Omega_{\hat{E}} = \left\{\hat{E}\,\middle|\,|\hat{E}| \leqslant \sqrt{\left(\frac{1}{2} + \iota_{2\mathrm{M}}^2 + \frac{\varphi_2^2}{\lambda_2}\right)\Big/\left(k_{h1} - \frac{1}{4}\right)}\right\}$$

$$\Omega_{\tilde{\varphi}_2} = \left\{\tilde{\varphi}_2\,\middle|\,|\tilde{\varphi}_2| \leqslant \sqrt{\left(\frac{1}{2} + \iota_{2\mathrm{M}}^2 + \frac{\varphi_2^2}{\lambda_2}\right)\Big/\left(\frac{1}{\lambda_2}\right)}\right\}$$

若 $\hat{E} \notin \Omega_{\hat{E}}$ 或 $\tilde{\varphi}_2 \notin \Omega_{\tilde{\varphi}_2}$，则 $\dot{W}_h < 0$，故闭环控制系统局部一致渐近稳定。误差 $\hat{E}$ 与 $\tilde{\varphi}_2$ 半全局一致最终有界，并最终分别收敛到紧集 $\Omega_{\hat{E}}$ 与 $\Omega_{\tilde{\varphi}_2}$ 内。通过选取充分大的 $k_{h1}$ 与足够小的 $\lambda_2$，紧集 $\Omega_{\hat{E}}$ 与 $\Omega_{\tilde{\varphi}_2}$ 可以变得任意小，则误差 $\hat{E}$ 与 $\tilde{\varphi}_2$ 也可以任意小。证毕。

由式(4.26)～式(4.31)可得

$$\hat{E} = \ddot{\hat{e}}_0 + 3\mu\dot{\hat{e}}_0 + 3\mu^2 e_0 + \mu^3\int_0^t e_0\,\mathrm{d}\tau$$
$$= E + (s_2 - s_4) + 3\mu(s_1 - s_3) - \int_0^t s_5\,\mathrm{d}\tau$$
$$= E + s_2 - 2s_4 + 3\mu(s_1 - s_3) \tag{4.46}$$

由式(4.46)进一步可得

$$|E| = |\hat{E} - [s_2 - 2s_4 + 3\mu(s_1 - s_3)]|$$
$$\leqslant |\hat{E}| + s_{2\mathrm{M}} + 2s_{4\mathrm{M}} + 3\mu(s_{1\mathrm{M}} + s_{3\mathrm{M}}) \tag{4.47}$$

因此，$e_0$ 与 $E$ 也均有界。从而，$\gamma$ 能够跟踪其参考输入 $\gamma_{\mathrm{d}}$。

至此，已经完成了控制律设计的全部过程，所设计的控制系统结构框图如图 4.1 所示。

**注 4.6**：与现有仿射控制方法不同，本节的控制律是基于 HFV 的非仿射模型设计的，因而具有更好的工程实用性与可靠性。

**注 4.7**：本节提出的非仿射自适应神经控制方法不再需要传统反演控制的复杂递推设

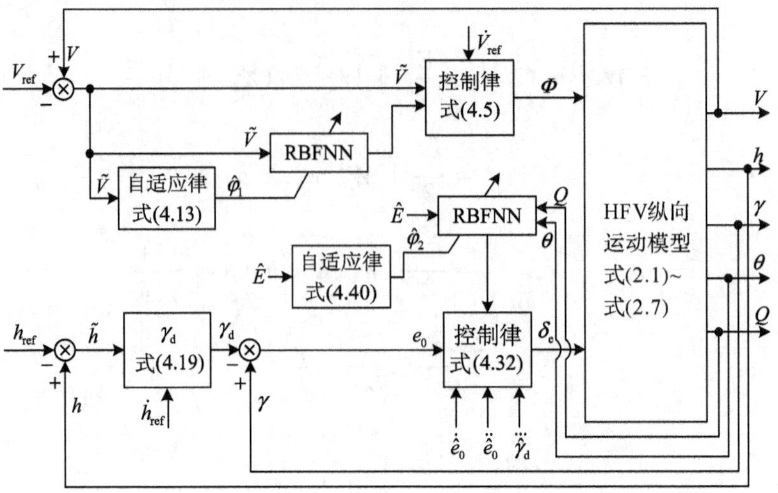


图 4.1　HFV 的非仿射自适应神经控制系统结构框图

计过程，同时也避免了“微分项膨胀”问题。与第 2 章以及文献[92－94，109，120]的反演控制方法相比，本节控制策略的系统结构更加简洁。

**注 4.8**：对于 HFV 模型的每一个子系统，仅需一个 RBFNN 与一个在线学习参数。因此，本节控制方法的计算量较文献[139，158]显著降低，算法的实时性得到较好保证。

**注 4.9**：若将 RBFNN 的输入向量取为 $\boldsymbol{X}_1=[V, \Phi]^{\mathrm{T}}$，$\boldsymbol{X}_2=[\boldsymbol{x}^{\mathrm{T}}, \delta_e]^{\mathrm{T}}$，则 $\Phi_1$ 与 $\delta_{e1}$ 将同时作为 RBFNN 的输入与输出，会出现两个“代数环”(见图 4.2)，将严重影响计算速度。本节将 $\boldsymbol{X}_1=[V, \Phi_0]^{\mathrm{T}}$ 与 $\boldsymbol{X}_2=[\boldsymbol{x}^{\mathrm{T}}, \delta_{e0}]^{\mathrm{T}}$ 作为 RBFNN 的输入向量，既能保证逼近效果，又避免了“代数环”的出现。

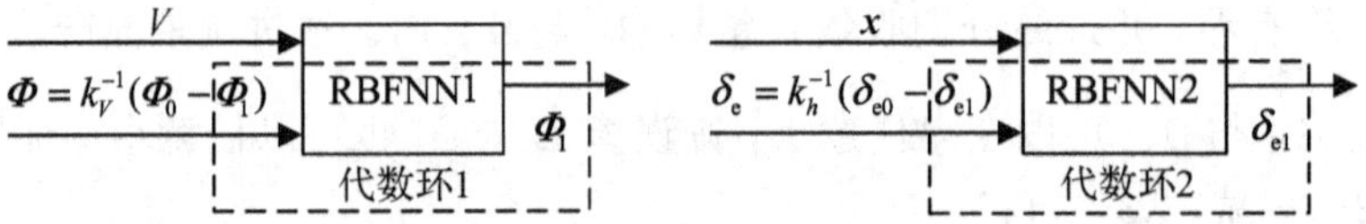


图 4.2　“代数环”示意图

**注 4.10**：所有设计参数的取值应综合考虑定理 4.1～定理 4.4 的分析结果与实际的控制效率来合理选取。

### 4.2.3　仿真与分析

以 HFV 的纵向运动模型(式(2.1)～式(2.7))为被控对象，进行速度与高度参考输入的跟踪仿真。仿真采用四阶 Runge-Kutta 法进行求解，仿真步长取为 0.01 s。速度与高度参考输入均由图 2.21 所示的二阶参考模型给出。仿真采用控制律式(4.5)、式(4.19)、式(4.32)与自适应律式(4.13)、式(4.40)。控制律设计参数取为：$k_V=0.9$，$k_{V1}=0.3$，$k_{V2}=0.8$，$k_\gamma=2$，$k_h=0.9$，$k_{h1}=50$，$\mu=7$。自适应律设计参数取为：$\lambda_1=\lambda_2=0.05$。FD 设计参数取为：$R=0.05$，$a_1=a_3=0.5$，$a_2=a_4=0.1$。二阶参考模型参数取为：$\varsigma_A=0.9$，$\omega_A=0.1$。仿真中，HFV 的初始状态取值见表 2.5。神经网络节点个数取为 $p_1=p_2=20$，中心点坐标向量 $\boldsymbol{c}_1$ 与 $\boldsymbol{c}_2$ 分别在[2500 m/s，3100 m/s]× [−0.1，1]与[−1°，1°]×[0°，5°]×

$[-5°/s, 5°/s]\times[0\ \text{rad}, 0.35\ \text{rad}]$内平均分布，宽度向量 $\boldsymbol{b}_1$ 的元素均取为 6.56，宽度向量 $\boldsymbol{b}_2$ 的元素均取为 0.01。分别在以下两种情景下进行仿真。

情景一：速度 $V$ 阶跃幅值为 200 m/s，高度 $h$ 阶跃幅值为 200 m。为了验证控制律的鲁棒性，假设 HFV 模型气动系数存在±40%的摄动量，定义

$$C = C_0[1+0.4\sin(0.1\pi t)] \tag{4.48}$$

式中，$C_0$ 表示 HFV 气动系数的标称值，$C$ 为仿真中 $C_0$ 的取值。

情景二：速度 $V$ 每 100 s 阶跃幅值为 150 m/s，高度参考输入选幅值为 200 m、周期为 200 s 的方波信号。同样假设 HFV 模型气动系数存在±40%的摄动量，并定义

$$C=\begin{cases} C_0 & 0\ \text{s} \leqslant t < 50\ \text{s} \\ C_0[1+0.4\sin(0.1\pi t)] & 50\ \text{s} \leqslant t < 100\ \text{s} \\ C_0 & 100\ \text{s} \leqslant t < 150\ \text{s} \\ C_0[1+0.4\sin(0.1\pi t)] & 150\ \text{s} \leqslant t < 200\ \text{s} \\ C_0 & 200\ \text{s} \leqslant t < 250\ \text{s} \\ C_0[1+0.4\sin(0.1\pi t)] & 250\ \text{s} \leqslant t \leqslant 300\ \text{s} \end{cases} \tag{4.49}$$

仿真中，将本节方法与文献[120]的传统反演控制方法进行对比，仿真结果如图 4.3 与图 4.4 所示。由图(a)～图(d)可见，当模型参数存在有界摄动时，本节方法的速度跟踪误差与高度跟踪误差比文献[120]方法更小，表现出对不确定性更强的鲁棒性。图(e)～图(i)表明，两种控制方法的姿态角与弹性状态响应均较平滑，无高频抖振现象。由图(j)与图(k)可见，两种控制方法的控制输入也都较平滑，但文献[120]方法的 $\delta_e$ 超过了其合理范围。图(l)为 $\varphi_1$ 与 $\varphi_2$ 的估计效果。

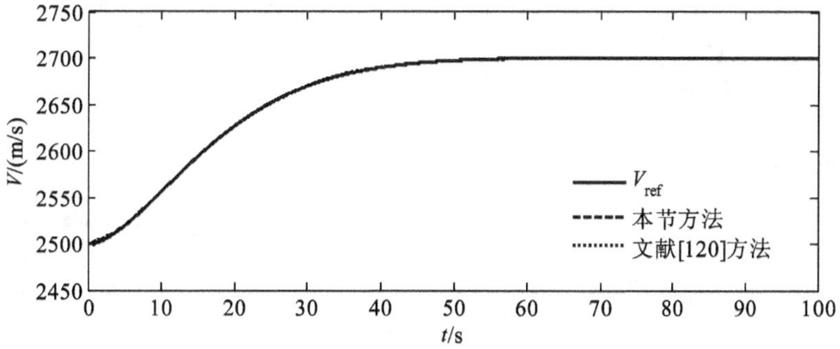


(a)　速度跟踪效果

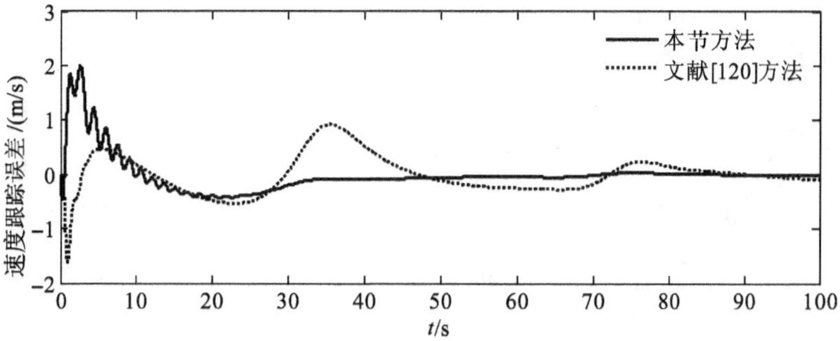


(b)　速度跟踪误差

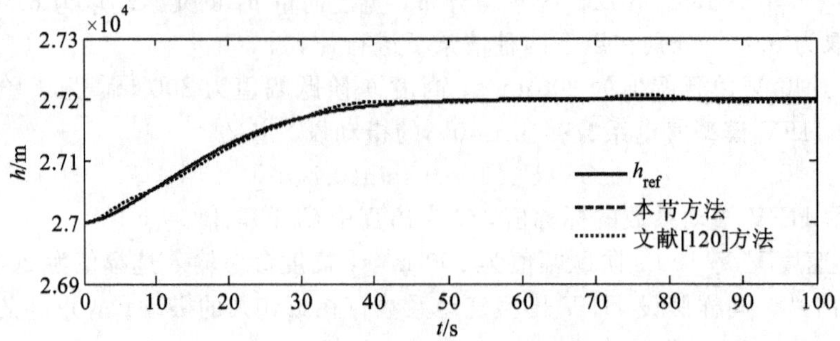


(c) 高度跟踪效果

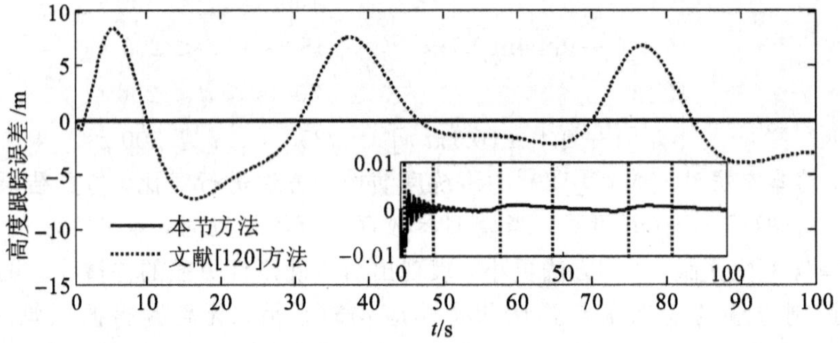


(d) 高度跟踪误差

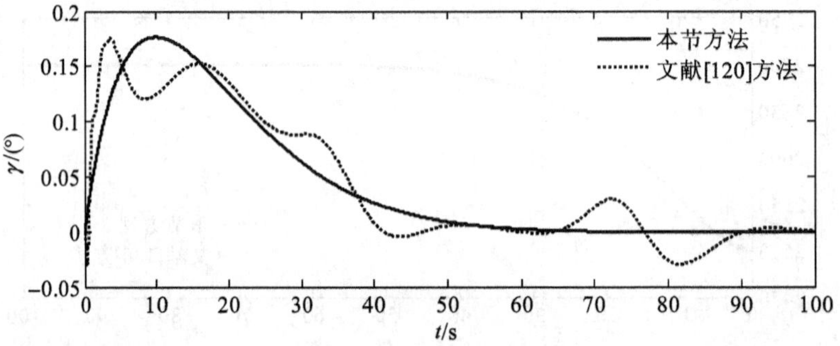


(e) 航迹角变化曲线

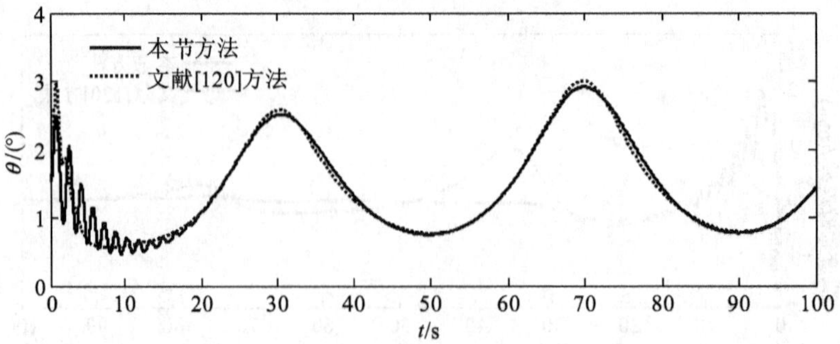


(f) 俯仰角变化曲线

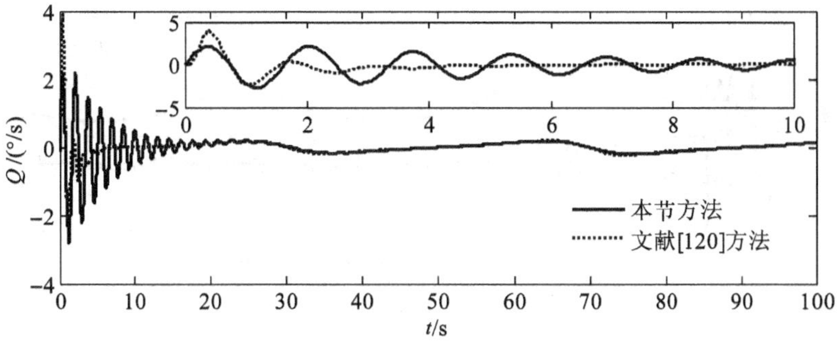


(g)　俯仰角速度变化曲线

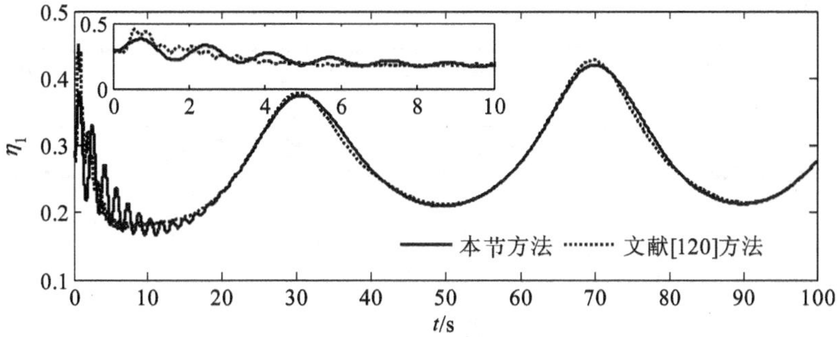


(h)　弹性状态 $\eta_1$ 变化曲线

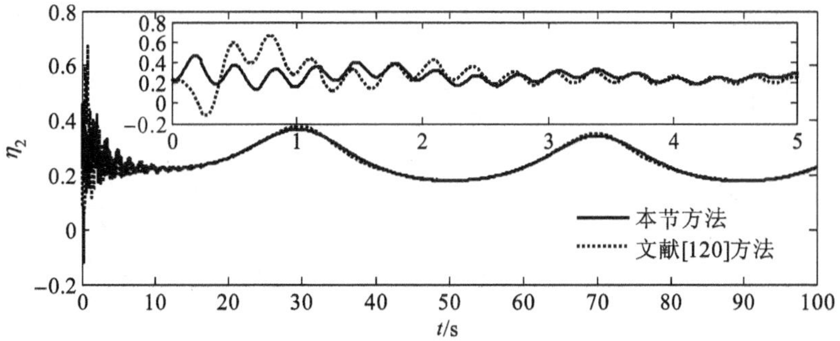


(i)　弹性状态 $\eta_2$ 变化曲线

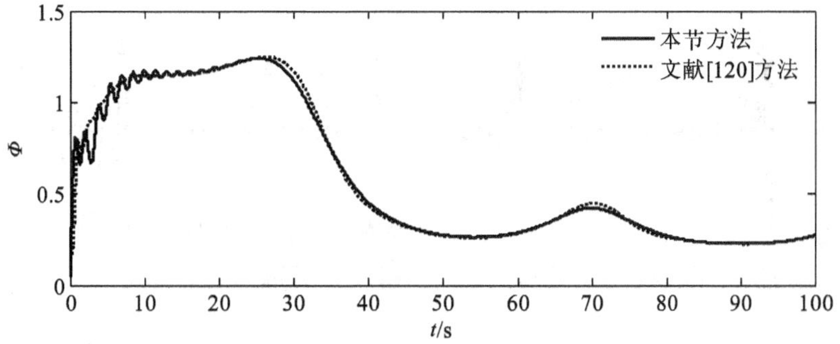


(j)　$\Phi$ 变化曲线

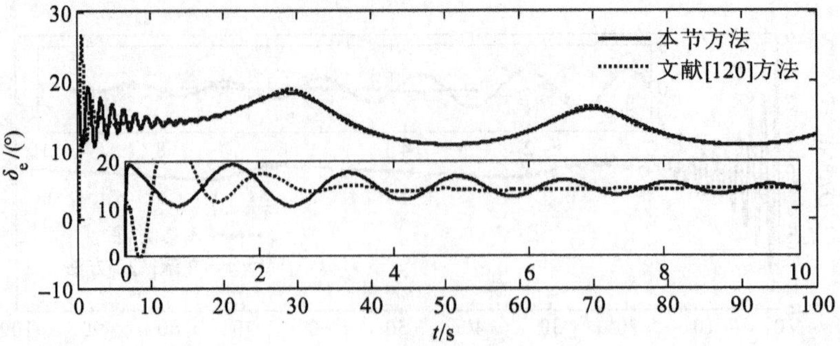


(k) $\delta_e$变化曲线

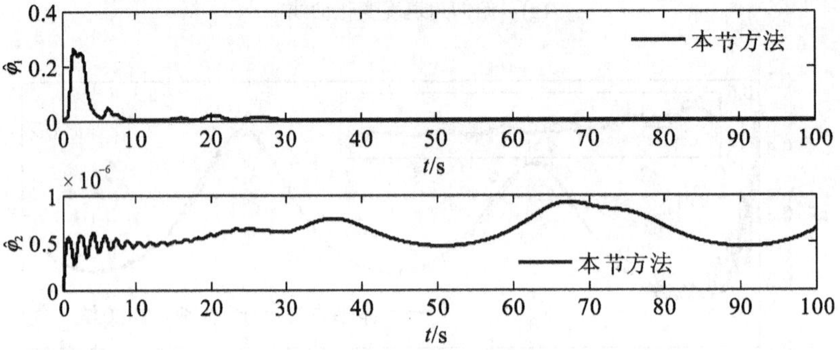


(l) $\hat{\varphi}_1$与$\hat{\varphi}_2$变化曲线

图 4.3 情景一仿真结果

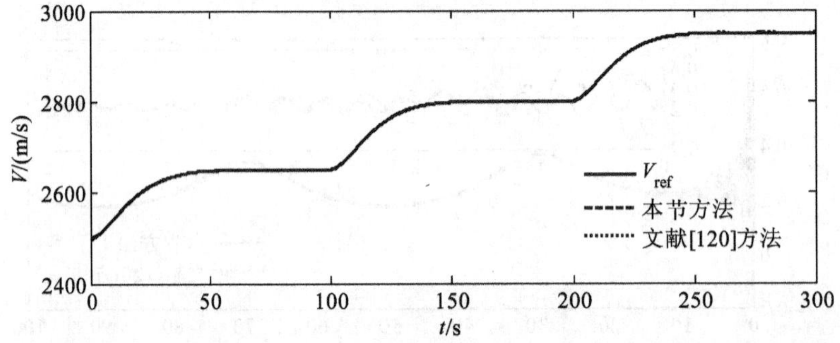


(a) 速度跟踪效果

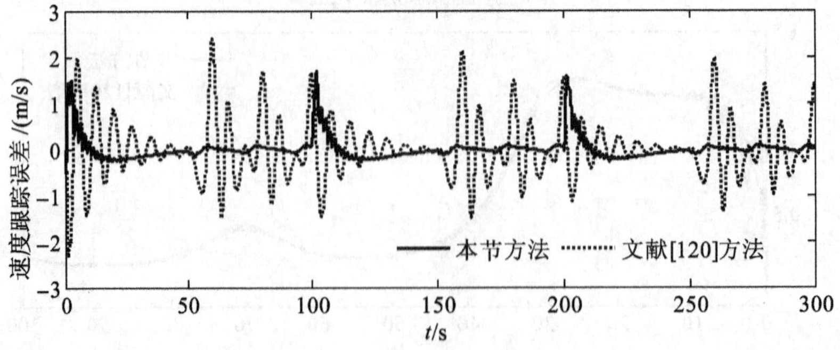


(b) 速度跟踪误差

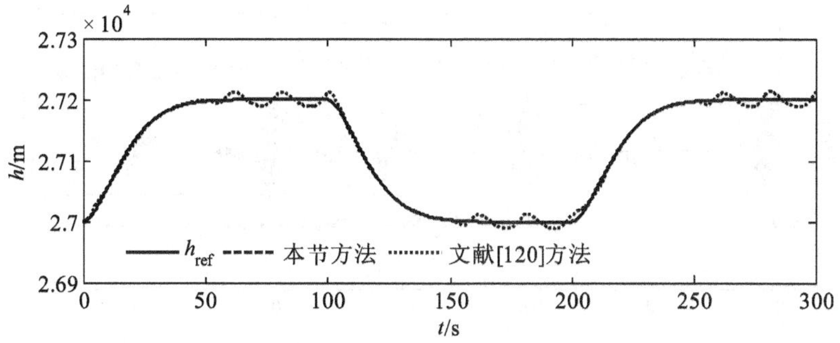


(c)　高度跟踪效果

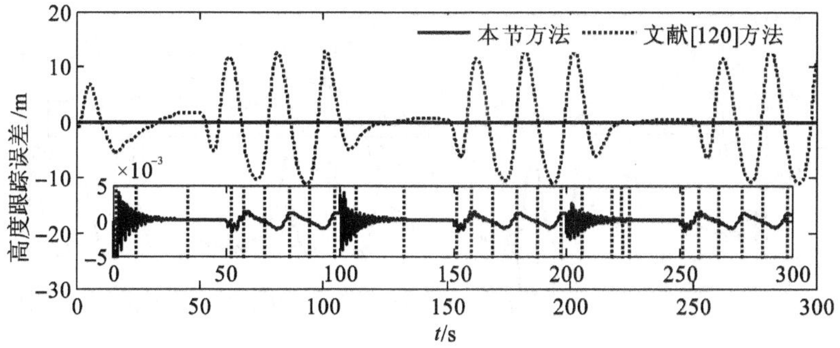


(d)　高度跟踪误差

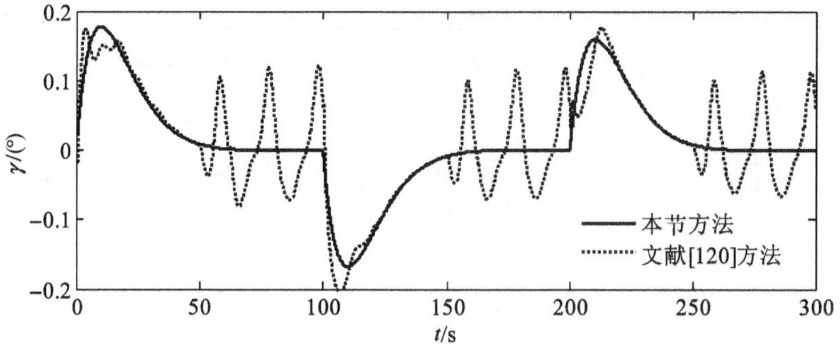


(e)　航迹角变化曲线

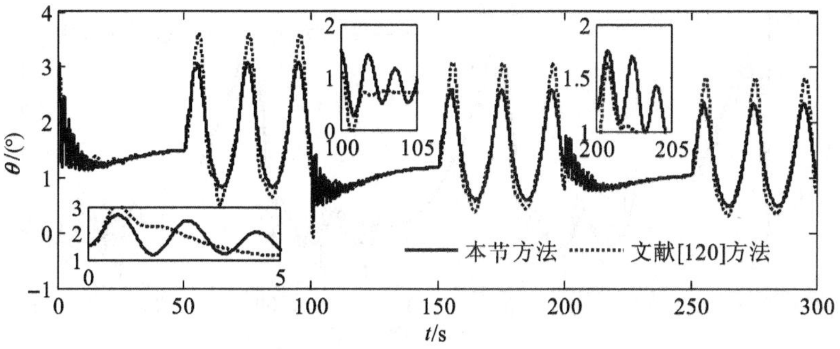


(f)　俯仰角变化曲线

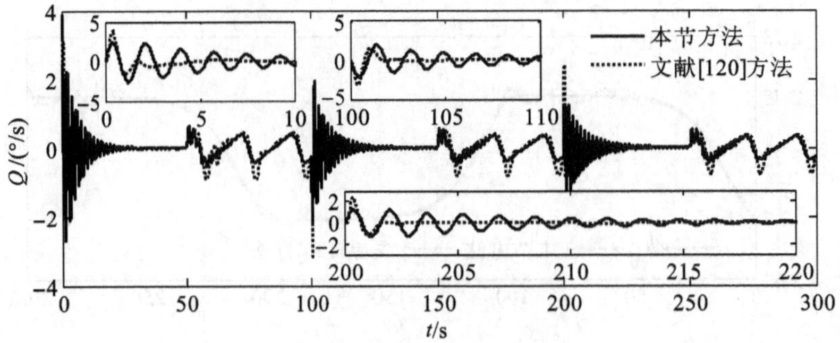


(g) 俯仰角速度变化曲线

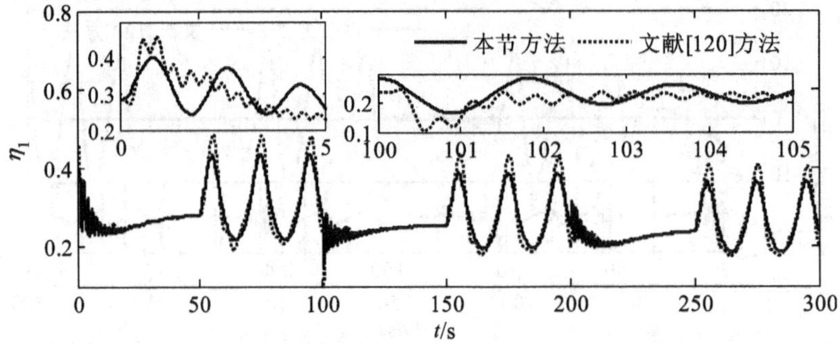


(h) 弹性状态 $\eta_1$ 变化曲线

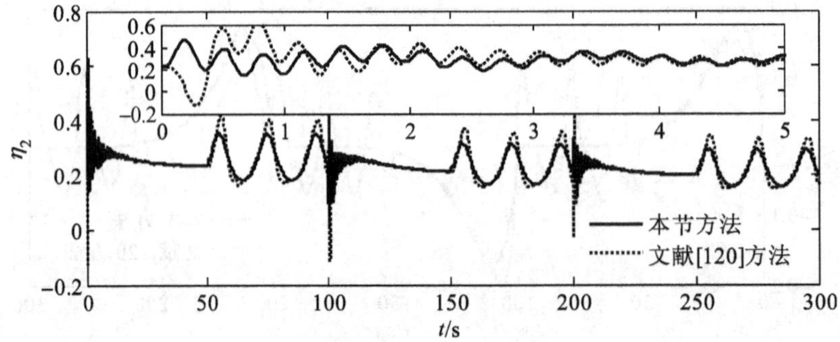


(i) 弹性状态 $\eta_2$ 变化曲线

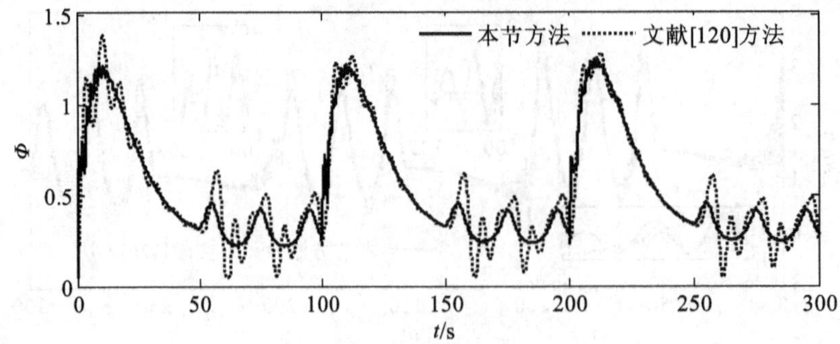


(j) $\Phi$ 变化曲线

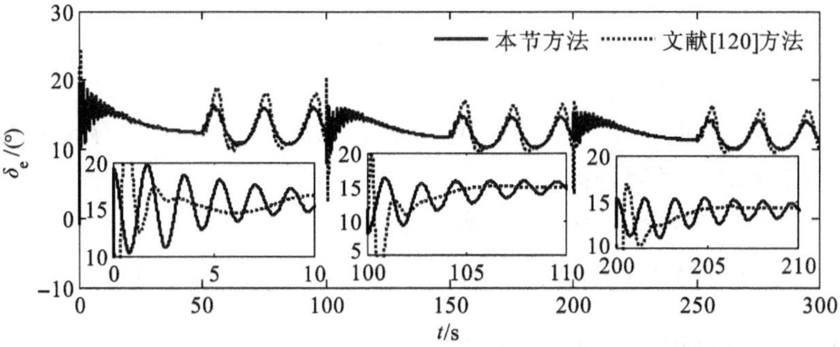


(k)　$\delta_e$变化曲线

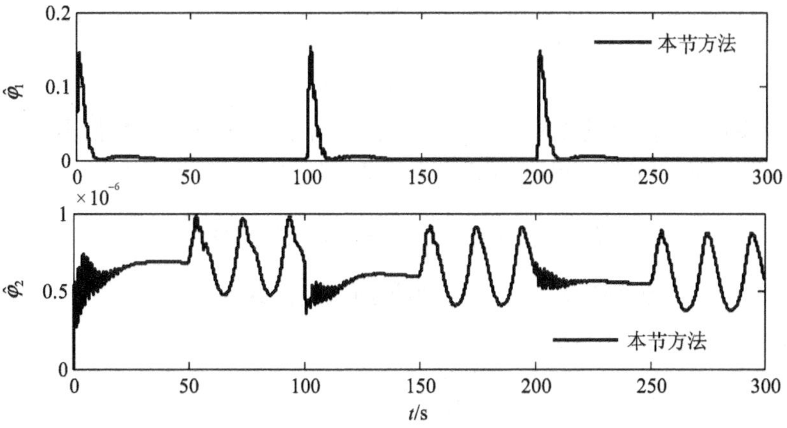


(l)　$\hat{\varphi}_1$与$\hat{\varphi}_2$变化曲线

图 4.4　情景二仿真结果

# 4.3　控制输入受限时控制律重设计

在 4.2 节，控制律设计过程并未考虑执行器饱和问题。由图 4.3(k)与图 4.4(k)可见，$\delta_e$ 几乎已经达到饱和状态，存在控制输入受限问题。当速度与高度在单位时间内阶跃更大幅值时，必然会出现执行器的饱和现象，此时，4.2 节的控制律就会有失效的风险。在工程实际中，为了保证 HFV 的飞行安全，还应给其控制输入的可执行范围留有一定余地。因此，控制输入的实际可执行范围要比表 2.1 中的理论取值范围还要更小。

本节在充分考虑控制输入受限问题的前提下，对 4.2 节的速度与高度控制律进行重新设计。通过设计两个新型辅助系统对跟踪误差与理想控制律进行补偿，最大限度地减弱甚至消除执行器饱和对控制效果的不利影响。

先给出如下引理与假设。

**引理 4.1**[164, 216]：考虑如下时变系统

$$\dot{x} = \Gamma(x), \quad x \in \Omega \subset \mathbf{R}^n \tag{4.50}$$

如果在 $\mathbf{R}^n$ 中下列条件成立：

(1) 存在一个无穷大的正定(或负定)函数 $P(x)$；

(2) $\mathrm{d}P(x)/\mathrm{d}t$ 为负(或为正)；

(3) 在一个原点(平衡点)附近充分小的邻域内，$\mathrm{d}P(x)/\mathrm{d}t=0$ 的解除了原点(平衡点)之外，不再包含其他任何整轨迹。

那么，系统(式(4.50))的零解是全局渐近稳定的。

**假设 4.3**[115]：参考输入 $V_{\mathrm{ref}}$ 与 $h_{\mathrm{ref}}$ 及其一阶导数 $\dot{V}_{\mathrm{ref}}$ 与 $\dot{h}_{\mathrm{ref}}$ 均有界。

### 4.3.1 速度控制律重设计与稳定性分析

将执行器 $\Phi$ 的饱和问题定义为

$$\Phi=\begin{cases}\Phi_{\max} & \Phi_{\mathrm{c}}>\Phi_{\max}\\ \Phi_{\mathrm{c}} & \Phi_{\min}\leqslant\Phi_{\mathrm{c}}\leqslant\Phi_{\max}\\ \Phi_{\min} & \Phi_{\mathrm{c}}<\Phi_{\min}\end{cases}\tag{4.51}$$

式中：$\Phi_{\mathrm{c}}$ 为待设计的理想控制律，$\Phi_{\min}$ 与 $\Phi_{\max}$ 分别为 $\Phi$ 可执行范围的最小值与最大值。

考虑到 $\Phi$ 存在饱和问题，设计如下新型辅助系统

$$\dot{\chi}_V=-\kappa_V\frac{\chi_V}{|\chi_V|+\delta_V}+k_V(\Phi-\Phi_{\mathrm{c}})\tag{4.52}$$

式中：$\kappa_V$，$\delta_V$，$k_V\in\mathbf{R}^+$ 为待设计参数；$\chi_V$ 为辅助系统的状态变量。

将跟踪误差 $\tilde{V}$(式(4.3))修正为

$$z_V=\tilde{V}-\chi_V\tag{4.53}$$

对式(4.53)求时间的一阶导数并将式(4.4)与式(4.52)代入可得

$$\begin{aligned}\dot{z}_V&=\dot{\tilde{V}}-\dot{\chi}_V\\&=k_V\Phi+F_V(V,\Phi)-\dot{V}_{\mathrm{ref}}-\left[-\kappa_V\frac{\chi_V}{|\chi_V|+\delta_V}+k_V(\Phi-\Phi_{\mathrm{c}})\right]\\&=k_V\Phi_{\mathrm{c}}+F_V(V,\Phi)-\dot{V}_{\mathrm{ref}}+\kappa_V\frac{\chi_V}{|\chi_V|+\delta_V}\end{aligned}\tag{4.54}$$

将理想控制律 $\Phi_{\mathrm{c}}$ 设计为

$$\Phi_{\mathrm{c}}=k_V^{-1}(\Phi_0-\Phi_1)\tag{4.55}$$

式中：$\Phi_0=-k_{V1}z_V-k_{V2}\int_0^t z_V\mathrm{d}\tau+\dot{V}_{\mathrm{ref}}-\dfrac{\kappa_V\chi_V}{|\chi_V|+\delta_V}$；$k_{V1}$，$k_{V2}\in\mathbf{R}^+$ 为待设计参数。

将 $\Phi_1$(式(4.12))修正为

$$\Phi_1=\frac{1}{2}z_V\hat{\varphi}_1\boldsymbol{h}_1^{\mathrm{T}}(\boldsymbol{X}_1)\boldsymbol{h}_1(\boldsymbol{X}_1)\tag{4.56}$$

将 $\hat{\varphi}_1$ 的自适应律(式(4.13))修正为

$$\dot{\hat{\varphi}}_1=\frac{\lambda_1}{2}z_V^2\boldsymbol{h}_1^{\mathrm{T}}(\boldsymbol{X}_1)\boldsymbol{h}_1(\boldsymbol{X}_1)-2\hat{\varphi}_1\tag{4.57}$$

式中：$\lambda_1\in\mathbf{R}^+$ 为待设计参数。

下面进行稳定性分析。

**定理 4.5**：针对 HFV 的速度子系统(式(4.1))，在假设 4.3 的前提下，若采用控制律式(4.55)与自适应律式(4.57)，则闭环控制系统局部一致渐近稳定。

**证明**：将式(4.11)、式(4.55)与式(4.56)代入式(4.54)可得

$$\begin{aligned}\dot{z}_V &= \Phi_0 - \Phi_1 + \boldsymbol{W}_1^{*\mathrm{T}} \boldsymbol{h}_1(\boldsymbol{X}_1) + \iota_1 - \dot{V}_{\mathrm{ref}} + \kappa_V \frac{\chi_V}{|\chi_V| + \delta_V} \\ &= -k_{V1} z_V - k_{V2} \int_0^t z_V \mathrm{d}\tau - \frac{1}{2} z_V \hat{\varphi}_1 \boldsymbol{h}_1^{\mathrm{T}}(\boldsymbol{X}_1) \boldsymbol{h}_1(\boldsymbol{X}_1) + \boldsymbol{W}_1^{*\mathrm{T}} \boldsymbol{h}_1(\boldsymbol{X}_1) + \iota_1 \end{aligned} \tag{4.58}$$

选取如下 Lyapunov 函数

$$W_V = \frac{1}{2} z_V^2 + \frac{1}{2} k_{V2} \left(\int_0^t z_V \mathrm{d}\tau\right)^2 + \frac{\tilde{\varphi}_1^2}{2\lambda_1} \tag{4.59}$$

式中：$\tilde{\varphi}_1 = \hat{\varphi}_1 - \varphi_1$。

对式(4.59)求时间的一阶导数并将式(4.57)与式(4.58)代入可得

$$\begin{aligned}\dot{W}_V &= z_V \dot{z}_V + k_{V2} z_V \int_0^t z_V \mathrm{d}\tau + \frac{\tilde{\varphi}_1 \dot{\hat{\varphi}}_1}{\lambda_1} \\ &= z_V \left[ -k_{V1} z_V - k_{V2} \int_0^t z_V \mathrm{d}\tau - \frac{1}{2} z_V \hat{\varphi}_1 \boldsymbol{h}_1^{\mathrm{T}}(\boldsymbol{X}_1) \boldsymbol{h}_1(\boldsymbol{X}_1) + \boldsymbol{W}_1^{*\mathrm{T}} \boldsymbol{h}_1(\boldsymbol{X}_1) + \iota_1 \right] \\ &\quad + k_{V2} z_V \int_0^t z_V \mathrm{d}\tau + \frac{\tilde{\varphi}_1}{\lambda_1} \left[ \frac{\lambda_1}{2} z_V^2 \boldsymbol{h}_1^{\mathrm{T}}(\boldsymbol{X}_1) \boldsymbol{h}_1(\boldsymbol{X}_1) - 2\hat{\varphi}_1 \right] \\ &= -k_{V1} z_V^2 - \frac{1}{2} z_V^2 \varphi_1 \boldsymbol{h}_1^{\mathrm{T}}(\boldsymbol{X}_1) \boldsymbol{h}_1(\boldsymbol{X}_1) + z_V \boldsymbol{W}_1^{*\mathrm{T}} \boldsymbol{h}_1(\boldsymbol{X}_1) + z_V \iota_1 - \frac{2\tilde{\varphi}_1 \hat{\varphi}_1}{\lambda_1} \end{aligned} \tag{4.60}$$

由于

$$z_V \iota_1 \leqslant \frac{z_V^2}{4} + \iota_{1\mathrm{M}}^2$$

$$2\tilde{\varphi}_1 \hat{\varphi}_1 \geqslant \tilde{\varphi}_1^2 - \varphi_1^2$$

$$\begin{aligned} z_V \boldsymbol{W}_1^{*\mathrm{T}} \boldsymbol{h}_1(\boldsymbol{X}_1) &\leqslant \frac{z_V^2}{2} \| \boldsymbol{W}_1^{*\mathrm{T}} \boldsymbol{h}_1(\boldsymbol{X}_1) \|^2 + \frac{1}{2} \\ &= \frac{z_V^2}{2} \| \boldsymbol{W}_1^{*} \|^2 \| \boldsymbol{h}_1(\boldsymbol{X}_1) \|^2 + \frac{1}{2} \\ &= \frac{z_V^2}{2} \varphi_1 \boldsymbol{h}_1^{\mathrm{T}}(\boldsymbol{X}_1) \boldsymbol{h}_1(\boldsymbol{X}_1) + \frac{1}{2} \end{aligned}$$

式(4.17)变为

$$\dot{W}_V \leqslant -\left(k_{V1} - \frac{1}{4}\right) z_V^2 - \frac{\tilde{\varphi}_1^2}{\lambda_1} + \frac{1}{2} + \iota_{1\mathrm{M}}^2 + \frac{\varphi_1^2}{\lambda_1} \tag{4.61}$$

令 $k_{V1} > 1/4$ 并定义如下紧集

$$\Omega_{z_V} = \left\{ z_V \,\middle|\, |z_V| \leqslant \sqrt{\left(\frac{1}{2} + \iota_{1\mathrm{M}}^2 + \frac{\varphi_1^2}{\lambda_1}\right) \Big/ \left(k_{V1} - \frac{1}{4}\right)} \right\}$$

$$\Omega_{\tilde{\varphi}_1} = \left\{ \tilde{\varphi}_1 \,\middle|\, |\tilde{\varphi}_1| \leqslant \sqrt{\left(\frac{1}{2} + \iota_{1\mathrm{M}}^2 + \frac{\varphi_1^2}{\lambda_1}\right) \Big/ \left(\frac{1}{\lambda_1}\right)} \right\}$$

若 $z_V \notin \Omega_{z_V}$ 或 $\tilde{\varphi}_1 \notin \Omega_{\tilde{\varphi}_1}$，则 $\dot{W}_V < 0$，故闭环控制系统局部一致渐近稳定。误差 $z_V$ 与 $\tilde{\varphi}_1$

半全局一致最终有界，并最终分别收敛到紧集 $\Omega_{z_V}$ 与 $\Omega_{\tilde{\varphi}_1}$ 内。通过选取足够大的 $k_{V1}$ 与充分小的 $\lambda_1$，紧集 $\Omega_{z_V}$ 与 $\Omega_{\tilde{\varphi}_1}$ 可以任意小，则误差 $z_V$ 与 $\tilde{\varphi}_1$ 也可以任意小。证毕。

定理 4.5 仅证明了闭环控制系统的稳定性，仅能保证修正误差 $z_V$ 有界，并不能确保速度跟踪误差 $\tilde{V}$ 有界，控制任务仍有失败的风险。为了证明 $\tilde{V}$ 有界，进一步给出定理 4.6。

**定理 4.6**：当执行器处于瞬时饱和时，辅助系统状态变量 $\chi_V$ 与速度跟踪误差 $\tilde{V}$ 均有界。

**证明**：定理 4.5 已证明 $z_V$ 与 $\tilde{\varphi}_1$ 有界，又因为 $|\kappa_V\chi_V/(|\chi_V|+\delta_V)|<\kappa_V$ 亦有界，再结合假设 4.1 可知，必存在非负有界常数 $B^{\Phi}$ 使得 $|\Phi-\Phi_c|\leqslant B^{\Phi}$。

选取如下 Lyapunov 函数

$$\dot{W}_{\mathrm{I}}=\frac{1}{2}\chi_V^2 \tag{4.62}$$

对式(4.62)求时间的一阶导数并将式(4.52)代入可得

$$\begin{aligned}\dot{W}_{\mathrm{I}}&=\chi_V\dot{\chi}_V\\&=-\kappa_V\frac{\chi_V^2}{|\chi_V|+\delta_V}+k_V\chi_V(\Phi-\Phi_c)\\&\leqslant-\kappa_V\frac{|\chi_V||\chi_V|}{|\chi_V|+\delta_V}+k_V|\chi_V|B^{\Phi}\\&=-\left(\kappa_V\frac{|\chi_V|}{|\chi_V|+\delta_V}-k_VB^{\Phi}\right)|\chi_V|\end{aligned} \tag{4.63}$$

若 $\kappa_V>\kappa_V\dfrac{|\chi_V|}{|\chi_V|+\delta_V}>k_VB^{\Phi}$，则 $\dot{W}_{\mathrm{I}}<0$，故闭环系统全局一致渐近稳定，$\chi_V$ 全局一致最终有界。又因为 $\tilde{V}=z_V+\chi_V$，所以 $\tilde{V}$ 亦有界。因此，当执行器处于瞬时饱和时，不仅闭环控制系统稳定，速度跟踪误差依然有界。证毕。

### 4.3.2 高度控制律重设计与稳定性分析

将执行器 $\delta_e$ 的饱和问题定义为

$$\delta_e=\begin{cases}\delta_{\mathrm{emax}} & \delta_{\mathrm{ec}}>\delta_{\mathrm{emax}}\\ \delta_{\mathrm{ec}} & \delta_{\mathrm{emin}}\leqslant\delta_{\mathrm{ec}}\leqslant\delta_{\mathrm{emax}}\\ \delta_{\mathrm{emin}} & \delta_{\mathrm{ec}}<\delta_{\mathrm{emin}}\end{cases} \tag{4.64}$$

式中：$\delta_{\mathrm{ec}}$ 为待设计的理想控制律，$\delta_{\mathrm{emin}}$ 与 $\delta_{\mathrm{emax}}$ 分别为 $\delta_e$ 可执行范围的最小值与最大值。

为了处理 $\delta_e$ 的饱和问题，设计如下新型辅助系统

$$\begin{cases}\dot{\chi}_{h1}=\chi_{h2}\\ \dot{\chi}_{h2}=\chi_{h3}\\ \dot{\chi}_{h3}=-\kappa_{h1}\dfrac{\chi_{h1}}{|\chi_{h1}|+\delta_{h1}}-\kappa_{h2}\dfrac{\chi_{h2}}{|\chi_{h2}|+\delta_{h2}}-\kappa_{h3}\dfrac{\chi_{h3}}{|\chi_{h3}|+\delta_{h3}}+k_h(\delta_e-\delta_{\mathrm{ec}})\end{cases} \tag{4.65}$$

式中：$\chi_{h1}$，$\chi_{h2}$，$\chi_{h3}\in\mathbf{R}$ 为辅助系统的状态变量；$\kappa_{h1}$，$\kappa_{h2}$，$\kappa_{h3}$，$\delta_{h1}$，$\delta_{h2}$，$\delta_{h3}$，$k_h\in\mathbf{R}^+$ 为待设计参数。

将航迹角跟踪误差 $e_0$ 与误差函数 $E$ 修正为

$$\begin{cases} z_0 = e_0 - \chi_{h1} \\ z_h = \left(\dfrac{\mathrm{d}}{\mathrm{d}t} + \mu\right)^3 \displaystyle\int_0^t z_0(\tau)\mathrm{d}\tau \end{cases} \tag{4.66}$$

式中：$\mu \in \mathbf{R}^+$ 为待设计参数，则一旦 $z_h$ 有界，$z_0$ 必有界。

$z_0$ 对时间的前三阶导数为

$$\begin{cases} \dot{z}_0 = \dot{e}_0 - \dot{\chi}_{h1} = z_2 - \dot{\gamma}_{\mathrm{d}} - \chi_{h2} \\ \ddot{z}_0 = \dot{z}_2 - \ddot{\gamma}_{\mathrm{d}} - \dot{\chi}_{h2} = z_3 - \ddot{\gamma}_{\mathrm{d}} - \chi_{h3} \\ \dddot{z}_0 = \dot{z}_3 - \dddot{\gamma}_{\mathrm{d}} - \dot{\chi}_{h3} = k_h\delta_{\mathrm{e}} + F_h(\boldsymbol{x}, \delta_{\mathrm{e}}) - \dddot{\gamma}_{\mathrm{d}} \\ \qquad - \left[-\kappa_{h1}\dfrac{\chi_{h1}}{|\chi_{h1}| + \delta_{h1}} - \kappa_{h2}\dfrac{\chi_{h2}}{|\chi_{h2}| + \delta_{h2}} - \kappa_{h3}\dfrac{\chi_{h3}}{|\chi_{h3}| + \delta_{h3}} + k_h(\delta_{\mathrm{e}} - \delta_{\mathrm{ec}})\right] \\ \qquad = k_h\delta_{\mathrm{ec}} + F_h(\boldsymbol{x}, \delta_{\mathrm{e}}) - \dddot{\gamma}_{\mathrm{d}} + \kappa_{h1}\dfrac{\chi_{h1}}{|\chi_{h1}| + \delta_{h1}} + \kappa_{h2}\dfrac{\chi_{h2}}{|\chi_{h2}| + \delta_{h2}} + \kappa_{h3}\dfrac{\chi_{h3}}{|\chi_{h3}| + \delta_{h3}} \end{cases} \tag{4.67}$$

进一步，$z_h$ 对时间的一阶导数为

$$\begin{aligned} \dot{z}_h &= \dddot{z}_0 + 3\mu\ddot{z}_0 + 3\mu^2\dot{z}_0 + \mu^3 z_0 \\ &= k_h\delta_{\mathrm{ec}} + F_h(\boldsymbol{x}, \delta_{\mathrm{e}}) - \dddot{\gamma}_{\mathrm{d}} + \kappa_{h1}\frac{\chi_{h1}}{|\chi_{h1}| + \delta_{h1}} + \kappa_{h2}\frac{\chi_{h2}}{|\chi_{h2}| + \delta_{h2}} \\ &\quad + \kappa_{h3}\frac{\chi_{h3}}{|\chi_{h3}| + \delta_{h3}} + 3\mu\ddot{z}_0 + 3\mu^2\dot{z}_0 + \mu^3 z_0 \end{aligned} \tag{4.68}$$

同样，采用 FD(取 $n=4$)对 $z_2$ 与 $z_3$ 以及 $\gamma_{\mathrm{d}}$ 的前三阶导数进行估计，其估计值分别用 $\hat{z}_2$、$\hat{z}_3$、$\hat{\dot{\gamma}}_{\mathrm{d}}$、$\hat{\ddot{\gamma}}_{\mathrm{d}}$ 与 $\hat{\dddot{\gamma}}_{\mathrm{d}}$ 表示。

将式(4.67)与式(4.68)中的未知变量 $z_2$、$z_3$、$\dot{\gamma}_{\mathrm{d}}$、$\ddot{\gamma}_{\mathrm{d}}$ 与 $\dddot{\gamma}_{\mathrm{d}}$ 替换为其估计值，有

$$\begin{cases} \hat{\dot{z}}_0 = \hat{z}_2 - \hat{\dot{\gamma}}_{\mathrm{d}} - \chi_{h2} \\ \hat{\ddot{z}}_0 = \hat{z}_3 - \hat{\ddot{\gamma}}_{\mathrm{d}} - \chi_{h3} \\ \hat{\dddot{z}}_0 = k_h\delta_{\mathrm{ec}} + F_h(\boldsymbol{x}, \delta_{\mathrm{e}}) - \hat{\dddot{\gamma}}_{\mathrm{d}} + \kappa_{h1}\dfrac{\chi_{h1}}{|\chi_{h1}| + \delta_{h1}} + \kappa_{h2}\dfrac{\chi_{h2}}{|\chi_{h2}| + \delta_{h2}} \\ \qquad + \kappa_{h3}\dfrac{\chi_{h3}}{|\chi_{h3}| + \delta_{h3}} \end{cases} \tag{4.69}$$

$$\begin{aligned} \hat{\dot{z}}_h &= k_h\delta_{\mathrm{ec}} + F_h(\boldsymbol{x}, \delta_{\mathrm{e}}) - \hat{\dddot{\gamma}}_{\mathrm{d}} + \kappa_{h1}\frac{\chi_{h1}}{|\chi_{h1}| + \delta_{h1}} + \kappa_{h2}\frac{\chi_{h2}}{|\chi_{h2}| + \delta_{h2}} \\ &\quad + \kappa_{h3}\frac{\chi_{h3}}{|\chi_{h3}| + \delta_{h3}} + 3\mu\hat{\ddot{z}}_0 + 3\mu^2\hat{\dot{z}}_0 + \mu^3 z_0 \end{aligned} \tag{4.70}$$

将理想控制律 $\delta_{\mathrm{ec}}$ 设计为

$$\delta_{\mathrm{ec}} = k_h^{-1}(\delta_{\mathrm{e0}} - \delta_{\mathrm{e1}}) \tag{4.71}$$

式中：$k_h \in \mathbf{R}^+$ 为待设计参数，$\delta_{\mathrm{e0}}$ 取为

$$\begin{aligned} \delta_{\mathrm{e0}} &= -k_{h1}\hat{z}_h + \hat{\dddot{\gamma}}_{\mathrm{d}} - 3\mu\hat{\ddot{z}}_0 - 3\mu^2\hat{\dot{z}}_0 - \mu^3 z_0 \\ &\quad - \kappa_{h1}\frac{\chi_{h1}}{|\chi_{h1}| + \delta_{h1}} - \kappa_{h2}\frac{\chi_{h2}}{|\chi_{h2}| + \delta_{h2}} - \kappa_{h3}\frac{\chi_{h3}}{|\chi_{h3}| + \delta_{h3}} \end{aligned}$$

式中：$k_{h1} \in \mathbf{R}^+$ 为待设计参数。

将 $\delta_{e1}$ 设计为

$$\delta_{e1}=\frac{1}{2}\hat{z}_h\hat{\varphi}_2\boldsymbol{h}_2^{\mathrm{T}}(\boldsymbol{X}_2)\boldsymbol{h}_2(\boldsymbol{X}_2) \tag{4.72}$$

$\hat{\varphi}_2$ 的自适应律为

$$\dot{\hat{\varphi}}_2=\frac{\lambda_2}{2}\hat{z}_h^2\boldsymbol{h}_2^{\mathrm{T}}(\boldsymbol{X}_2)\boldsymbol{h}_2(\boldsymbol{X}_2)-2\hat{\varphi}_2 \tag{4.73}$$

式中：$\lambda_2\in\mathbf{R}^+$ 为待设计参数。

下面进行稳定性分析。

**定理 4.7**：针对 HFV 的高度子系统(式(4.24))，在假设 4.3 的前提下，若采用控制律式(4.71)与自适应律式(4.73)，则闭环控制系统局部一致渐近稳定。

**证明**：将式(4.38)、式(4.71)～式(4.73)代入式(4.70)可得

$$\begin{aligned}\dot{\hat{z}}_h&=\delta_{e0}-\delta_{e1}+\boldsymbol{W}_2^{*\mathrm{T}}\boldsymbol{h}_2(\boldsymbol{X}_2)+\iota_2-\dddot{\bar{\gamma}}_d+\kappa_{h1}\frac{\chi_{h1}}{|\chi_{h1}|+\delta_{h1}}\\&\quad+\kappa_{h2}\frac{\chi_{h2}}{|\chi_{h2}|+\delta_{h2}}+\kappa_{h3}\frac{\chi_{h3}}{|\chi_{h3}|+\delta_{h3}}+3\mu\ddot{\hat{z}}_0+3\mu^2\dot{\hat{z}}_0+\mu^3z_0\\&=-k_{h1}\hat{z}_h-\frac{1}{2}\hat{z}_h\hat{\varphi}_2\boldsymbol{h}_2^{\mathrm{T}}(\boldsymbol{X}_2)\boldsymbol{h}_2(\boldsymbol{X}_2)+\boldsymbol{W}_2^{*\mathrm{T}}\boldsymbol{h}_2(\boldsymbol{X}_2)+\iota_2\end{aligned} \tag{4.74}$$

选取如下 Lyapunov 函数

$$W_h=\frac{\hat{z}_h^2}{2}+\frac{\tilde{\varphi}_2^2}{2\lambda_2} \tag{4.75}$$

式中：$\tilde{\varphi}_2=\hat{\varphi}_2-\varphi_2$。

对式(4.75)求时间的一阶导数并将式(4.73)与式(4.74)代入可得

$$\begin{aligned}\dot{W}_h&=\hat{z}_h\dot{\hat{z}}_h+\frac{\tilde{\varphi}_2\dot{\hat{\varphi}}_2}{\lambda_2}=\frac{\tilde{\varphi}_2}{\lambda_2}\left[\frac{\lambda_2}{2}\hat{z}_h^2\boldsymbol{h}_2^{\mathrm{T}}(\boldsymbol{X}_2)\boldsymbol{h}_2(\boldsymbol{X}_2)-2\hat{\varphi}_2\right]\\&\quad+\hat{z}_h\left[-k_{h1}\hat{z}_h-\frac{1}{2}\hat{z}_h\hat{\varphi}_2\boldsymbol{h}_2^{\mathrm{T}}(\boldsymbol{X}_2)\boldsymbol{h}_2(\boldsymbol{X}_2)+\boldsymbol{W}_2^{*\mathrm{T}}\boldsymbol{h}_2(\boldsymbol{X}_2)+\iota_2\right]\\&=-k_{h1}\hat{z}_h^2-\frac{1}{2}\hat{z}_h^2\varphi_2\boldsymbol{h}_2^{\mathrm{T}}(\boldsymbol{X}_2)\boldsymbol{h}_2(\boldsymbol{X}_2)+\hat{z}_h\boldsymbol{W}_2^{*\mathrm{T}}\boldsymbol{h}_2(\boldsymbol{X}_2)+\iota_2\hat{z}_h-\frac{2\tilde{\varphi}_2\hat{\varphi}_2}{\lambda_2}\end{aligned} \tag{4.76}$$

由于

$$\frac{2\tilde{\varphi}_2\hat{\varphi}_2}{\lambda_2}\geqslant\frac{\tilde{\varphi}_2^2}{\lambda_2}-\frac{\varphi_2^2}{\lambda_2}$$

$$\hat{z}_h\iota_2\leqslant|\hat{z}_h\iota_2|\leqslant\frac{\hat{z}_h^2}{4}+\iota_{2M}^2$$

$$\begin{aligned}\hat{z}_h\boldsymbol{W}_2^{*\mathrm{T}}\boldsymbol{h}_2(\boldsymbol{X}_2)&\leqslant\frac{\hat{z}_h^2}{2}\|\boldsymbol{W}_2^{*\mathrm{T}}\boldsymbol{h}_2(\boldsymbol{X}_2)\|^2+\frac{1}{2}\\&=\frac{\hat{z}_h^2}{2}\|\boldsymbol{W}_2^*\|^2\|\boldsymbol{h}_2(\boldsymbol{X}_2)\|^2+\frac{1}{2}\\&=\frac{\hat{z}_h^2}{2}\varphi_2\boldsymbol{h}_2^{\mathrm{T}}(\boldsymbol{X}_2)\boldsymbol{h}_2(\boldsymbol{X}_2)+\frac{1}{2}\end{aligned}$$

式(4.76)变为

$$\dot{W}_h \leqslant -\left(k_{h1}-\frac{1}{4}\right)\hat{z}_h^2-\frac{\tilde{\varphi}_2^2}{\lambda_2}+\frac{1}{2}+\iota_{2M}^2+\frac{\varphi_2^2}{\lambda_2} \tag{4.77}$$

令 $k_{h1}>1/4$ 并定义如下紧集

$$\Omega_{\hat{z}_h}=\left\{\hat{z}_h \,\middle|\, |\hat{z}_h| \leqslant \sqrt{\left(\frac{1}{2}+\iota_{2M}^2+\frac{\varphi_2^2}{\lambda_2}\right)\Big/\left(k_{h1}-\frac{1}{4}\right)}\right\}$$

$$\Omega_{\tilde{\varphi}_2}=\left\{\tilde{\varphi}_2 \,\middle|\, |\tilde{\varphi}_2| \leqslant \sqrt{\left(\frac{1}{2}+\iota_{2M}^2+\frac{\varphi_2^2}{\lambda_2}\right)\Big/\left(\frac{1}{\lambda_2}\right)}\right\}$$

若 $\hat{z}_h \notin \Omega_{\hat{z}_h}$ 或 $\tilde{\varphi}_2 \notin \Omega_{\tilde{\varphi}_2}$，则 $\dot{W}_h<0$，故闭环控制系统局部一致渐近稳定。误差 $\hat{z}_h$ 与 $\tilde{\varphi}_2$ 半全局一致最终有界，并最终分别收敛到紧集 $\Omega_{\hat{z}_h}$ 与 $\Omega_{\tilde{\varphi}_2}$ 内。通过选取充分大的 $k_{h1}$ 与足够小的 $\lambda_2$，紧集 $\Omega_{\hat{z}_h}$ 与 $\Omega_{\tilde{\varphi}_2}$ 可以变得任意小，则误差 $\hat{z}_h$ 与 $\tilde{\varphi}_2$ 也可以任意小。证毕。

由式(4.66)～式(4.70)可得

$$\begin{aligned}\hat{z}_h &= \ddot{\hat{z}}_0+3\mu\dot{\hat{z}}_0+3\mu^2 z_0+\mu^3\int_0^t z_0\,\mathrm{d}\tau \\ &= z_h+(s_2-s_4)+3\mu(s_1-s_3)-\int_0^t s_5\,\mathrm{d}\tau \\ &= z_h+s_2-2s_4+3\mu(s_1-s_3)\end{aligned} \tag{4.78}$$

由式(4.78)进一步可得

$$\begin{aligned}|z_h| &= |\hat{z}_h-[s_2-2s_4+3\mu(s_1-s_3)]| \\ &\leqslant |\hat{z}_h|+s_{2M}+2s_{4M}+3\mu(s_{1M}+s_{3M})\end{aligned} \tag{4.79}$$

因此，$z_h$ 与 $z_0$ 也都有界。

定理 4.7 仅能保证闭环控制系统的稳定性。下面，进一步证明执行器饱和时跟踪误差的有界性。

**定理 4.8**：当执行器处于瞬时饱和时，辅助系统状态变量 $\chi_{h1}$、$\chi_{h2}$、$\chi_{h3}$ 与航迹角跟踪误差 $e_0$ 均有界。

**证明**：定理 4.7 已证明 $\hat{z}_h$、$z_h$、$z_0$ 与 $\tilde{\varphi}_2$ 均有界。对于 $\delta_{e0}$ 中的多项式 $-3\mu\ddot{\hat{z}}_0-3\mu^2\dot{\hat{z}}_0-\mu^3 z_0$，根据式(4.66)～式(4.70)可得

$$\begin{aligned}-3\mu\ddot{\hat{z}}_0-3\mu^2\dot{\hat{z}}_0-\mu^3 z_0 &= -3\mu(\ddot{z}_0+s_2-s_4)-3\mu^2(\dot{z}_0+s_1-s_3)-\mu^3 z_0 \\ &\leqslant -3\mu\ddot{z}_0-3\mu^2\dot{z}_0-\mu^3 z_0+3\mu(s_{2M}+s_{4M}) \\ &\quad +3\mu^2(s_{1M}+s_{3M})\end{aligned} \tag{4.80}$$

由于多项式 $-3\mu\ddot{z}_0-3\mu^2\dot{z}_0-\mu^3 z_0$ 的特征根 $-\mu/2\pm(\sqrt{3}\mu/6)\mathrm{j}$ 均有负实部，故该多项式是 Hurwitz 的，必有界。

又因为 $\left|-\frac{\kappa_{h1}\chi_{h1}}{|\chi_{h1}|+\delta_{h1}}-\frac{\kappa_{h2}\chi_{h2}}{|\chi_{h2}|+\delta_{h2}}-\frac{\kappa_{h3}\chi_{h3}}{|\chi_{h3}|+\delta_{h3}}\right|<\kappa_{h1}+\kappa_{h2}+\kappa_{h3}$ 也有界，故必存在非负有界常数 $B^{\delta_e}$ 使得 $|\delta_e-\delta_{ec}|\leqslant B^{\delta_e}$。

在平衡点 $\left(\frac{k_h(\delta_e-\delta_{ec})\delta_{h1}}{\kappa_{h1}-k_h(\delta_e-\delta_{ec})},0,0\right)$ 附近一个充分小的邻域内，必存在 $0\leqslant\chi_{h1}\leqslant\chi_{h2}$，$\chi_{h3}\geqslant 0$，使得如下 Lyapunov 函数正定

$$W_{\mathrm{II}}=\kappa_{h2}\int_{0}^{\chi_{h1}}\frac{\tau_1}{|\tau_1|+\delta_{h1}}\mathrm{d}\tau_1+\kappa_{h2}\int_{\chi_{h1}}^{\chi_{h2}}\frac{\tau_2}{|\tau_2|+\delta_{h2}}\mathrm{d}\tau_2+\frac{\chi_{h3}^2}{2} \tag{4.81}$$

对式(4.81)求时间的一阶导数并将式(4.65)代入可得

$$\begin{aligned}
\dot{W}_{\mathrm{II}}&=\kappa_{h2}\frac{\chi_{h1}}{|\chi_{h1}|+\delta_{h1}}\dot{\chi}_{h1}+\left(\kappa_{h2}\frac{\chi_{h2}}{|\chi_{h2}|+\delta_{h2}}\dot{\chi}_{h2}-\kappa_{h2}\frac{\chi_{h1}}{|\chi_{h1}|+\delta_{h1}}\dot{\chi}_{h1}\right)+\chi_{h3}\dot{\chi}_{h3}\\
&=\left[-\kappa_{h1}\frac{\chi_{h1}\chi_{h3}}{|\chi_{h1}|+\delta_{h1}}-\kappa_{h2}\frac{\chi_{h2}\chi_{h3}}{|\chi_{h2}|+\delta_{h2}}-\kappa_{h3}\frac{\chi_{h3}^2}{|\chi_{h3}|+\delta_{h3}}+k_h(\delta_e-\delta_{ec})\chi_{h3}\right]\\
&\quad+\kappa_{h2}\frac{\chi_{h2}\chi_{h3}}{|\chi_{h2}|+\delta_{h2}}\\
&\leqslant-\kappa_{h1}\frac{\chi_{h1}\chi_{h3}}{|\chi_{h1}|+\delta_{h1}}-\kappa_{h3}\frac{\chi_{h3}^2}{|\chi_{h3}|+\delta_{h3}}+k_hB^{\delta_e}|\chi_{h3}|\\
&\leqslant-\left(\kappa_{h1}\frac{\chi_{h1}}{|\chi_{h1}|+\delta_{h1}}+\kappa_{h3}\frac{\chi_{h3}}{|\chi_{h3}|+\delta_{h3}}-k_hB^{\delta_e}\right)|\chi_{h3}|
\end{aligned} \tag{4.82}$$

若 $\kappa_{h1}>\dfrac{\kappa_{h1}\chi_{h1}}{|\chi_{h1}|+\delta_{h1}}>k_hB^{\delta_e}$ 或 $\kappa_{h3}>\dfrac{\kappa_{h3}\chi_{h3}}{|\chi_{h3}|+\delta_{h3}}>k_hB^{\delta_e}$，则 $\dot{W}_{\mathrm{II}}<0$，当且仅当 $\chi_{h3}=0$ 时，$\dot{W}_{\mathrm{II}}=0$。由式(4.65)可知，当 $\dot{W}_{\mathrm{II}}=0$ 时，若 $\chi_2\neq0$，$\chi_1\neq\dfrac{k_h(\delta_e-\delta_{ec})\delta_{h1}}{\kappa_{h1}-k_h(\delta_e-\delta_{ec})}$，则 $\dot{\chi}_3$ 不恒为零。亦即，当 $\chi_2\neq0$，$\chi_1\neq\dfrac{k_h(\delta_e-\delta_{ec})\delta_{h1}}{(\kappa_{h1}-k_h(\delta_e-\delta_{ec}))}$时，$\chi_{h3}=0$ 是不稳定的。因此，$\dot{W}_{\mathrm{II}}=0$ 的解除了平衡点之外，不再包含其他任何整轨迹。此外，当 $\chi_1\to\infty$，$\chi_2\to\infty$，$\chi_3\to\infty$时，$W_{\mathrm{II}}\to\infty$。则根据引理 4.1，闭环系统是全局渐近稳定的，辅助系统的状态变量全局最终有界。又因为 $e_0=z_0+\chi_{h1}$，所以 $e_0$ 亦有界。证毕。

至此，已完成了控制律的重设计与稳定性分析过程，所设计的控制系统结构框图如图 4.5 所示。

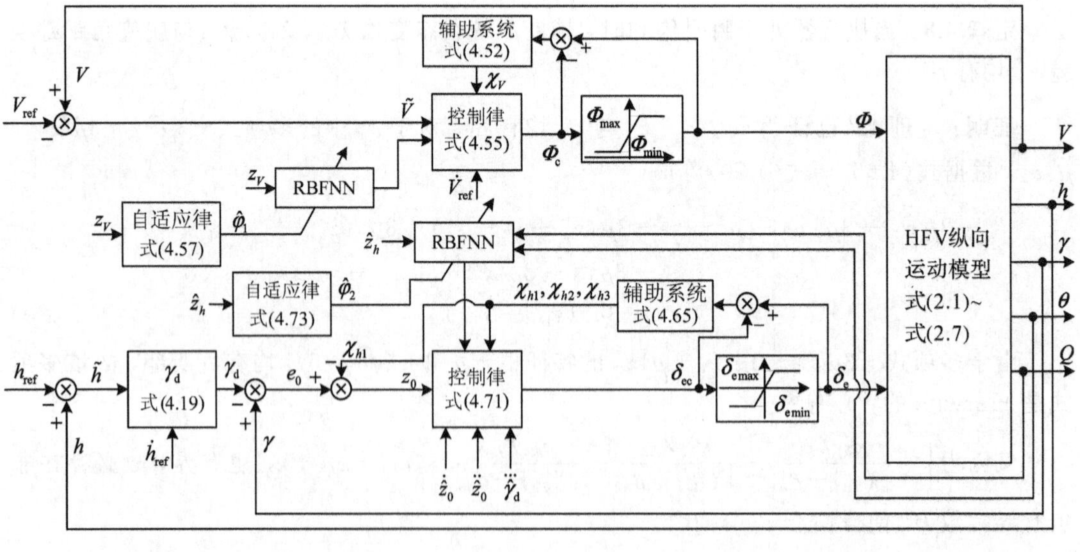


图 4.5　考虑控制输入受限时 HFV 的非仿射自适应神经控制系统结构框图

**注 4.11**：引理 4.1 仅要求正定（负定）函数 $P(x)$ 的存在性，并不要求其任意性，即存在一个 $P(x)$ 满足引理 4.1 的三个条件即可。因此，在定理 4.8 的证明过程中，假设 $0\leqslant\chi_{h1}\leqslant\chi_{h2}$，$\chi_{h3}>0$ 的做法是合理的。

**注 4.12**：定理 4.6 与定理 4.8 表明，速度跟踪误差 $\tilde{V}$ 与航迹角跟踪误差 $e_0$ 依然有界，进而有 $\gamma\to\gamma_d$，$h\to h_{ref}$。因此，本节所提出的新型辅助系统可以有效地处理控制输入受限问题，当执行器瞬时饱和时，不仅闭环系统稳定，而且跟踪误差有界，从而能够保证速度与高度对各自参考输入的有界跟踪。

**注 4.13**：第 2 章与文献[159]的补偿策略仅能处理一阶系统的控制输入受限问题，而本节提出的新型辅助系统（式(4.65)）则可以处理三阶系统的控制输入受限问题。同时，本节方法对于处理更高阶次系统的控制输入受限问题也具有一定的参考借鉴意义。

**注 4.14**：在仿真过程中，相关设计参数的取值应综合考虑定理 4.5～定理 4.8 的分析结果与实际的控制效果来合理选取。

### 4.3.3　仿真与分析

为了验证所设计的控制律与辅助系统的有效性，以 HFV 的纵向运动模型（式(2.1)～式(2.7)）为被控对象，进行速度与高度参考输入的跟踪仿真。辅助系统的设计参数取为：$\kappa_V=\kappa_{h2}=\kappa_{h3}=1$，$\delta_V=\delta_{h1}=\delta_{h2}=\delta_{h3}=0.1$，$\kappa_{h1}=0.5$。其他设计参数的取值和仿真条件与 4.2.3 节完全相同。分别在以下两种情景下进行仿真。

情景一：仿真情形与条件同 4.2.3 节的情景一，考虑如下三种仿真情况。

**Case 1**：将控制输入 $\Phi$ 与 $\delta_e$ 的可执行范围取为 $\Phi\in[0.05, 1.1]$，$\delta_e\in[-18°, 18°]$，不采用所设计的辅助系统对理想控制律与跟踪误差进行补偿；

**Case 2**：将控制输入 $\Phi$ 与 $\delta_e$ 的可执行范围取为 $\Phi\in[0.05, 1.1]$，$\delta_e\in[-18°, 18°]$，并采用所设计的辅助系统对理想控制律与跟踪误差进行补偿；

**Case 3**：不对控制输入 $\Phi$ 与 $\delta_e$ 的可执行范围进行限制，并采用所设计的辅助系统对理想控制律与跟踪误差进行补偿。

Case 1 的仿真结果如图 4.6 所示。当执行器的可执行范围受到限制时，4.2 节所设计的控制律完全失效，闭环控制系统不再稳定，速度 $V$ 与高度 $h$ 也都无法稳定地跟踪各自的参考输入。Case 2 与 Case 3 的仿真结果如图 4.7 所示。当采用所设计的新型辅助系统对跟踪误差与理想控制律进行补偿时，即便控制输入 $\Phi$ 与 $\delta_e$ 均达到饱和状态，闭环控制系统仍稳定。与不考虑控制输入受限时的控制效果相比，虽然速度跟踪误差与高度跟踪误差有所增大，但仍有界（见图 4.7(a)～(d)）。并且，一旦 $\Phi$ 与 $\delta_e$ 恢复为非饱和状态，速度跟踪误差与高度跟踪误差便会迅速收敛到很小的数值。图 4.7(e)～(k)表明，飞行姿态角、弹性状态与控制输入都无高频抖振现象。图 4.7(l)与(m)为 $\varphi_1$ 与 $\varphi_2$ 的估计效果。由图 4.7(j)、(k)、(n)～(q)可见，当 $\Phi$ 与 $\delta_e$ 达到饱和状态时，辅助系统的状态变量 $\chi_V$、$\chi_{h1}$、$\chi_{h2}$ 与 $\chi_{h3}$ 均能及时响应，并对跟踪误差与理想控制律提供及时补偿；当 $\Phi$ 与 $\delta_e$ 恢复为非饱和状态时，$\chi_V$、$\chi_{h1}$、$\chi_{h2}$ 与 $\chi_{h3}$ 又能及时收敛到零。以上仿真结果表明，本节所设计的新型辅助系统可以有效处理控制输入受限问题，当执行器处于瞬时饱和时，不仅闭环控制系统稳定，而且速度跟踪误差与高度跟踪误差均有界。

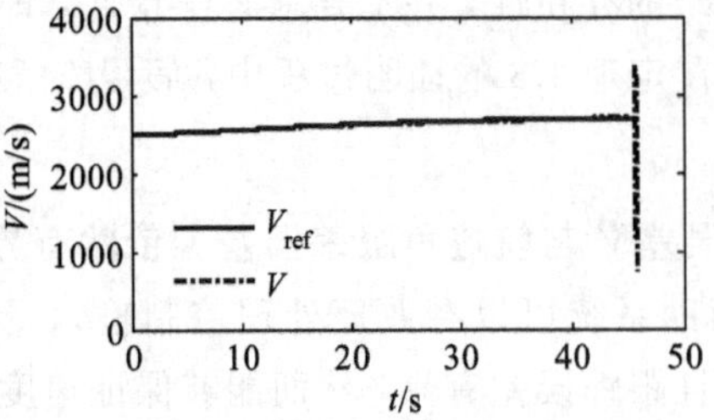


(a) 速度跟踪效果

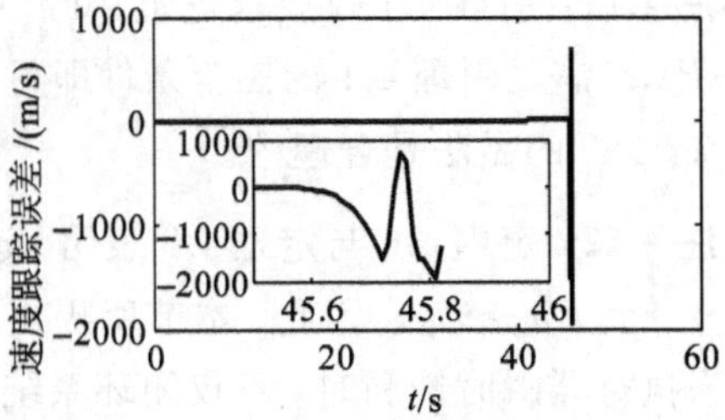


(b) 速度跟踪误差

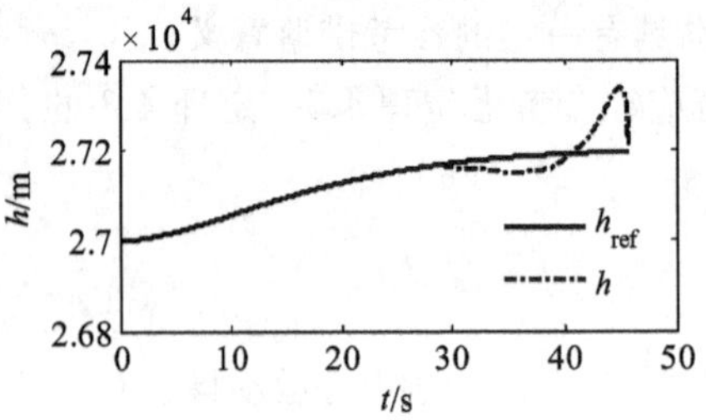


(c) 高度跟踪效果

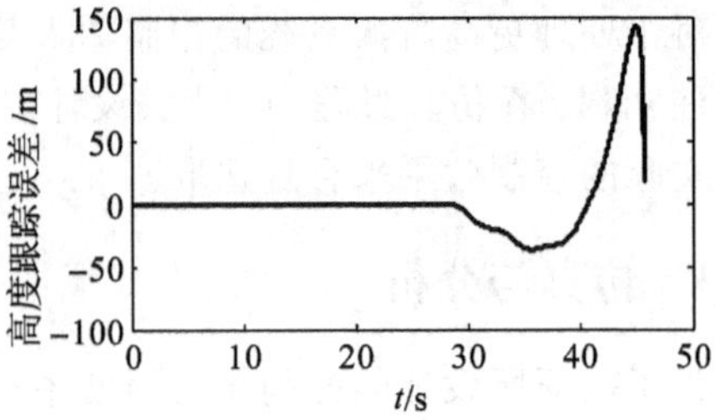


(d) 高度跟踪误差

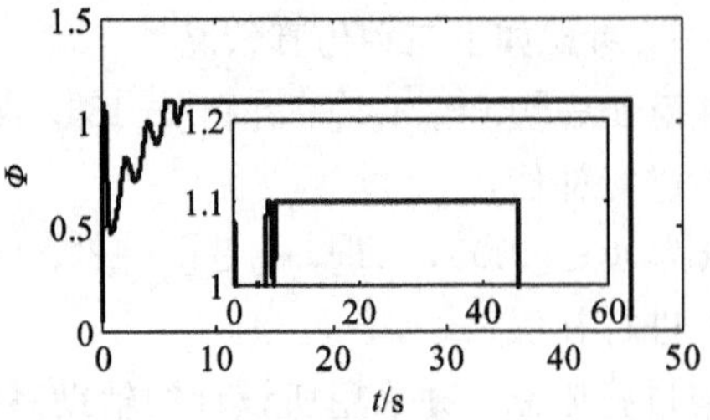


(e) $\Phi$ 变化曲线

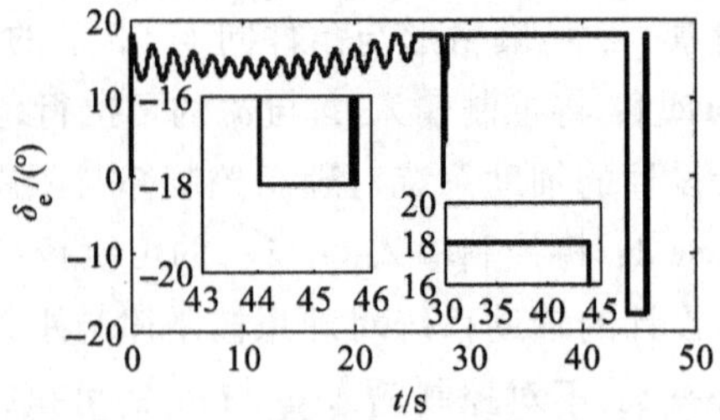


(f) $\delta_e$ 变化曲线

图 4.6 Case 1 仿真结果

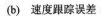

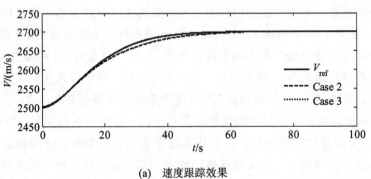

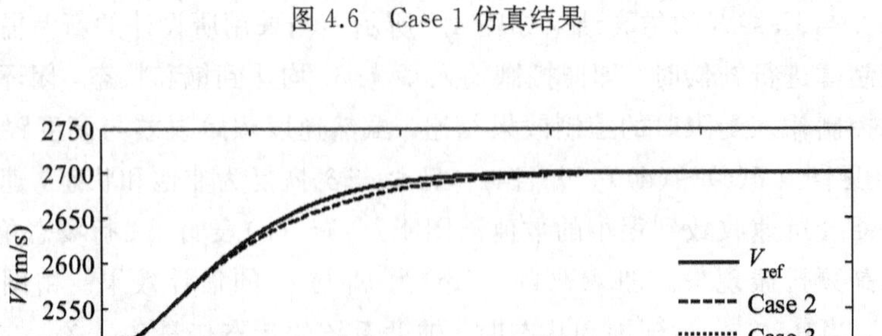


(a) 速度跟踪效果

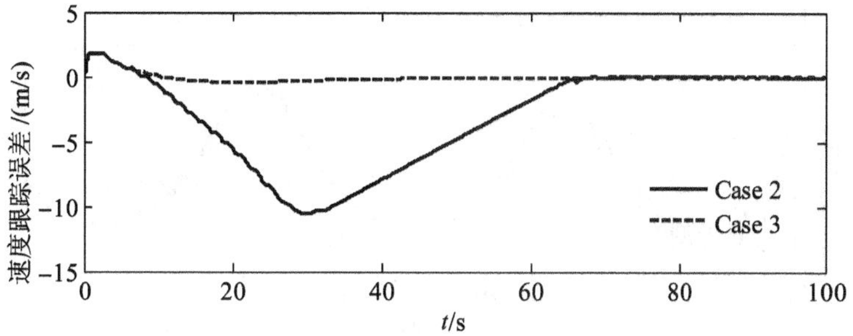


(b)　速度跟踪误差

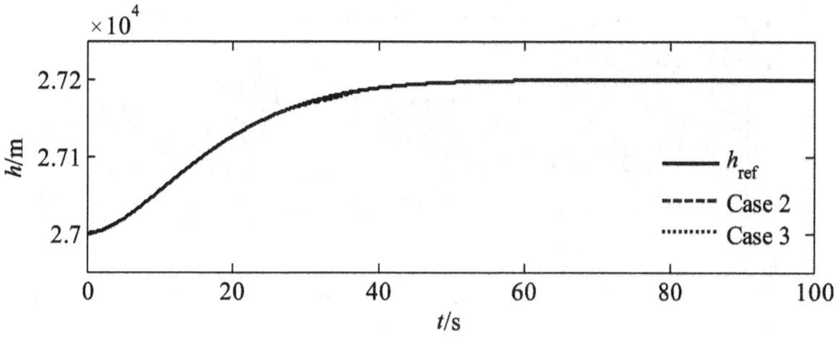


(c)　高度跟踪效果

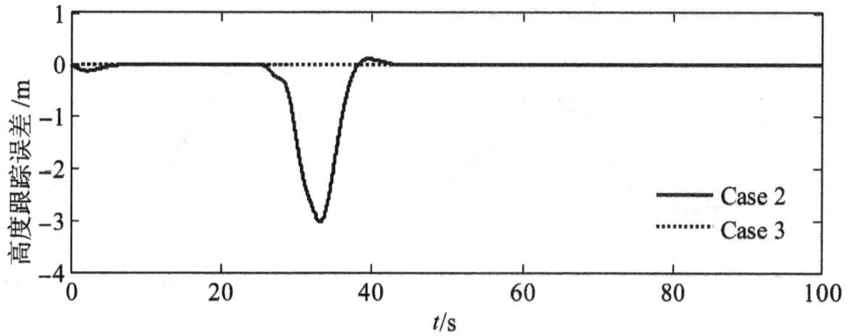


(d)　高度跟踪误差

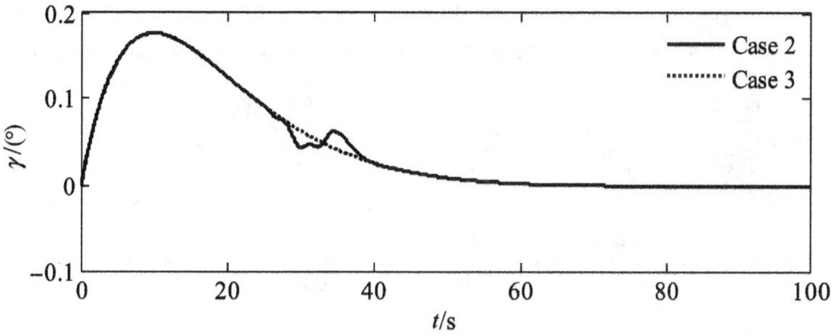


(e)　航迹角变化曲线

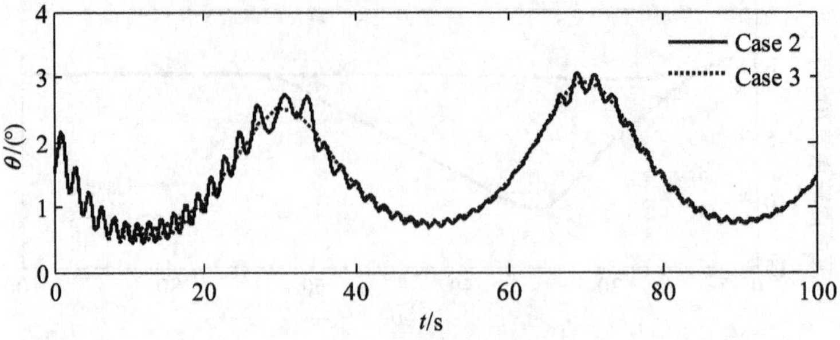


(f) 俯仰角变化曲线

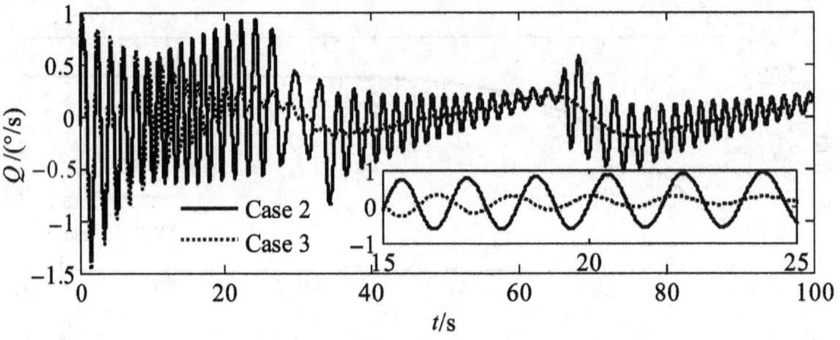


(g) 俯仰角速度变化曲线

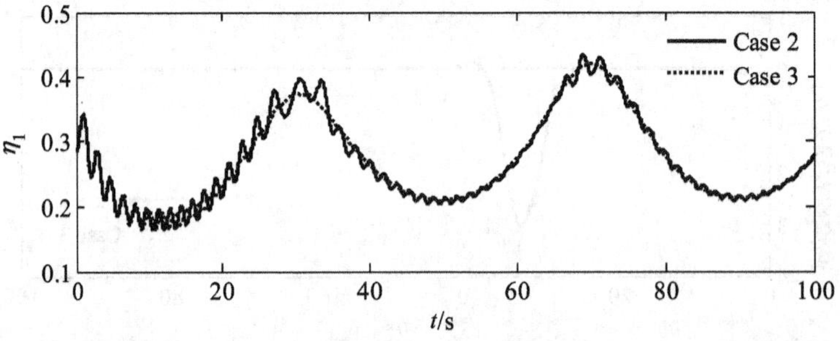


(h) 弹性状态 $\eta_1$ 变化曲线

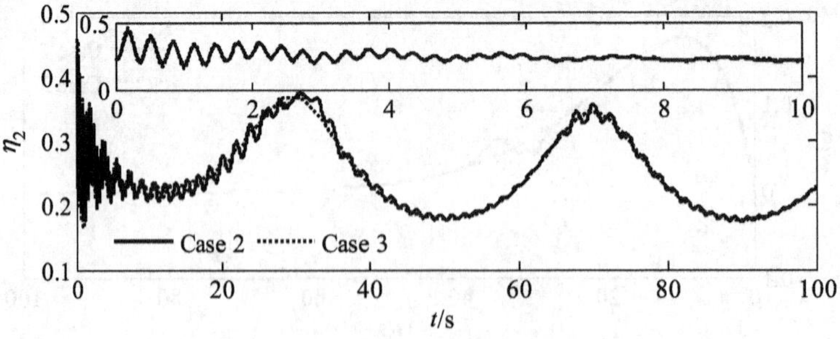


(i) 弹性状态 $\eta_2$ 变化曲线

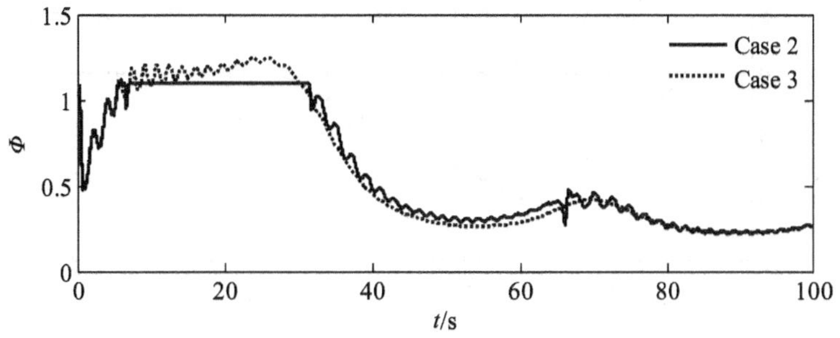


(j)　$\Phi$ 变化曲线

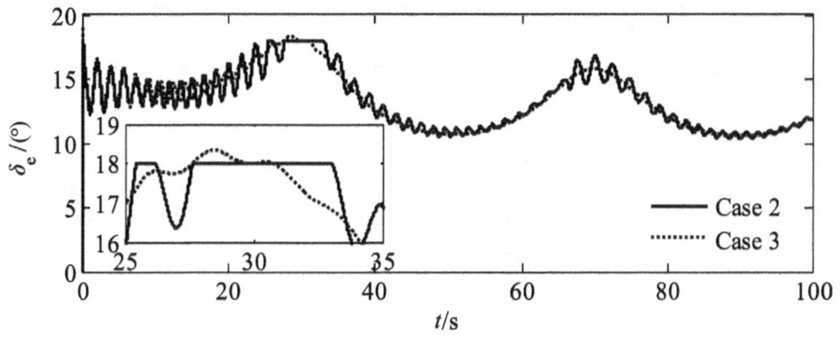


(k)　$\delta_e$ 变化曲线

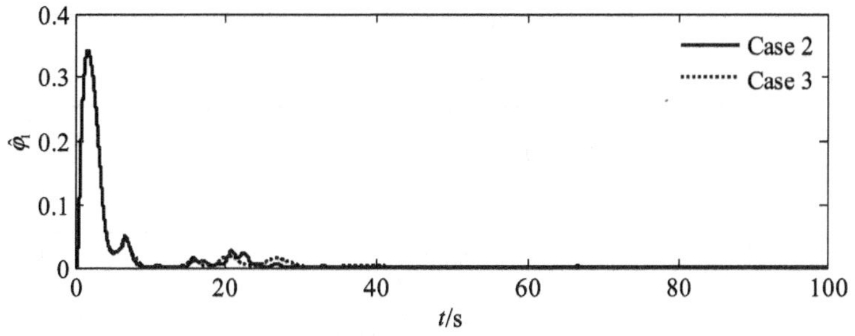


(l)　$\hat{\varphi}_1$ 变化曲线

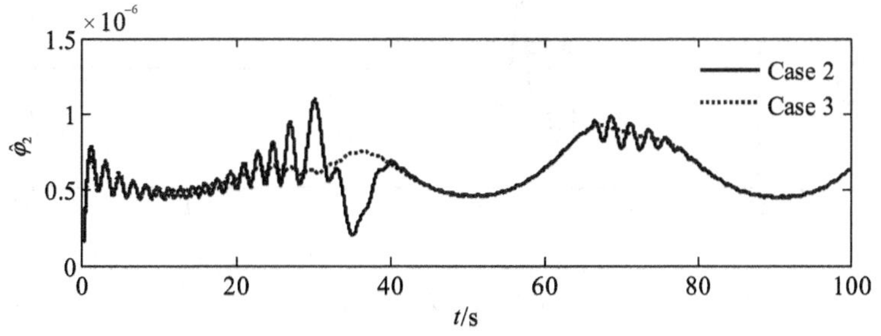


(m)　$\hat{\varphi}_2$ 变化曲线

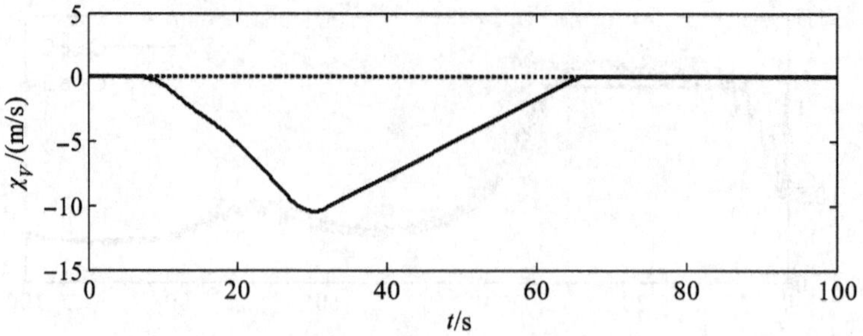


(n) $\chi_V$ 变化曲线

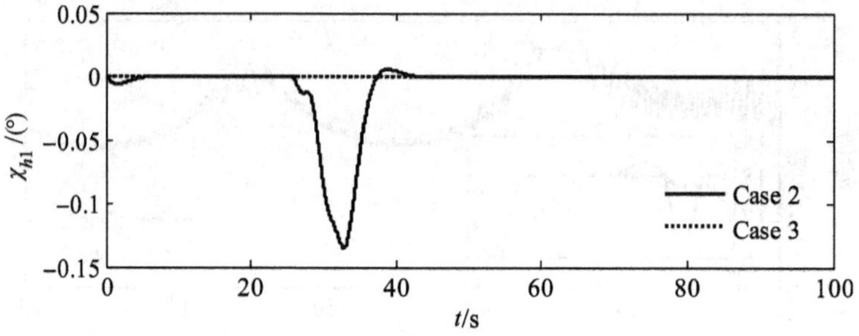


(o) $\chi_{h1}$ 变化曲线

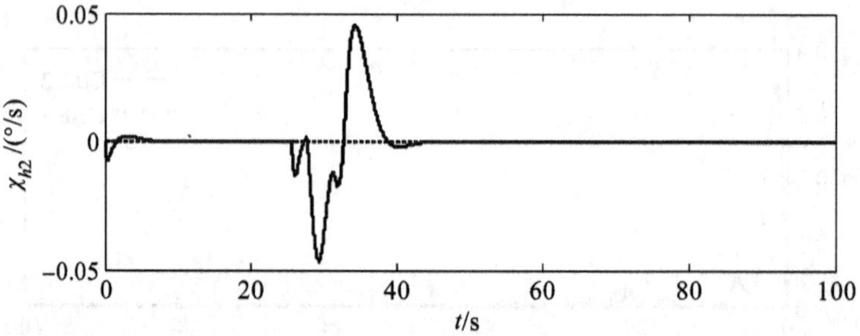


(p) $\chi_{h2}$ 变化曲线

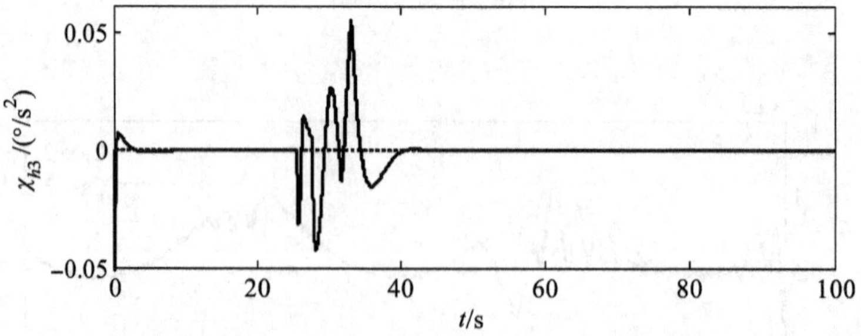


(q) $\chi_{h3}$ 变化曲线

图 4.7 情景一仿真结果

情景二：仿真情形与条件同 4.2.3 节的情景二，同样考虑如下三种仿真情况。

**Case 1**：将控制输入 $\Phi$ 与 $\delta_e$ 的可执行范围取为 $\Phi \in [0.25, 1.1]$，$\delta_e \in [10°, 16.5°]$，不采用所设计的辅助系统对理想控制律与跟踪误差进行补偿；

**Case 2**：将控制输入 $\Phi$ 与 $\delta_e$ 的可执行范围取为 $\Phi \in [0.25, 1.1]$，$\delta_e \in [10°, 16.5°]$，并采用所设计的辅助系统对理想控制律与跟踪误差进行补偿；

**Case 3**：不对控制输入 $\Phi$ 与 $\delta_e$ 的可执行范围进行限制，并采用所设计的辅助系统对理想控制律与跟踪误差进行补偿。

仿真结果如图 4.8 与图 4.9 所示。由图 4.8 可见，若不采用所设计的辅助系统对理想控制律与跟踪误差进行补偿，则闭环控制系统失稳，控制任务失败。图 4.9 进一步表明，由于辅助系统可为理想控制律提供及时补偿(见图 4.9(n)～(q))，即便 $\Phi$ 与 $\delta_e$ 同时达到其可执行范围的上界与下界(见图 4.9(j)与(k))，闭环控制系统仍然稳定，速度跟踪误差与高度跟踪误差均有界(见图 4.9(a)～(d))，且飞行姿态角与弹性状态较平滑，无高频抖振(见图 4.9(e)～(i))。

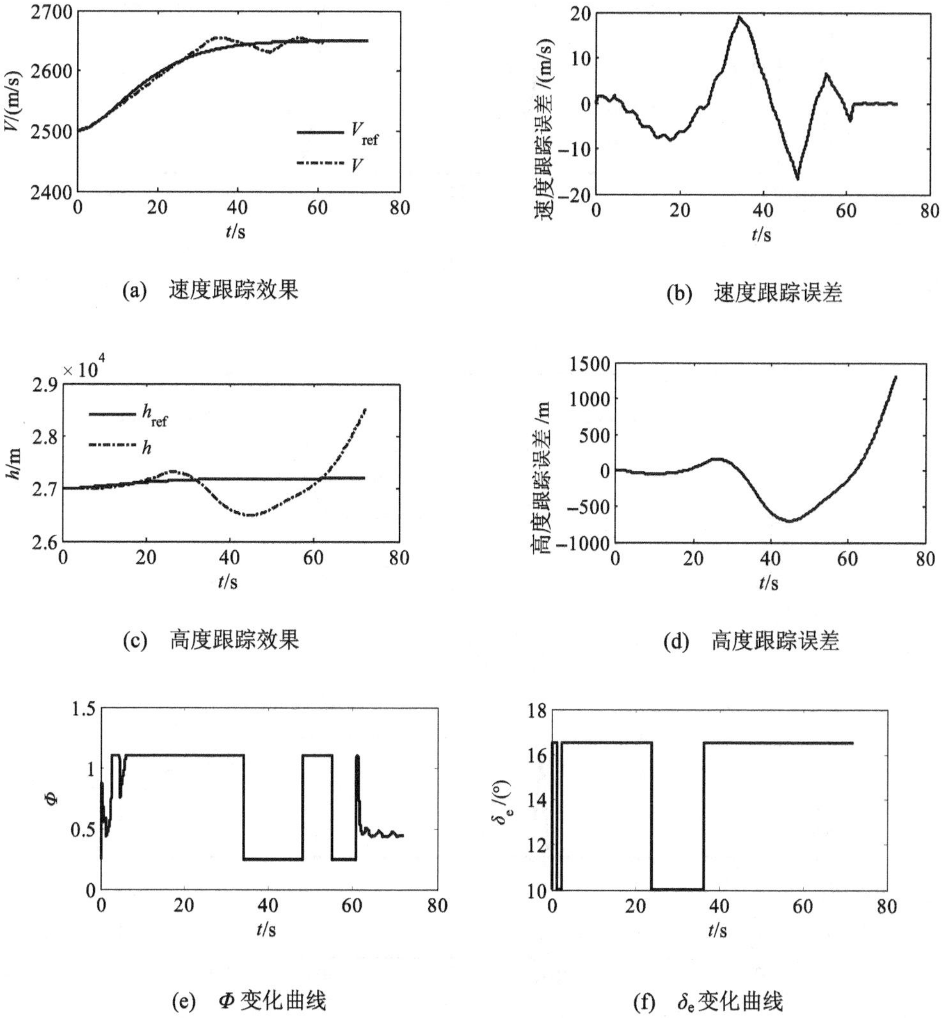


(a)　速度跟踪效果

(b)　速度跟踪误差

(c)　高度跟踪效果

(d)　高度跟踪误差

(e)　$\Phi$ 变化曲线

(f)　$\delta_e$ 变化曲线

图 4.8　Case 1 仿真结果

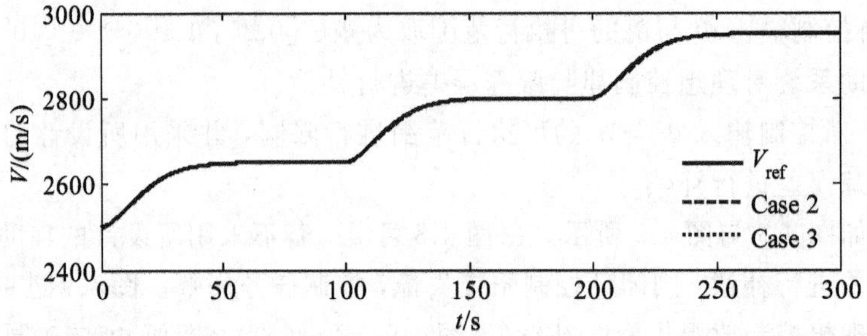


(a) 速度跟踪效果

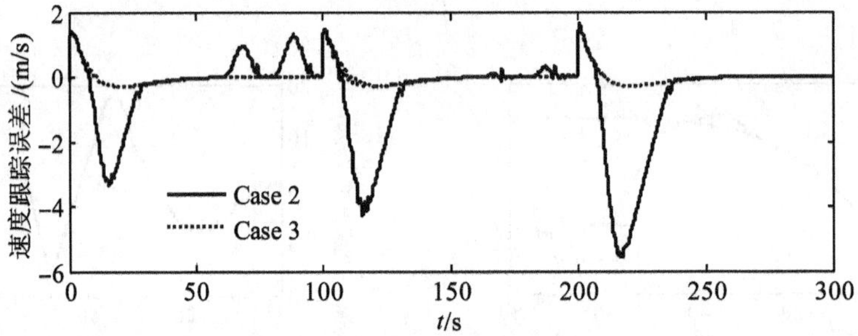


(b) 速度跟踪误差

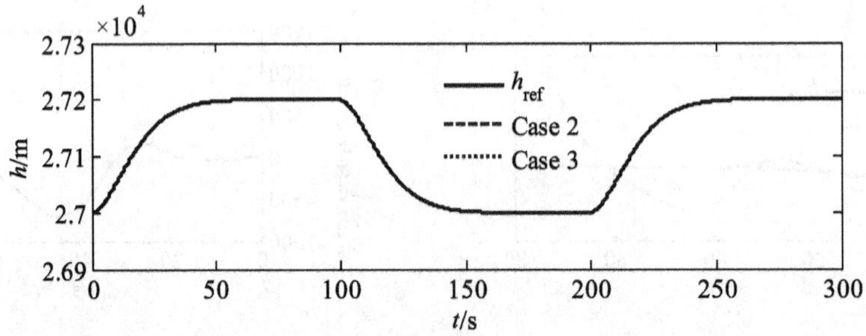


(c) 高度跟踪效果

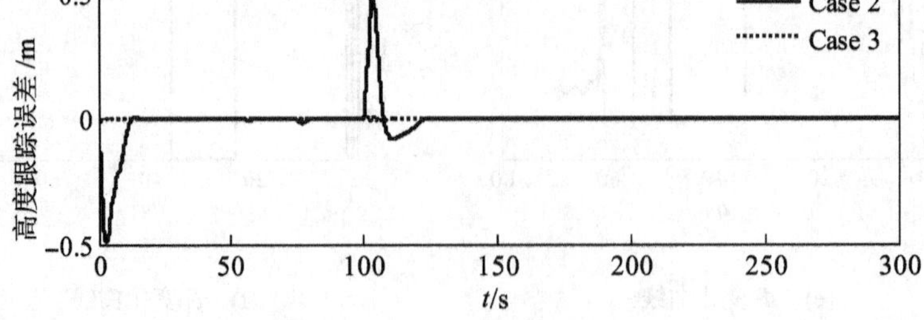


(d) 高度跟踪误差

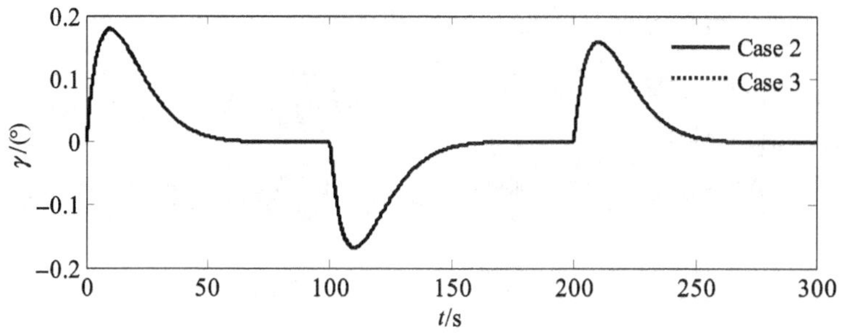


(e) 航迹角变化曲线

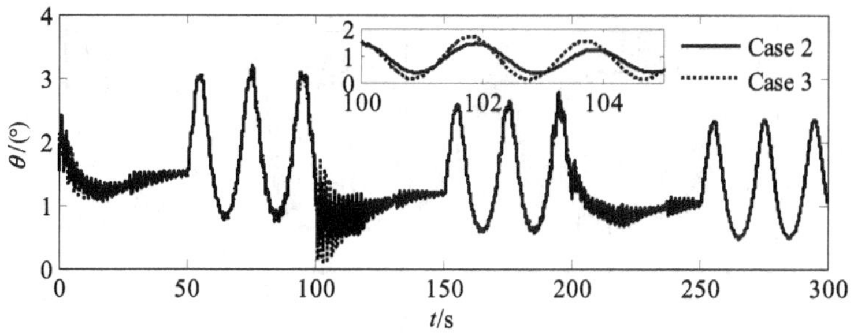


(f) 俯仰角变化曲线

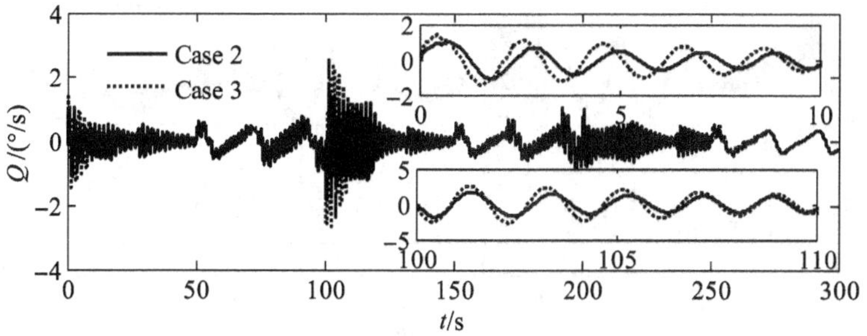


(g) 俯仰角速度变化曲线

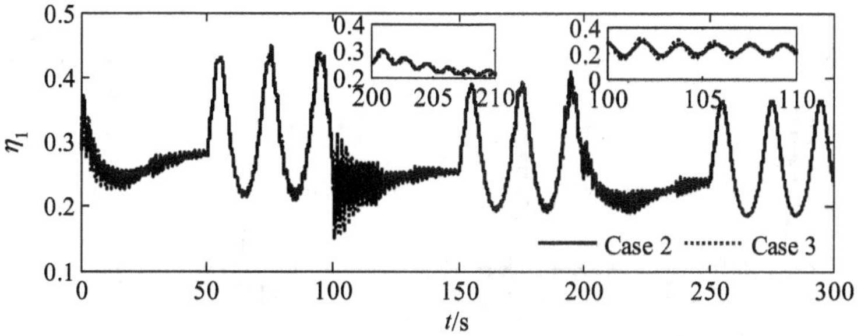


(h) 弹性状态 $\eta_1$ 变化曲线

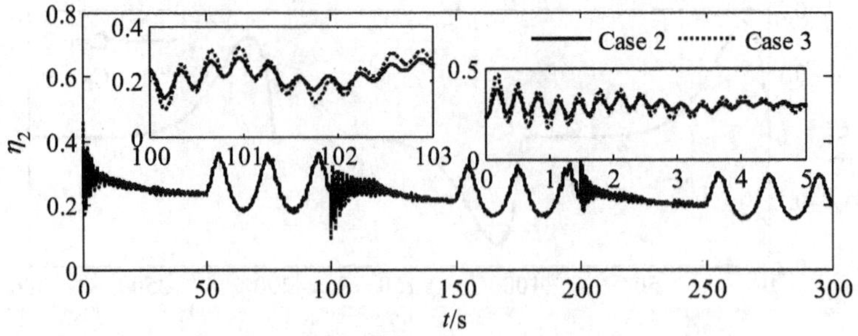


(i) 弹性状态 $\eta_2$ 变化曲线

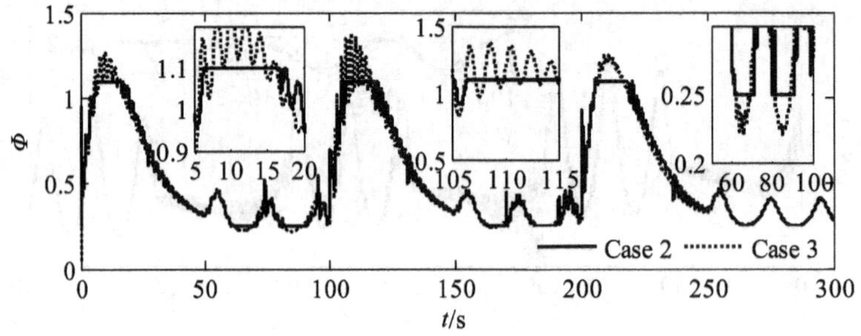


(j) $\Phi$ 变化曲线

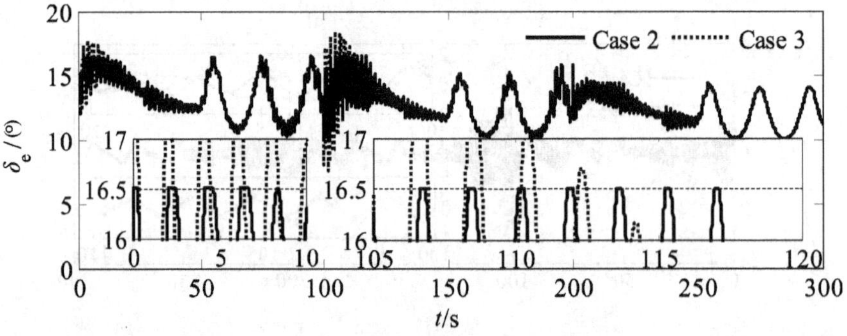


(k) $\delta_e$ 变化曲线

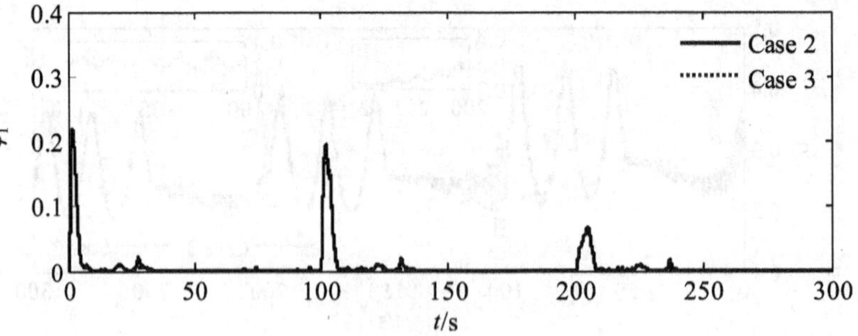


(l) $\hat{\varphi}_1$ 变化曲线

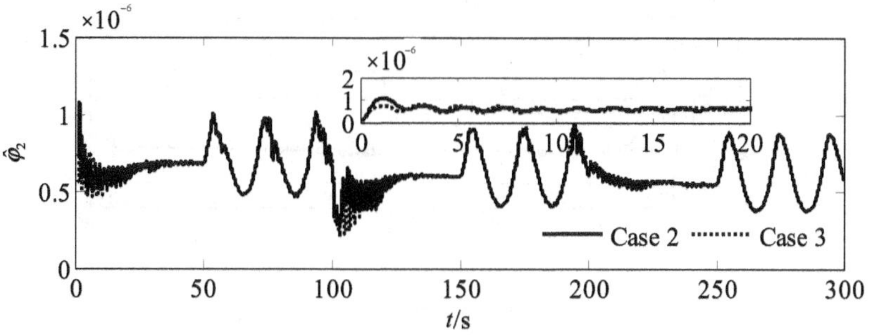


(m)　$\hat{\varphi}_2$ 变化曲线

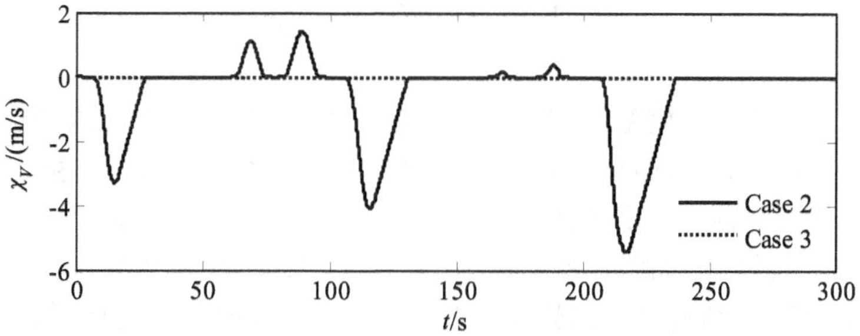


(n)　$\chi_V$ 变化曲线

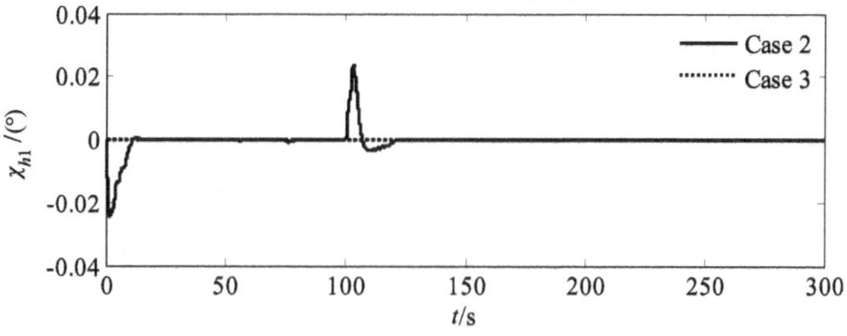


(o)　$\chi_{h1}$ 变化曲线

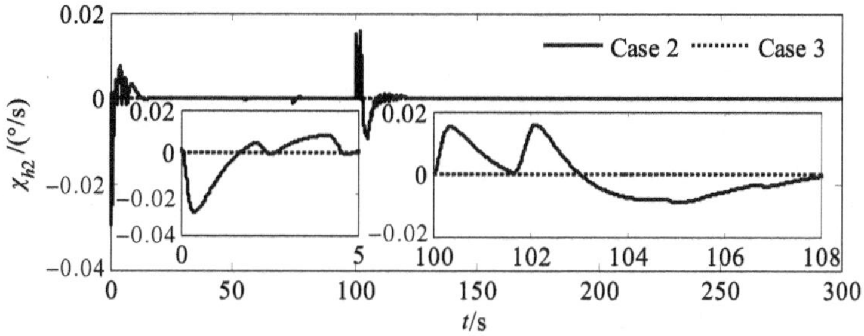


(p)　$\chi_{h2}$ 变化曲线

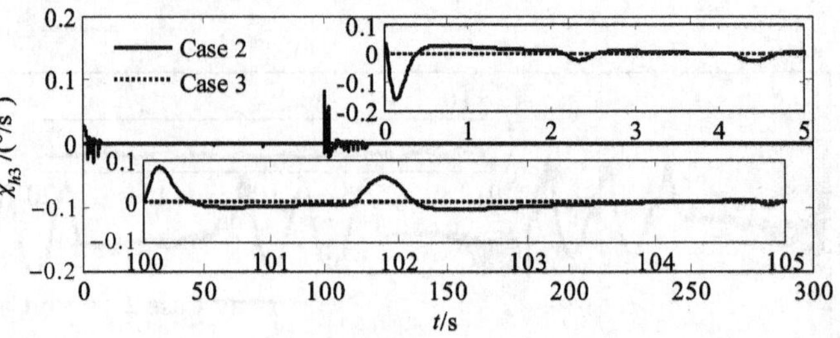


(q) $\chi_{h3}$ 变化曲线

图 4.9 情景二仿真结果

## 4.4 本章小结

本章研究了基于非仿射模型的 HFV 输入受限神经控制方法。控制律是基于 HFV 的非仿射模型设计的，与传统的 HFV 仿射控制策略相比，本章方法具有更好的实用性与可靠性。高度控制律无需传统反演控制的复杂设计过程，比传统反演控制策略更加简单。对于 HFV 的每一个子系统，仅需一个 RBFNN 对该子系统的总不确定项进行逼近，再基于 MLP 算法对 RBFNN 权值向量的范数进行调整，每一个 RBFNN 仅有一个在线学习参数，算法的计算量较低、实时性较好。针对第 2 章的辅助误差补偿策略仅能处理一阶系统控制输入受限问题的缺陷，本章将第 2 章方法推广到三阶系统，通过设计一个三阶辅助系统对理想控制律进行补偿，解决了控制输入的瞬时饱和问题。

# 第 5 章 HFV 的新型非仿射预设性能控制

## 5.1 引 言

第 2 章～第 4 章的研究重心均放在了闭环控制系统的鲁棒性与稳态性能上，而对控制系统的动态性能关注并不够，所建立的控制方法并不能满足 HFV 的极端飞行环境与苛刻飞行任务对其控制系统的动态性能所提出的特殊要求。由于相关理论工具的缺乏，现有研究[44-88, 91-145]也存在类似不足。

本章将研究基于非仿射模型的 HFV 预设性能控制方法。通过设计新型性能函数对跟踪误差进行约束，使得误差收敛过程满足期望的动态性能与稳态性能。在 5.2 节，提出一种新型非仿射预设性能控制方法，直接基于非仿射模型设计控制律，并摆脱对误差精确初值的依赖，以保证控制方法有较好的工程实用性。在 5.3 节，提出一种能够确保跟踪误差小超调收敛的新型预设性能控制方法，通过设计一种不依赖误差初值且能确保跟踪误差小超调收敛的新型性能函数，保证速度跟踪误差与高度跟踪误差响应过程的超调量为较小值甚至为零。在各节分别进行 HFV 的速度与高度跟踪仿真，以验证所提方法的有效性。

## 5.2 不依赖初始误差的 HFV 新型非仿射预设性能控制

### 5.2.1 预设性能控制简介

预设性能控制理论[217]最早由希腊学者 Bechlioulis 提出，它突破了传统控制理论无法约束控制系统动态性能的限制，实现了对控制系统动态性能的约束与调节，在保证理想控制精度的同时，兼顾到了超调量与调节时间等动态性能，可以保证控制系统具有较好的过渡品质。所谓预设性能，是指将跟踪误差限定在一个预先设定的可调区域内，以保证跟踪误差收敛过程的动态性能与稳态性能满足预先设定的要求[217]。预设性能控制的基本思想是设计性能函数 $\rho(t)$ 对跟踪误差 $e(t)$ 的收敛轨迹进行限定，通过为 $\rho(t)$ 选择特定的设计参数以保证 $e(t)$ 具有满意的动态性能与稳态精度[217-220]（见图 5.1）。因此，开展 HFV 的预设性能控制研究，不仅可保证其控制系统的鲁棒性与稳态性能，更能对系统输出的动态性能进行约束与调节（当参考输入一定时，控制系统输出的动态性能可等价转化为 $e(t)$ 的动态性能），对于保证 HFV 大跨度、超机动与高超声速飞行具有重要意义。

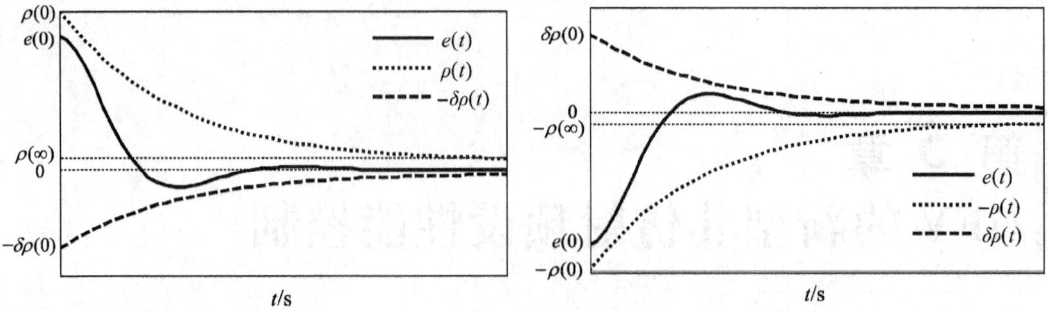


(a) $e(0)>0$　　(b) $e(0)<0$

图 5.1　跟踪误差 $e(t)$ 与性能函数 $\rho(t)$ 的关系示意图（$0\leqslant\delta\leqslant 1$）

**1. 性能函数**

**定义 5.1**[217]：如果光滑连续函数 $\rho(t)$：$\mathbf{R}^+\rightarrow\mathbf{R}^+$ 满足：

(1) $\rho(t)$ 为正的单调递减函数；

(2) $\lim\limits_{t\rightarrow+\infty}\rho(t)=\rho_\infty>0$，

则称 $\rho(t)$ 为性能函数。

文献[217]将 $\rho(t)$ 设计为 $\rho(t)=(\rho_0-\rho_\infty)\mathrm{e}^{-lt}+\rho_\infty$，这里，$\rho_0>\rho_\infty$，$l\in\mathbf{R}^+$ 为待设计参数。

如果误差初值 $e(0)$ 为已知，则采用 $\rho(t)$ 对 $e(t)$ 进行如下约束[217]

$$\begin{cases}-\delta\rho(t)<e(t)<\rho(t) & e(0)>0\\ -\rho(t)<e(t)<\delta\rho(t) & e(0)<0\end{cases}\tag{5.1}$$

式中：$0\leqslant\delta\leqslant 1$ 为待设计参数。由于工程实际中 $e(0)=0$ 的情况很少见，文献[217]并未考虑 $e(0)=0$ 的情况。

**注 5.1**：以 $0<|e(0)|<\rho(0)$ 为例，则 $\rho_\infty$ 表示 $e(t)$ 稳态值的上界，$\delta\rho(0)$ 表示 $e(t)$ 允许的最大超调，$\rho(t)$ 的收敛速度直接影响 $e(t)$ 的调节时间。因此，若能将 $e(t)$ 限定在图 5.1 与式(5.1)所示的区域内，就可通过为 $\rho(t)$ 选择合适的设计参数，来保证 $e(t)$ 具有满意的动态性能与稳态精度。

**2. 误差变换**

由于无法直接针对式(5.1)设计控制律，故引入误差变换函数 $S(\varepsilon(t))$ 将受约束系统(式(5.1))转化为一个不受约束的等价系统[217]

$$e(t)=\rho(t)S(\varepsilon(t))\tag{5.2}$$

式中：$\varepsilon(t)$ 为转换误差，$S(\varepsilon(t))$ 的表达式为[217]

$$S(\varepsilon(t))=\begin{cases}\dfrac{\mathrm{e}^{\varepsilon(t)}-\delta\mathrm{e}^{-\varepsilon(t)}}{\mathrm{e}^{\varepsilon(t)}+\mathrm{e}^{-\varepsilon(t)}} & e(0)>0\\[2ex] \dfrac{\delta\mathrm{e}^{\varepsilon(t)}-\mathrm{e}^{-\varepsilon(t)}}{\mathrm{e}^{\varepsilon(t)}+\mathrm{e}^{-\varepsilon(t)}} & e(0)<0\end{cases}\tag{5.3}$$

误差变换函数 $S(\varepsilon(t))$ 具有下列特性：

(1) $S(\varepsilon(t))$ 光滑且严格单调递减；

(2) 当 $e(0)>0$ 时，$-\delta<S(\varepsilon(t))<1$，$\lim\limits_{\varepsilon(t)\rightarrow-\infty}S(\varepsilon(t))=-\delta$，$\lim\limits_{\varepsilon(t)\rightarrow+\infty}S(\varepsilon(t))=1$；

(3) 当 $e(0)<0$ 时，$-1<S(\varepsilon(t))<\delta$，$\lim\limits_{\varepsilon(t)\to-\infty} S(\varepsilon(t))=-1$，$\lim\limits_{\varepsilon(t)\to+\infty} S(\varepsilon(t))=\delta$。

由 $S(\varepsilon(t))$ 的上述特性可知，若 $e(0)>0$，则有

$$-\delta < S(\varepsilon(t)) < 1 \tag{5.4}$$

由于 $\rho(t)>0$，式(5.4)两边同乘以 $\rho(t)$ 可得

$$-\delta\rho(t) < S(\varepsilon(t)) < \rho(t) \tag{5.5}$$

同理，若 $e(0)<0$，则有

$$-1 < S(\varepsilon(t)) < \delta \tag{5.6}$$

式(5.6)两端同乘以 $\rho(t)$ 可得

$$-\rho(t) < S(\varepsilon(t)) < \delta\rho(t) \tag{5.7}$$

将式(5.1)与式(5.5)、式(5.7)作对比可知，式(5.2)与式(5.1)是等价的。

式(5.3)的逆变换为

$$\varepsilon(t)=\begin{cases}\dfrac{1}{2}\ln\left(\dfrac{e(t)/\rho(t)+\delta}{1-e(t)/\rho(t)}\right) & e(0)>0\\[2ex] \dfrac{1}{2}\ln\left(\dfrac{e(t)/\rho(t)+1}{\delta-e(t)/\rho(t)}\right) & e(0)<0\end{cases} \tag{5.8}$$

文献[217]的研究结果表明：一旦 $\varepsilon(t)$ 有界，式(5.1)便成立，就能将 $e(t)$ 限定在图 5.1 所示的预设区域内。

**注 5.2**：控制律是基于式(5.8)设计的，且控制律用到的是转换误差 $\varepsilon(t)$ 而非跟踪误差 $e(t)$。只要转换误差 $\varepsilon(t)$ 有界，便能保证 $e(t)$ 具有期望的动态性能与稳态精度。

**注 5.3**：需要特别指出的是，动态性能是控制系统的一个固有性能，它与控制系统的构成和设计参数的选取等诸多因素有关。因此，预设性能控制并不能提高控制系统的固有动态性能，它只是提供一个约束工具，通过“夹逼”的方法选择出所期望的动态性能。

## 5.2.2　新型性能函数设计

由 5.2.1 节的分析容易发现，现有预设性能控制理论存在诸多缺陷：

(1) 文献[217]的预设性能(式(5.1))要求误差初值 $e(0)$ 必须事先已知，且要根据 $e(0)$ 的不同符号定义两种不同的约束形式，而在工程实际中，$e(0)$ 的精确值是需要付出很大代价才能获取甚至很多情况下是无法获取的，若因 $\rho(0)$ 取值不当而导致式(5.1)所定义的预设区域没有包含 $e(0)$，就会出现控制奇异问题；

(2) 误差变换函数 $S(\varepsilon(t))$ 也必须根据 $e(0)$ 的不同符号分别设计，进一步增大了设计难度；

(3) 控制律设计与闭环控制系统的稳定性证明都必须根据 $e(0)$ 的不同符号分别进行，算法的实用性与可操作性不强。

为了摆脱对 $e(0)$ 的依赖，文献[218]从误差变换函数入手，通过提出一种新型误差变换函数，使控制律不再要求 $e(0)$ 精确已知。为了简化设计，本节从性能函数设计入手，通过设计一种无需精确误差初值的新型性能函数，来摆脱控制律对 $e(0)$ 的依赖。

依据定义 5.1，设计如下一种新型性能函数 $\hbar(t)$

$$\hbar(t)=\coth(\kappa t+\vartheta)-1+\hbar_\infty \tag{5.9}$$

式中：$\kappa$，$\vartheta$，$\hbar_\infty\in\mathbf{R}^+$ 为待设计参数。

$\hbar(t)$满足下列性质：

(1) $\hbar(t)$为正的单调递减函数；

(2) $\hbar(0)=\coth(\vartheta)-1+\hbar_\infty=\dfrac{e^{2\vartheta}+1}{e^{2\vartheta}-1}-1+\hbar_\infty>\hbar_\infty$；

(3) $\lim\limits_{\vartheta\to 0}\hbar(0)\to+\infty$；

(4) $\lim\limits_{t\to+\infty}\hbar(t)=\hbar_\infty$。

将预设性能定义为

$$-\hbar(t)<e(t)<\hbar(t) \tag{5.10}$$

当选取足够小的 $\vartheta$ 时，由 $\hbar(t)$的性质(3)可知，$\hbar(t)\to+\infty$，$-\hbar(t)\to-\infty$。则对于任意未知但有界的 $e(0)$，均有

$$-\hbar(0)<e(0)<\hbar(0) \tag{5.11}$$

因此，对于任意有界 $e(0)$，无论其是否为已知，只要选取足够小的 $\vartheta$，式(5.10)所定义的预设区域必能包含 $e(0)$，从而避免了传统性能函数[217]因初值设置不当而导致的控制奇异问题。

式(5.10)所定义的预设性能可用图 5.2 来表示。$\hbar_\infty$ 表示 $e(t)$稳态值的上界，即$-\hbar_\infty<e(\infty)<\hbar_\infty$，故可通过选取合适的 $\hbar_\infty$ 来保证 $e(t)$具有理想的稳态精度。$\hbar(0)$表示 $e(t)$所允许的最大超调。$\kappa$ 直接影响$\hbar(t)$的下降速度，且 $\kappa$ 越大，$\hbar(t)$的下降速度越快。

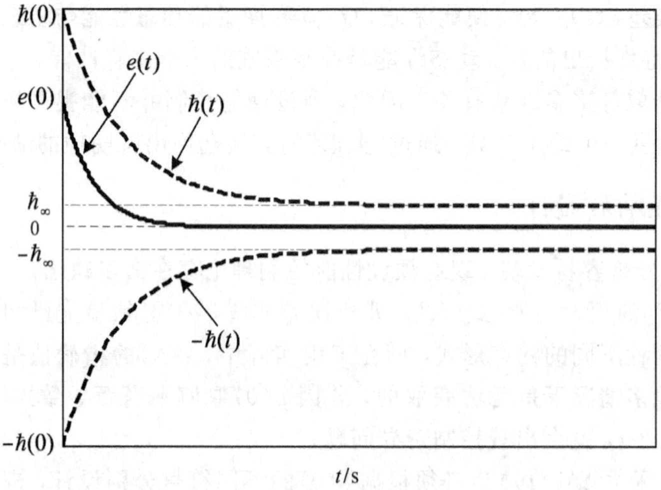


图 5.2　式(5.10)定义的预设性能示意图

**注 5.4**：应当看到，当选取较小的 $\vartheta$ 时，$\hbar(0)$的取值会很大。此时，有可能导致 $e(t)$的超调量过大。但考虑到 $e(t)$的响应速度有限，可通过选择较大的 $\kappa$ 来保证 $e(t)$具有满意的超调量与调节时间等动态性能。

由于无法直接针对式(5.10)设计控制律，定义转换误差 $\varepsilon(t)$

$$\varepsilon(t)=\ln\left(\frac{\mu(t)+1}{1-\mu(t)}\right) \tag{5.12}$$

式中：$\mu(t)=e(t)/\hbar(t)$。

得到如下定理。

**定理 5.1**：若 $\varepsilon(t)$ 有界，则有 $-\hbar(t)<e(t)<\hbar(t)$。

**证明**：因为 $\varepsilon(t)$ 有界，所以必存在有界常数 $\varepsilon_M\in\mathbf{R}^+$ 使得 $|\varepsilon(t)|\leqslant\varepsilon_M$。进一步，式(5.12)的逆变换为

$$e^{\varepsilon(t)}=\frac{\mu(t)+1}{1-\mu(t)} \tag{5.13}$$

由式(5.13)可得

$$-1<\frac{e^{-\varepsilon_M}-1}{1+e^{-\varepsilon_M}}\leqslant\mu(t)\leqslant\frac{e^{\varepsilon_M}-1}{1+e^{\varepsilon_M}}<1 \tag{5.14}$$

将 $\mu(t)=e(t)/\hbar(t)$ 代入式(5.14)可得

$$-\hbar(t)<e(t)<\hbar(t) \tag{5.15}$$

故定理 5.1 成立。证毕。

**注 5.5**：下文的控制律将基于转换误差 $\varepsilon(t)$ 设计。定理 5.1 表明，只要 $\varepsilon(t)$ 有界，$e(t)$ 便可被限定在式(5.10)所定义的预设区域内。通过为 $\hbar(t)$ 选择合适的设计参数，便可保证 $e(t)$ 具有满意的动态性能与稳态精度。

### 5.2.3　速度控制律设计与稳定性分析

根据文献[30，31]的研究结论，将 HFV 的速度子系统(式(2.1))表示为如下关于控制输入的非仿射形式

$$\dot{V}=f_V(V,\ \Phi) \tag{5.16}$$

式中，$f_V(V,\ \Phi)$ 为连续可微的未知非线性函数。

HFV 的控制目标是：针对非仿射模型(式(5.16))，通过为 $\Phi$ 设计合适的预设性能控制律，实现速度 $V$ 对其参考输入 $V_{ref}$ 的鲁棒跟踪，并将速度跟踪误差限定在预先设定的区域内。

考虑如下初值问题

$$\dot{\boldsymbol{\mu}}(t)=\boldsymbol{\lambda}(t,\ \boldsymbol{\mu}(t)),\quad \boldsymbol{\mu}(0)\in\Omega_\mu \tag{5.17}$$

式中：$\boldsymbol{\lambda}(t,\ \boldsymbol{\mu}(t))$：$\mathbf{R}^+\times\Omega_\mu\rightarrow\mathbf{R}^n$，$\Omega_\mu\subset\mathbf{R}^n$ 为非空开集。

**定义 5.2**[221]：对于系统式(5.17)的一个解，若找不到该解合适的右增广向量使之也是系统式(5.17)的一个解，则该解为最大解。

**定理 5.2**[221]：假设 $\boldsymbol{\lambda}(t,\ \boldsymbol{\mu}(t))$ 满足：

(1) $\boldsymbol{\lambda}(t,\ \boldsymbol{\mu}(t))$ 在 $\boldsymbol{\mu}(t)$ 上是局部 Lipschitz 的；

(2) 对于每一个固定的 $\boldsymbol{\mu}(t)\in\Omega_\mu$，$\boldsymbol{\lambda}(t,\ \boldsymbol{\mu}(t))$ 在 $t$ 上均连续；

(3) 对于每一个固定的 $\boldsymbol{\mu}(t)\in\Omega_\mu$，$\boldsymbol{\lambda}(t,\ \boldsymbol{\mu}(t))$ 在 $t$ 上局部可积，

则在 $t\in[0,\ \iota_{max})$ 上，系统式(5.17)必存在唯一的最大解 $\boldsymbol{\mu}(t)$：$[0,\ \iota_{max})\rightarrow\Omega_\mu$，使得 $\boldsymbol{\mu}(t)\in\Omega_\mu$，$\forall t\in[0,\ \iota_{max})$，这里，$\iota_{max}\in\{\mathbf{R}^+,\ +\infty\}$。

给出如下合理假设。

**假设 5.1**：存在有界常数 $B_\Phi\in\mathbf{R}^+$ 使得

$$\frac{\partial f_V(V,\ \Phi)}{\partial\Phi}\geqslant B_\Phi \tag{5.18}$$

**注 5.6**：根据文献[30]以及 HFV 飞行包线的刚体状态取值范围(见表 2.1)可知，假设

5.1 成立。

**假设 5.2**[115]：参考输入 $V_{\mathrm{ref}}$ 及其一阶导数 $\dot{V}_{\mathrm{ref}}$ 均有界。

借鉴文献[222]的思想，为速度子系统设计一种无需任何估计参数的新型预设性能控制律。

定义速度跟踪误差

$$\tilde{V}=V-V_{\mathrm{ref}} \tag{5.19}$$

选取性能函数 $\hbar_0(t)$

$$\hbar_0(t)=\coth(\kappa_0 t+\vartheta_0)-1+\hbar_{0\infty} \tag{5.20}$$

式中：$\kappa_0$，$\vartheta_0$，$\hbar_{0\infty}\in\mathbf{R}^+$ 为待设计参数。

定义转换误差 $\varepsilon_0(t)$

$$\varepsilon_0(t)=\ln\left(\frac{\mu_0(t)+1}{1-\mu_0(t)}\right) \tag{5.21}$$

式中：$\mu_0(t)=\tilde{V}/\hbar_0(t)$。

将控制律 $\Phi$ 设计为

$$\Phi=-k_V\varepsilon_0(t)=-k_V\ln\left(\frac{\mu_0(t)+1}{1-\mu_0(t)}\right) \tag{5.22}$$

式中：$k_V\in\mathbf{R}^+$ 为待设计参数。

下面进行稳定性分析。

**定理 5.3**：针对 HFV 的速度子系统(式(5.16))，在假设 5.1 与假设 5.2 的前提下，若采用控制律式(5.22)，则转换误差 $\varepsilon_0(t)$ 有界，且有 $-\hbar_0(t)<\tilde{V}<\hbar_0(t)$。

**证明**：选取如下 Lyapunov 函数

$$W_V=\frac{\varepsilon_0^2(t)}{2} \tag{5.23}$$

对式(5.23)求时间的一阶导数并将式(5.21)代入可得

$$\dot{W}_V=\varepsilon_0(t)\dot{\varepsilon}_0(t)=\frac{2\varepsilon_0(t)}{1-\mu_0^2(t)}\dot{\mu}_0(t) \tag{5.24}$$

注意到

$$\begin{aligned}\dot{\mu}_0(t)&=\frac{\dot{\tilde{V}}\hbar_0(t)-\tilde{V}\,\dot{\hbar}_0(t)}{\hbar_0^2(t)}=\frac{1}{\hbar_0(t)}\left[\dot{\tilde{V}}-\mu_0(t)\,\dot{\hbar}_0(t)\right]\\&=\frac{1}{\hbar_0(t)}\left[f_V(V,\,\Phi)-\dot{V}_{\mathrm{ref}}-\mu_0(t)\,\dot{\hbar}_0(t)\right]\\&\triangleq\lambda_0(t,\,\mu_0(t))\end{aligned} \tag{5.25}$$

定义如下开集

$$\Omega_{\mu_0}=(-1,\,1) \tag{5.26}$$

根据定理 5.2，式(5.25)必存在唯一的最大解 $\mu_0(t)$：$[0,\,\iota_{1\max})\rightarrow\Omega_{\mu_0}$，这里，$\iota_{1\max}\in\{\mathbf{R}^+,\,+\infty\}$。

将式(5.25)代入式(5.24)，有

$$\dot{W}_V=\frac{2\varepsilon_0(t)}{1-\mu_0^2(t)}\frac{1}{\hbar_0(t)}\left[f_V(V,\,\Phi)-\dot{V}_{\mathrm{ref}}-\mu_0(t)\,\dot{\hbar}_0(t)\right],\quad t\in[0,\,\iota_{1\max}) \tag{5.27}$$

根据假设 5.1 与拉格朗日中值定理，有

$$\begin{cases} f_V(V, \Phi) = f_V(V, 0) + \Phi \left.\dfrac{\partial f_V(V, \bar{\omega}_0)}{\partial \bar{\omega}_0}\right|_{\bar{\omega}_0 = \bar{\omega}_0^*} \\ \bar{\omega}_0^* = \psi_0 \Phi \qquad \psi_0 \in (0, 1) \end{cases} \tag{5.28}$$

将式(5.22)与式(5.28)代入式(5.27)可得

$$\dot{W}_V = \frac{2\varepsilon_0(t)}{1-\mu_0^2(t)} \frac{1}{\hbar_0(t)} \left[ f_V(V, 0) - k_V \varepsilon_0(t) \frac{\partial f_V(V, \bar{\omega}_0)}{\partial \bar{\omega}_0} - \dot{V}_{\text{ref}} - \mu_0(t)\dot{\hbar}_0(t) \right] \tag{5.29}$$

根据假设 5.1，有

$$\frac{\partial f_V(V, \bar{\omega}_0)}{\partial \bar{\omega}_0} \geqslant B_\Phi \tag{5.30}$$

$f_V(V, 0)$为连续函数，在 $V$ 的变化范围内 $f_V(V, 0)$必有界。又因为 $\dot{V}_{\text{ref}}$与$\dot{\hbar}_0(t) = \kappa_0 - \kappa_0[\coth(\kappa_0 t + \vartheta_0)]^2$ 均有界，故根据极值定理可知，必存在有界常数 $\bar{F}_\Phi \in \mathbf{R}^+$ 使得

$$|f_V(V, 0) - \dot{V}_{\text{ref}} - \mu_0(t)\dot{\hbar}_0(t)| \leqslant \bar{F}_\Phi \tag{5.31}$$

由式(5.26)可得 $1/(1-\mu_0^2(t)) > 1$。再根据式(5.30)与式(5.31)，式(5.29)变为

$$\dot{W}_V \leqslant \frac{2}{1-\mu_0^2(t)} \frac{1}{\hbar_0(t)} [\bar{F}_\Phi |\varepsilon_0(t)| - k_V B_\Phi \varepsilon_0^2(t)] \tag{5.32}$$

若$|\varepsilon_0(t)| > \bar{F}_\Phi/(kB_\Phi)$，则 $\dot{W}_V < 0$，故有

$$|\varepsilon_0(t)| \leqslant \max\left\{\varepsilon_0(0), \frac{\bar{F}_\Phi}{kB_\Phi}\right\} \tag{5.33}$$

显然，$\varepsilon_0(t)$有界，再根据定理 5.1 必有

$$-\hbar_0(t) < \tilde{V} < \hbar_0(t) \tag{5.34}$$

故通过为 $\hbar_0(t)$选取合适的设计参数，便能保证 $\tilde{V}$ 具有满意的动态性能与稳态精度。证毕。

### 5.2.4　高度控制律设计与稳定性分析

根据文献[30，31]的研究结论，将 HFV 的高度子系统(式(2.2)～式(2.5))表示为如下非仿射形式

$$\begin{cases} \dot{h} = f_h(\gamma) \\ \dot{\gamma} = f_\gamma(h, \gamma, \theta) \\ \dot{\theta} = f_\theta(Q) \\ \dot{Q} = f_Q(h, \gamma, \delta_e) \end{cases} \tag{5.35}$$

式中：$f_h(\gamma)$、$f_\gamma(h, \gamma, \theta)$、$f_\theta(Q)$与 $f_Q(h, \gamma, \delta_e)$均为连续可微的未知非线性函数。

HFV 的控制任务是：针对非仿射系统(式(5.35))，采用反演设计方法，通过设计合适的预设性能控制律，保证所有跟踪误差具有满意的动态性能与稳态精度。

先给出如下合理假设。

**假设 5.3**：存在有界常数 $B_\gamma$，$B_\theta$，$B_Q$，$B_{\delta_e} \in \mathbf{R}^+$ 使得

$$\begin{cases}\dfrac{\partial f_h(\gamma)}{\partial \gamma} \geqslant B_\gamma \\ \dfrac{\partial f_\gamma(h,\gamma,\theta)}{\partial \theta} \geqslant B_\theta \\ \dfrac{\partial f_\theta(Q)}{\partial Q} \geqslant B_Q \\ \dfrac{\partial f_Q(h,\gamma,\delta_e)}{\partial \delta_e} \geqslant B_{\delta_e}\end{cases} \tag{5.36}$$

**注 5.7**：根据文献[30]以及 HFV 飞行包线的刚体状态取值范围（见表 2.1）可知，假设 5.3 成立。

**假设 5.4**[115]：参考输入 $h_{ref}$ 及其一阶导数 $\dot{h}_{ref}$ 均有界。

高度控制律设计共分四步。

第一步：定义高度跟踪误差

$$\tilde{h} = h - h_{ref} \tag{5.37}$$

选取性能函数 $\hbar_1(t)$

$$\hbar_1(t) = \coth(\kappa_1 t + \vartheta_1) - 1 + \hbar_{1\infty} \tag{5.38}$$

式中：$\kappa_1$，$\vartheta_1$，$\hbar_{1\infty} \in \mathbf{R}^+$ 为待设计参数。

定义转换误差 $\varepsilon_1(t)$

$$\varepsilon_1(t) = \ln\left(\frac{\mu_1(t)+1}{1-\mu_1(t)}\right) \tag{5.39}$$

式中：$\mu_1(t) = \tilde{h}/\hbar_1(t)$。

将虚拟控制律 $\gamma_d$ 设计为

$$\gamma_d = -k_\gamma \varepsilon_1(t) = -k_\gamma \ln\left(\frac{\mu_1(t)+1}{1-\mu_1(t)}\right) \tag{5.40}$$

式中：$k_\gamma \in \mathbf{R}^+$ 为待设计参数。

第二步：定义航迹角跟踪误差

$$\tilde{\gamma} = \gamma - \gamma_d \tag{5.41}$$

选取性能函数 $\hbar_2(t)$

$$\hbar_2(t) = \coth(\kappa_2 t + \vartheta_2) - 1 + \hbar_{2\infty} \tag{5.42}$$

式中：$\kappa_2$，$\vartheta_2$，$\hbar_{2\infty} \in \mathbf{R}^+$ 为待设计参数。

定义转换误差 $\varepsilon_2(t)$

$$\varepsilon_2(t) = \ln\left(\frac{\mu_2(t)+1}{1-\mu_2(t)}\right) \tag{5.43}$$

式中：$\mu_2(t) = \tilde{\gamma}/\hbar_2(t)$。

将虚拟控制律 $\theta_d$ 设计为

$$\theta_d = -k_\theta \varepsilon_2(t) = -k_\theta \ln\left(\frac{\mu_2(t)+1}{1-\mu_2(t)}\right) \tag{5.44}$$

式中：$k_\theta \in \mathbf{R}^+$ 为待设计参数。

第三步：定义俯仰角跟踪误差

$$\tilde{\theta}=\theta-\theta_{\mathrm{d}} \tag{5.45}$$

选取性能函数 $\hbar_3(t)$

$$\hbar_3(t)=\coth(\kappa_3 t+\vartheta_3)-1+\hbar_{3\infty} \tag{5.46}$$

式中：$\kappa_3$，$\vartheta_3$，$\hbar_{3\infty}\in\mathbf{R}^+$ 为待设计参数。

定义转换误差 $\varepsilon_3(t)$

$$\varepsilon_3(t)=\ln\left(\frac{\mu_3(t)+1}{1-\mu_3(t)}\right) \tag{5.47}$$

式中：$\mu_3(t)=\tilde{\theta}/\hbar_3(t)$。

将虚拟控制律 $Q_{\mathrm{d}}$ 设计为

$$Q_{\mathrm{d}}=-k_Q\varepsilon_3(t)=-k_Q\ln\left(\frac{\mu_3(t)+1}{1-\mu_3(t)}\right) \tag{5.48}$$

式中：$k_Q\in\mathbf{R}^+$ 为待设计参数。

第四步：定义俯仰角速度跟踪误差

$$\tilde{Q}=Q-Q_{\mathrm{d}} \tag{5.49}$$

选取性能函数 $\hbar_4(t)$

$$\hbar_4(t)=\coth(\kappa_4 t+\vartheta_4)-1+\hbar_{4\infty} \tag{5.50}$$

式中：$\kappa_4$，$\vartheta_4$，$\hbar_{4\infty}\in\mathbf{R}^+$ 为待设计参数。

定义转换误差 $\varepsilon_4(t)$

$$\varepsilon_4(t)=\ln\left(\frac{\mu_4(t)+1}{1-\mu_4(t)}\right) \tag{5.51}$$

式中：$\mu_4(t)=\tilde{Q}/\hbar_4(t)$。

将最终的实际控制律 $\delta_{\mathrm{e}}$ 设计为

$$\delta_{\mathrm{e}}=-k_{\delta_{\mathrm{e}}}\varepsilon_4(t)=-k_{\delta_{\mathrm{e}}}\ln\left(\frac{\mu_4(t)+1}{1-\mu_4(t)}\right) \tag{5.52}$$

式中：$k_{\delta_{\mathrm{e}}}\in\mathbf{R}^+$ 为待设计参数。

下面进行稳定性分析。

**定理 5.4**：针对 HFV 的高度子系统(式(5.35))，在假设 5.3 与假设 5.4 的前提下，若采用控制律式(5.40)、式(5.44)、式(5.48)与式(5.52)，则转换误差 $\varepsilon_1(t)$、$\varepsilon_2(t)$、$\varepsilon_3(t)$与 $\varepsilon_4(t)$均有界，且有 $-\hbar_1(t)<\tilde{h}<\hbar_1(t)$，$-\hbar_2(t)<\tilde{\gamma}<\hbar_2(t)$，$-\hbar_3(t)<\tilde{\theta}<\hbar_3(t)$，$-\hbar_4(t)<\tilde{Q}<\hbar_4(t)$。

**证明**：选取如下 Lyapunov 函数

$$W_h=\frac{\varepsilon_1^2(t)}{2}+\frac{\varepsilon_2^2(t)}{2}+\frac{\varepsilon_3^2(t)}{2}+\frac{\varepsilon_4^2(t)}{2} \tag{5.53}$$

对式(5.53)求时间的一阶导数并将式(5.39)、式(5.43)、式(5.47)与式(5.51)代入可得

$$\begin{aligned}\dot{W}_h&=\varepsilon_1(t)\dot{\varepsilon}_1(t)+\varepsilon_2(t)\dot{\varepsilon}_2(t)+\varepsilon_3(t)\dot{\varepsilon}_3(t)+\varepsilon_4(t)\dot{\varepsilon}_4(t)\\&=\frac{2\varepsilon_1(t)}{1-\mu_1^2(t)}\dot{\mu}_1(t)+\frac{2\varepsilon_2(t)}{1-\mu_2^2(t)}\dot{\mu}_2(t)\\&\quad+\frac{2\varepsilon_3(t)}{1-\mu_3^2(t)}\dot{\mu}_3(t)+\frac{2\varepsilon_4(t)}{1-\mu_4^2(t)}\dot{\mu}_4(t)\end{aligned} \tag{5.54}$$

注意到

$$
\begin{aligned}
\dot{\mu}_1(t) &= \frac{\dot{\tilde{h}}\hbar_1(t) - \tilde{h}\,\dot{\hbar}_1(t)}{\hbar_1^2(t)} = \frac{1}{\hbar_1(t)}\left[\dot{\tilde{h}} - \mu_1(t)\,\dot{\hbar}_1(t)\right] \\
&= \frac{1}{\hbar_1(t)}\left[f_h(\mu_2(t)\hbar_2(t) + \gamma_{\mathrm{d}}) - \dot{h}_{\mathrm{ref}} - \mu_1(t)\,\dot{\hbar}_1(t)\right] \\
&\triangleq \lambda_1(t,\ \mu_1(t),\ \mu_2(t))
\end{aligned}
\tag{5.55}
$$

$$
\begin{aligned}
\dot{\mu}_2(t) &= \frac{\dot{\tilde{\gamma}}\hbar_2(t) - \tilde{\gamma}\,\dot{\hbar}_2(t)}{\hbar_2^2(t)} = \frac{1}{\hbar_2(t)}\left[\dot{\tilde{\gamma}} - \mu_2(t)\,\dot{\hbar}_2(t)\right] \\
&= \frac{1}{\hbar_2(t)}\left[f_\gamma(h,\ \gamma,\ \mu_3(t)\hbar_3(t) + \theta_{\mathrm{d}}) - \dot{\gamma}_{\mathrm{d}} - \mu_2(t)\dot{\hbar}_2(t)\right] \\
&\triangleq \lambda_2(t,\ \mu_2(t),\ \mu_3(t))
\end{aligned}
\tag{5.56}
$$

$$
\begin{aligned}
\dot{\mu}_3(t) &= \frac{\dot{\tilde{\theta}}\hbar_3(t) - \tilde{\theta}\dot{\hbar}_3(t)}{\hbar_3^2(t)} = \frac{1}{\hbar_3(t)}\left[\dot{\tilde{\theta}} - \mu_3(t)\,\dot{\hbar}_3(t)\right] \\
&= \frac{1}{\hbar_3(t)}\left[f_\theta(\mu_4(t)\hbar_4(t) + Q_{\mathrm{d}}) - \theta_{\mathrm{d}} - \mu_3(t)\,\dot{\hbar}_3(t)\right] \\
&\triangleq \lambda_3(t,\ \mu_3(t),\ \mu_4(t))
\end{aligned}
\tag{5.57}
$$

$$
\begin{aligned}
\dot{\mu}_4(t) &= \frac{\dot{\tilde{Q}}\hbar_4(t) - \tilde{Q}\,\dot{\hbar}_4(t)}{\hbar_4^2(t)} = \frac{1}{\hbar_4(t)}\left[\dot{\tilde{Q}} - \mu_4(t)\,\dot{\hbar}_4(t)\right] \\
&= \frac{1}{\hbar_4(t)}\left[f_Q(h,\ \gamma,\ \delta_{\mathrm{e}}) - \dot{Q}_{\mathrm{d}} - \mu_4(t)\,\dot{\hbar}_4(t)\right] \\
&\triangleq \lambda_4(t,\ \mu_4(t))
\end{aligned}
\tag{5.58}
$$

将式(5.55)～式(5.58)表示为如下形式：

$$
\dot{\boldsymbol{\mu}}(t) = \boldsymbol{\lambda}(t,\ \boldsymbol{\mu}(t)) = \begin{bmatrix} \lambda_1(t,\ \mu_1(t),\ \mu_2(t)) \\ \lambda_2(t,\ \mu_2(t),\ \mu_3(t)) \\ \lambda_3(t,\ \mu_3(t),\ \mu_4(t)) \\ \lambda_4(t,\ \mu_4(t)) \end{bmatrix}
\tag{5.59}
$$

式中：$\boldsymbol{\mu}(t) = [\mu_1(t),\ \mu_2(t),\ \mu_3(t),\ \mu_4(t)]^{\mathrm{T}}$。

定义开集合 $\Omega_\mu = (-1,\ 1)\times(-1,\ 1)\times(-1,\ 1)\times(-1,\ 1)$。由定理 5.2 可知，在 $\Omega_\mu$ 上，对于任意的 $t\in[0,\ \iota_{2\max})$，式(5.59)必存在唯一的最大解 $\boldsymbol{\mu}(t)$：$[0,\ \iota_{2\max})\to\Omega_\mu$，这里，$\iota_{2\max}\in\{\mathbf{R}^+,\ +\infty\}$。

将式(5.55)～式(5.58)代入式(5.54)可得

$$
\begin{aligned}
\dot{W}_h = &\frac{2\varepsilon_1(t)}{1-\mu_1^2(t)}\frac{1}{\hbar_1(t)}\left[f_h(\mu_2(t)\hbar_2(t) + \gamma_{\mathrm{d}}) - \dot{h}_{\mathrm{ref}} - \mu_1(t)\,\dot{\hbar}_1(t)\right] \\
&+ \frac{2\varepsilon_2(t)}{1-\mu_2^2(t)}\frac{1}{\hbar_2(t)}\left[f_\gamma(h,\ \gamma,\ \mu_3(t)\hbar_3(t) + \theta_{\mathrm{d}}) - \dot{\gamma}_{\mathrm{d}} - \mu_2(t)\,\dot{\hbar}_2(t)\right] \\
&+ \frac{2\varepsilon_3(t)}{1-\mu_3^2(t)}\frac{1}{\hbar_3(t)}\left[f_\theta(\mu_4(t)\hbar_4(t) + Q_{\mathrm{d}}) - \dot{\theta}_{\mathrm{d}} - \mu_3(t)\,\dot{\hbar}_3(t)\right] \\
&+ \frac{2\varepsilon_4(t)}{1-\mu_4^2(t)}\frac{1}{\hbar_4(t)}\left[f_Q(h,\ \gamma,\ \delta_{\mathrm{e}}) - \dot{Q}_{\mathrm{d}} - \mu_4(t)\,\dot{\hbar}_4(t)\right]
\end{aligned}
\tag{5.60}
$$

根据假设 5.3 与拉格朗日中值定理可得

$$\begin{cases} f_h(\mu_2(t)\hbar_2(t)+\gamma_d)=f_h(\mu_2(t)\hbar_2(t))+\gamma_d \left.\dfrac{\partial f_h(\tilde{\omega}_1)}{\partial\tilde{\omega}_1}\right|_{\tilde{\omega}_1=\tilde{\omega}_1^*} \\ \tilde{\omega}_1^*=\mu_2(t)\hbar_2(t)+\psi_1\gamma_d \qquad \psi_1\in(0,1) \end{cases} \tag{5.61}$$

$$\begin{cases} f_\gamma(h,\gamma,\mu_3(t)\hbar_3(t)+\theta_d)=f_\gamma(h,\gamma,\mu_3(t)\hbar_3(t))+\theta_d \left.\dfrac{\partial f_\gamma(h,\gamma,\tilde{\omega}_2)}{\partial\tilde{\omega}_2}\right|_{\tilde{\omega}_2=\tilde{\omega}_2^*} \\ \tilde{\omega}_2^*=\mu_3(t)\hbar_3(t)+\psi_2\theta_d \qquad \psi_2\in(0,1) \end{cases} \tag{5.62}$$

$$\begin{cases} f_\theta(\mu_4(t)\hbar_4(t)+Q_d)=f_\theta(\mu_4(t)\hbar_4(t))+Q_d \left.\dfrac{\partial f_\theta(\tilde{\omega}_3)}{\partial\tilde{\omega}_3}\right|_{\tilde{\omega}_3=\tilde{\omega}_3^*} \\ \tilde{\omega}_3^*=\mu_4(t)\hbar_4(t)+\psi_3 Q_d \qquad \psi_3\in(0,1) \end{cases} \tag{5.63}$$

$$\begin{cases} f_Q(h,\gamma,\delta_e)=f_Q(h,\gamma,0)+\delta_e \left.\dfrac{\partial f_Q(h,\gamma,\tilde{\omega}_4)}{\partial\tilde{\omega}_4}\right|_{\tilde{\omega}_4=\tilde{\omega}_4^*} \\ \tilde{\omega}_4^*=\psi_4\delta_e \qquad \psi_4\in(0,1) \end{cases} \tag{5.64}$$

将式(5.61)～式(5.64)代入式(5.60)并根据式(5.39)、式(5.40)、式(5.43)、式(5.44)、式(5.47)、式(5.48)、式(5.51)与式(5.52)可得

$$\begin{aligned} \dot{W}_h=&\frac{2\varepsilon_1(t)}{1-\mu_1^2(t)}\frac{1}{\hbar_1(t)}\Bigg[f_h(\mu_2(t)\hbar_2(t))-\dot{h}_{ref}-\mu_1(t)\dot{\hbar}_1(t) \\ &-k_\gamma\varepsilon_1(t)\left.\frac{\partial f_h(\tilde{\omega}_1)}{\partial\tilde{\omega}_1}\right|_{\tilde{\omega}_1=\tilde{\omega}_1^*}\Bigg]+\frac{2\varepsilon_2(t)}{1-\mu_2^2(t)}\frac{1}{\hbar_2(t)}\Bigg[f_\gamma(h,\gamma,\mu_3(t)\hbar_3(t)) \\ &-\dot{\gamma}_d-\mu_2(t)\dot{\hbar}_2(t)-k_\theta\varepsilon_2(t)\left.\frac{\partial f_\gamma(h,\gamma,\tilde{\omega}_2)}{\partial\tilde{\omega}_2}\right|_{\tilde{\omega}_2=\tilde{\omega}_2^*}\Bigg] \\ &+\frac{2\varepsilon_3(t)}{1-\mu_3^2(t)}\frac{1}{\hbar_3(t)}\Bigg[f_\theta(\mu_4(t)\hbar_4(t))-\dot{\theta}_d-\mu_3(t)\dot{\hbar}_3(t) \\ &-k_Q\varepsilon_3(t)\left.\frac{\partial f_\theta(\tilde{\omega}_3)}{\partial\tilde{\omega}_3}\right|_{\tilde{\omega}_3=\tilde{\omega}_3^*}\Bigg]+\frac{2\varepsilon_4(t)}{1-\mu_4^2(t)}\frac{1}{\hbar_4(t)}\Bigg[f_Q(h,\gamma,0) \\ &-\dot{Q}_d-\mu_4(t)\dot{\hbar}_4(t)-k_{\delta_e}\varepsilon_4(t)\left.\frac{\partial f_Q(h,\gamma,\tilde{\omega}_4)}{\partial\tilde{\omega}_4}\right|_{\tilde{\omega}_4=\tilde{\omega}_4^*}\Bigg] \end{aligned} \tag{5.65}$$

由假设 5.3 可得

$$\begin{cases} \left.\dfrac{\partial f_h(\tilde{\omega}_1)}{\partial\tilde{\omega}_1}\right|_{\tilde{\omega}_1=\tilde{\omega}_1^*}\geqslant B_\gamma \\ \left.\dfrac{\partial f_\gamma(h,\gamma,\tilde{\omega}_2)}{\partial\tilde{\omega}_2}\right|_{\tilde{\omega}_2=\tilde{\omega}_2^*}\geqslant B_\theta \\ \left.\dfrac{\partial f_\theta(\tilde{\omega}_3)}{\partial\tilde{\omega}_3}\right|_{\tilde{\omega}_3=\tilde{\omega}_3^*}\geqslant B_Q \\ \left.\dfrac{\partial f_Q(h,\gamma,\tilde{\omega}_4)}{\partial\tilde{\omega}_4}\right|_{\tilde{\omega}_4=\tilde{\omega}_4^*}\geqslant B_{\delta_e} \end{cases} \tag{5.66}$$

则式(5.65)变为

$$\dot{W}_h \leqslant \frac{2\varepsilon_1(t)}{1-\mu_1^2(t)}\frac{1}{\hbar_1(t)}[f_h(\mu_2(t)\hbar_2(t))-\dot{h}_{\text{ref}}-\mu_1(t)\dot{\hbar}_1(t)-k_\gamma B_\gamma \varepsilon_1(t)]$$
$$+\frac{2\varepsilon_2(t)}{1-\mu_2^2(t)}\frac{1}{\hbar_2(t)}[f_\gamma(h,\gamma,\mu_3(t)\hbar_3(t))-\dot{\gamma}_{\text{d}}-\mu_2(t)\dot{\hbar}_2(t)-k_\theta B_\theta \varepsilon_2(t)]$$
$$+\frac{2\varepsilon_3(t)}{1-\mu_3^2(t)}\frac{1}{\hbar_3(t)}[f_\theta(\mu_4(t)\hbar_4(t))-\dot{\theta}_{\text{d}}-\mu_3(t)\dot{\hbar}_3(t)-k_Q B_Q \varepsilon_3(t)]$$
$$+\frac{2\varepsilon_4(t)}{1-\mu_4^2(t)}\frac{1}{\hbar_4(t)}[f_Q(h,\gamma,0)-\dot{Q}_{\text{d}}-\mu_4(t)\dot{\hbar}_4(t)-k_{\delta_e} B_{\delta_e} \varepsilon_4(t)] \tag{5.67}$$

注意到

$$\begin{cases}\dot{\gamma}_{\text{d}}=-\dfrac{2k_\gamma\dot{\mu}_1(t)}{1-\mu_1^2(t)}\\ \quad=-\dfrac{2k_\gamma}{1-\mu_1^2(t)}\dfrac{1}{\hbar_1(t)}[f_h(\mu_2(t)\hbar_2(t)+\gamma_{\text{d}})-\dot{h}_{\text{ref}}-\mu_1(t)\dot{\hbar}_1(t)]\\ \dot{\theta}_{\text{d}}=-\dfrac{2k_\theta\dot{\mu}_2(t)}{1-\mu_2^2(t)}\\ \quad=\dfrac{2k_\theta}{1-\mu_2^2(t)}\dfrac{1}{\hbar_2(t)}[f_\gamma(h,\gamma,\mu_3(t)\hbar_3(t)+\theta_{\text{d}})-\dot{\gamma}_{\text{d}}-\mu_2(t)\dot{\hbar}_2(t)]\\ \dot{Q}_{\text{d}}=-\dfrac{2k_Q\dot{\mu}_3(t)}{1-\mu_3^2(t)}\\ \quad=\dfrac{2k_Q}{1-\mu_3^2(t)}\dfrac{1}{\hbar_3(t)}[f_\theta(\mu_4(t)\hbar_4(t)+Q_{\text{d}})-\dot{\theta}_{\text{d}}-\mu_3(t)\dot{\hbar}_3(t)]\end{cases} \tag{5.68}$$

由于 $f_h(\mu_2(t)\rho_2(t)+\gamma_{\text{d}})$、$\dot{h}_{\text{ref}}$ 与 $\dot{\rho}_1(t)$ 均有界，再根据极值定理可知 $\dot{\gamma}_{\text{d}}$ 有界。同理，$\dot{\theta}_{\text{d}}$ 与 $\dot{Q}_{\text{d}}$ 亦有界。因此，必存在有界常数 $\bar{F}_h$，$\bar{F}_\gamma$，$\bar{F}_\theta$，$\bar{F}_Q \in \mathbf{R}^+$ 使得

$$\begin{cases}|f_h(\mu_2(t)\hbar_2(t))-\dot{h}_{\text{ref}}-\mu_1(t)\dot{\hbar}_1(t)|\leqslant \bar{F}_h\\ |f_\gamma(h,\gamma,\mu_3(t)\hbar_3(t))-\dot{\gamma}_{\text{d}}-\mu_2(t)\dot{\hbar}_2(t)|\leqslant \bar{F}_\gamma\\ |f_\theta(\mu_4(t)\hbar_4(t))-\dot{\theta}_{\text{d}}-\mu_3(t)\dot{\hbar}_3(t)|\leqslant \bar{F}_\theta\\ |f_Q(h,\gamma,0)-\dot{Q}_{\text{d}}-\mu_4(t)\dot{\hbar}_4(t)|\leqslant \bar{F}_Q\end{cases} \tag{5.69}$$

又因为 $\dfrac{1}{1-\mu_1^2(t)}>1$，$\dfrac{1}{1-\mu_2^2(t)}>1$，$\dfrac{1}{1-\mu_3^2(t)}>1$，$\dfrac{1}{1-\mu_4^2(t)}>1$，则式(5.67)变为

$$\dot{W}_h \leqslant \frac{2}{1-\mu_1^2(t)}\frac{1}{\hbar_1(t)}[\bar{F}_h|\varepsilon_1(t)|-k_\gamma B_\gamma \varepsilon_1^2(t)]$$
$$+\frac{2}{1-\mu_2^2(t)}\frac{1}{\hbar_2(t)}[\bar{F}_\gamma|\varepsilon_2(t)|-k_\theta B_\theta \varepsilon_2^2(t)]$$
$$+\frac{2}{1-\mu_3^2(t)}\frac{1}{\hbar_3(t)}[\bar{F}_\theta|\varepsilon_3(t)|-k_Q B_Q \varepsilon_3^2(t)]$$
$$+\frac{2}{1-\mu_4^2(t)}\frac{1}{\hbar_4(t)}[\bar{F}_Q|\varepsilon_4(t)|-k_{\delta_e} B_{\delta_e} \varepsilon_4^2(t)] \tag{5.70}$$

若 $|\varepsilon_1(t)|>\dfrac{\bar{F}_h}{k_\gamma B_\gamma}$，$|\varepsilon_2(t)|>\dfrac{\bar{F}_\gamma}{k_\theta B_\theta}$，$|\varepsilon_3(t)|>\dfrac{\bar{F}_\theta}{k_Q B_Q}$，$|\varepsilon_4(t)|>\dfrac{\bar{F}_Q}{k_{\delta_e} B_{\delta_e}}$，则 $\dot{W}_h<0$，故 $\varepsilon_1(t)$、$\varepsilon_2(t)$、$\varepsilon_3(t)$与 $\varepsilon_4(t)$均有界，并将最终收敛到如下紧集

$$\Omega_\varepsilon=\Omega_{\varepsilon_1(t)}\cup\Omega_{\varepsilon_2(t)}\cup\Omega_{\varepsilon_3(t)}\cup\Omega_{\varepsilon_4(t)} \tag{5.71}$$

式中

$$\Omega_{\varepsilon_1(t)}=\left\{\varepsilon_1(t)\ \middle|\ |\varepsilon_1(t)|\leqslant\frac{\bar{F}_h}{k_\gamma B_\gamma}\right\}$$

$$\Omega_{\varepsilon_2(t)}=\left\{\varepsilon_2(t)\ \middle|\ |\varepsilon_2(t)|\leqslant\frac{\bar{F}_\gamma}{k_\theta B_\theta}\right\}$$

$$\Omega_{\varepsilon_3(t)}=\left\{\varepsilon_3(t)\ \middle|\ |\varepsilon_3(t)|\leqslant\frac{\bar{F}_\theta}{k_Q B_Q}\right\}$$

$$\Omega_{\varepsilon_4(t)}=\left\{\varepsilon_4(t)\ \middle|\ |\varepsilon_4(t)|\leqslant\frac{\bar{F}_Q}{k_{\delta_e} B_{\delta_e}}\right\}$$

再根据定理 5.1 可得：$-\hbar_1(t)<\tilde{h}<\hbar_1(t)$，$-\hbar_2(t)<\tilde{\gamma}<\hbar_2(t)$，$-\hbar_3(t)<\tilde{\theta}<\hbar_3(t)$，$-\hbar_4(t)<\tilde{Q}<\hbar_4(t)$。因此，通过为 $\hbar_1(t)$、$\hbar_2(t)$、$\hbar_3(t)$与 $\hbar_4(t)$选取合适的设计参数，即可保证 $\tilde{h}$、$\tilde{\gamma}$、$\tilde{\theta}$ 与 $\tilde{Q}$ 具有满意的动态性能与稳态精度。证毕。

至此，已完成了控制律设计与稳定性分析的全部过程，所设计的控制系统结构框图如图 5.3 所示。

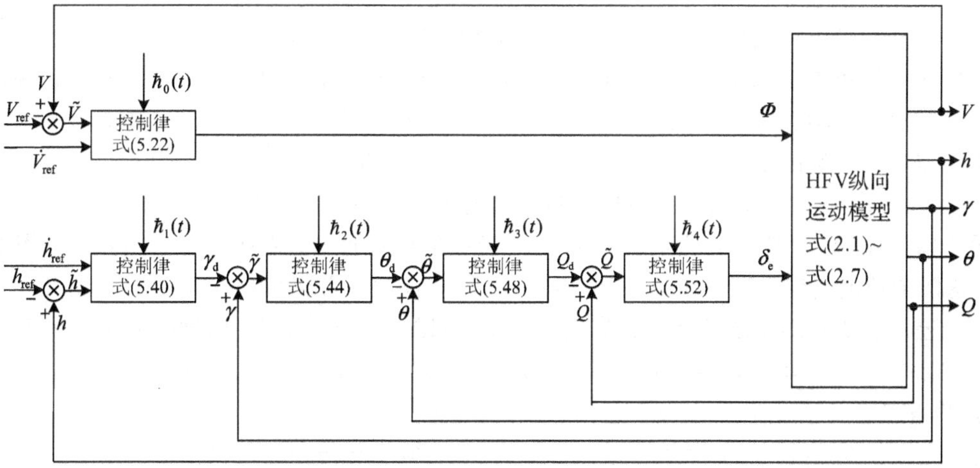


图 5.3　不依赖初始误差的 HFV 非仿射预设性能控制系统结构框图

**注 5.8**：由于所设计的控制律不依赖 HFV 的精确模型，故其鲁棒性是有保证的。

**注 5.9**：本节所设计的控制律不需要任何自适应参数或在线学习参数，因而具有比文献[103，109，139，158]方法更低的计算量和更好的实时性。同时，由于控制律没有任何自适应参数，从而避免了文献[103，109]方法可能出现的参数漂移现象。

**注 5.10**：与文献[158，163]的传统反演控制方法不同，本节方法不需要对虚拟控制律反复求一阶导数，避免了传统反演控制的“微分项膨胀”问题。

### 5.2.5 仿真与分析

以 HFV 的纵向运动模型(式(2.1)～式(2.7))为被控对象，进行速度与高度参考输入的跟踪仿真。仿真采用四阶 Runge-Kutta 法进行求解，仿真步长取为 0.01 s。速度与高度参考输入均由图 2.21 所示的二阶参考模型给出。仿真采用控制律式(5.22)、式(5.40)、式(5.44)、式(5.48)与式(5.52)。控制律设计参数取为：$k_V=0.5$，$k_\gamma=0.04$，$k_\theta=0.05$，$k_Q=0.1$，$k_{\delta_e}=0.8$。二阶参考模型参数取为：$\varsigma_A=0.9$，$\omega_A=0.1$。仿真中，HFV 的初始状态取值见表 2.5。性能函数取为

$$\begin{aligned}\hbar_0(t)&=\coth(0.4t+0.5)-1+0.46\\ \hbar_1(t)&=\coth(0.4t+0.85)-1+0.12\\ \hbar_2(t)&=\coth(0.7t+1.6)-1+0.0175\\ \hbar_3(t)&=\coth(0.7t+1.6)-1+0.0262\\ \hbar_4(t)&=\coth(0.7t+1.2)-1+0.0349\end{aligned}$$

分别在以下两种情景下进行仿真。

情景一：将本节的预设性能控制(Prescribed Performance Control，PPC)方法与文献[120]的鲁棒反演控制(Robust Back-stepping Control，RBC)方法进行对比仿真。仿真中，速度 $V$ 阶跃幅值为 100 m/s，高度 $h$ 阶跃幅值为 100 m。为了验证控制律的鲁棒性，假设 HFV 模型气动系数存在±40%的摄动量，定义

$$C=\begin{cases}C_0 & 0\ \mathrm{s}\leqslant t<50\ \mathrm{s}\\ C_0[1+0.4\sin(0.1\pi t)] & t\geqslant 50\ \mathrm{s}\end{cases}\tag{5.72}$$

式中：$C_0$ 表示 HFV 气动系数的标称值，$C$ 为仿真中 $C_0$ 的取值。

情景一的仿真结果如图 5.4 所示。由图(a)～图(d)可见，采用 PPC 时的速度跟踪误差与高度跟踪误差均被限定在预设区域内；与 RBC 相比，PPC 能够保证速度跟踪误差与高度跟踪误差具有更好的动态性能；当参数存在摄动时，PPC 的控制精度也更高，表现出更强的鲁棒性。图(e)与图(f)表明，两种控制方法的航迹角控制效果相当，但 PPC 的航迹角响应更平滑。图(g)～图(j)表明，虽然 RBC 的俯仰角与俯仰角速度响应更平滑，但采用 PPC 时，这两个角度响应没有高频抖振现象，并且 PPC 能够保证俯仰角跟踪误差与俯仰角速度跟踪误差具有更好的动态性能与稳态精度。由图(k)～图(n)可见，两种控制方法的弹性状态与控制输入均没有高频抖振现象。图(o)～图(s)表明，$\varepsilon_0(t)$、$\varepsilon_1(t)$、$\varepsilon_2(t)$、$\varepsilon_3(t)$与$\varepsilon_4(t)$均有界。

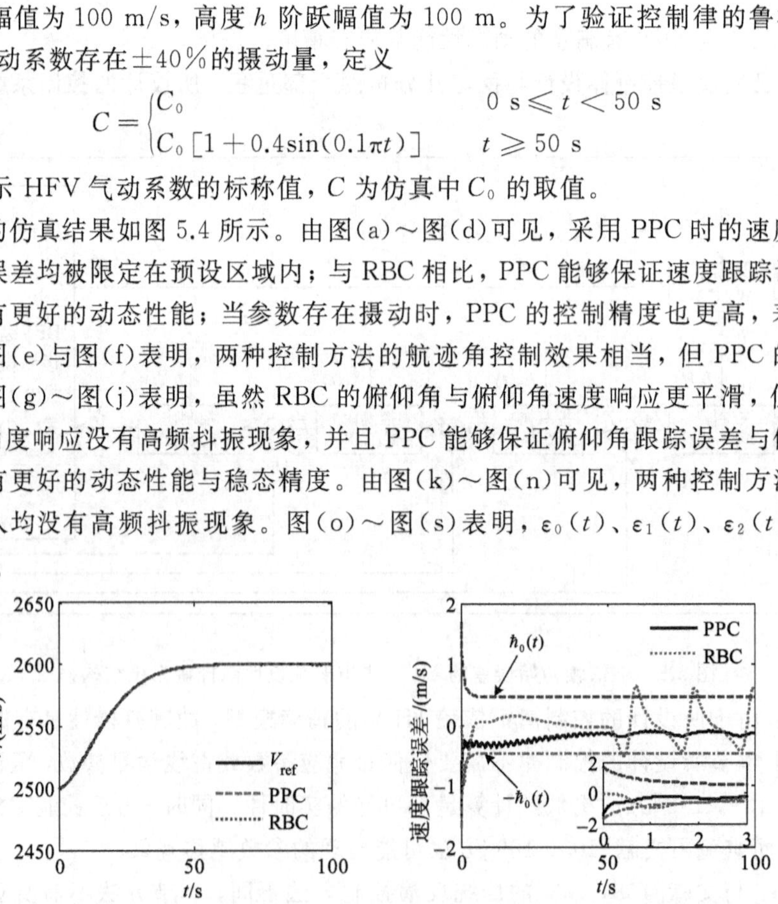


(a) 速度跟踪效果　　　(b) 速度跟踪误差

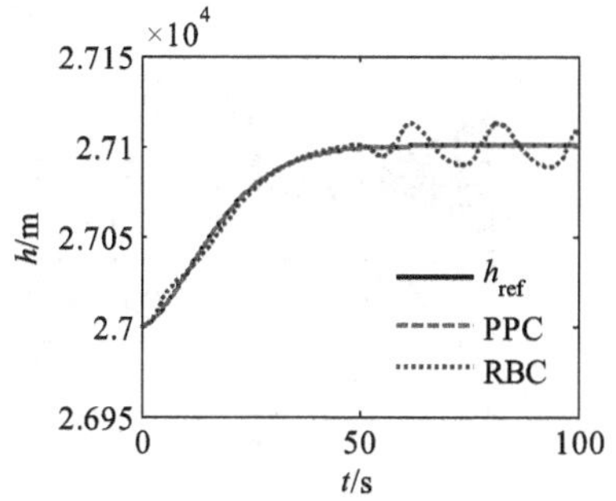


(c)　高度跟踪效果

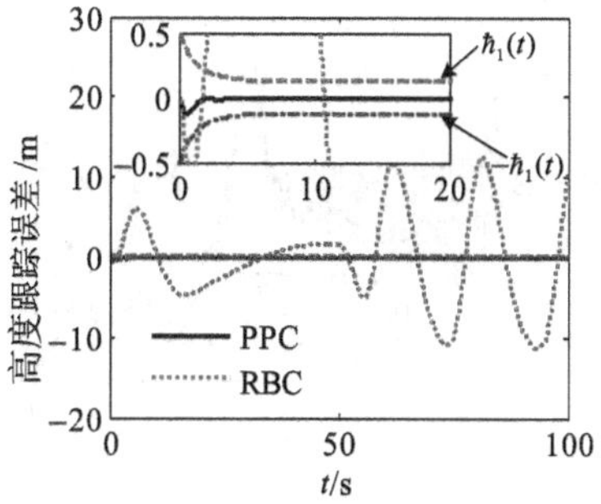


(d)　高度跟踪误差

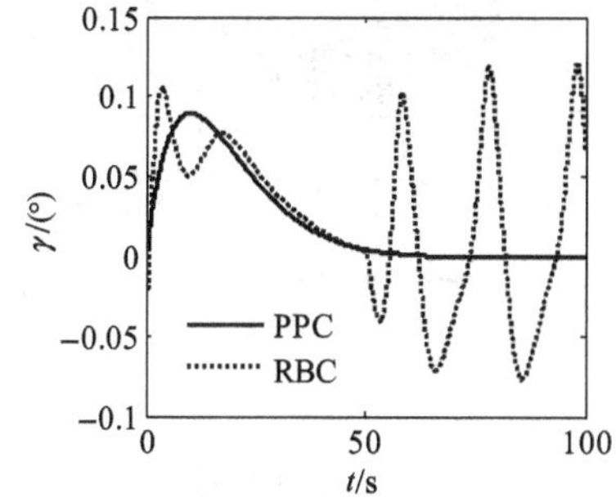


(e)　航迹角变化曲线

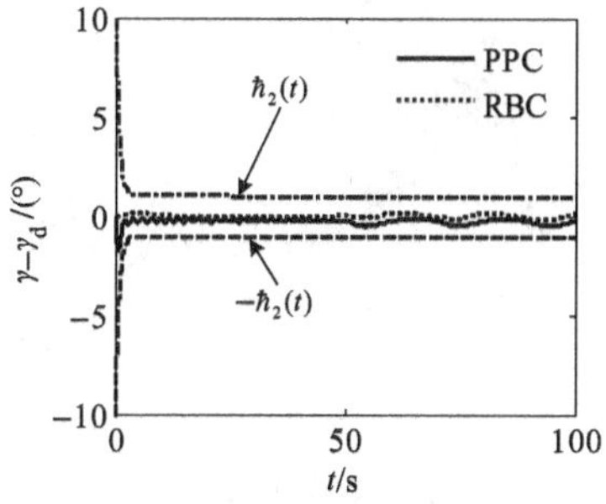


(f)　航迹角跟踪误差

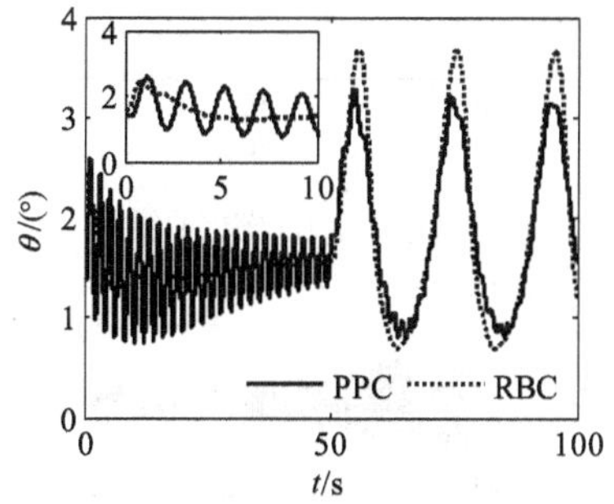


(g)　俯仰角变化曲线

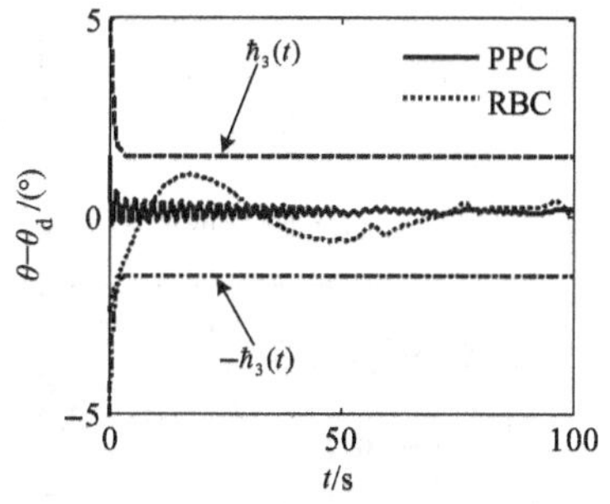


(h)　俯仰角跟踪误差

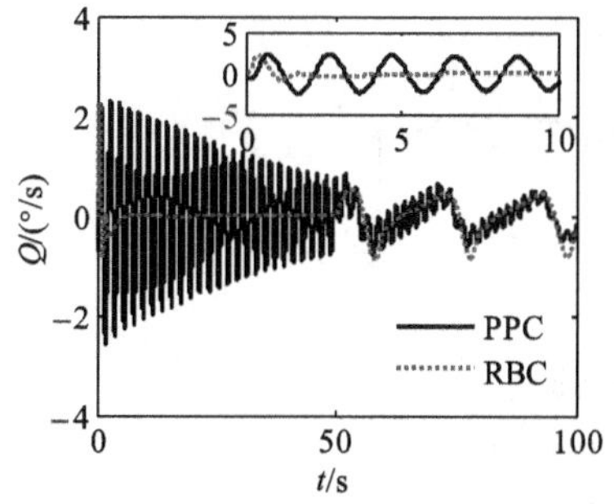


(i)　俯仰角速度变化曲线

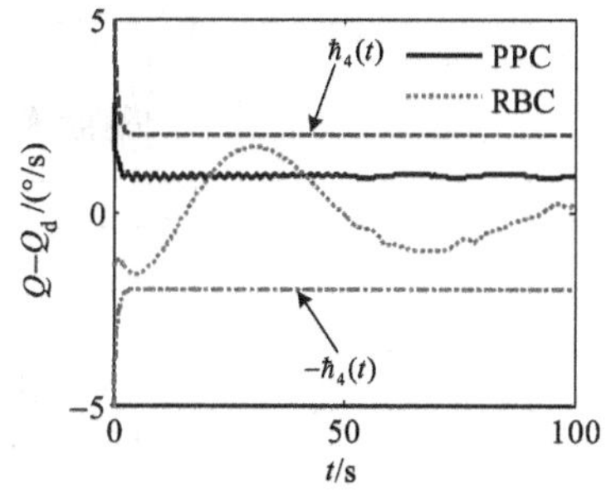


(j)　俯仰角速度跟踪误差

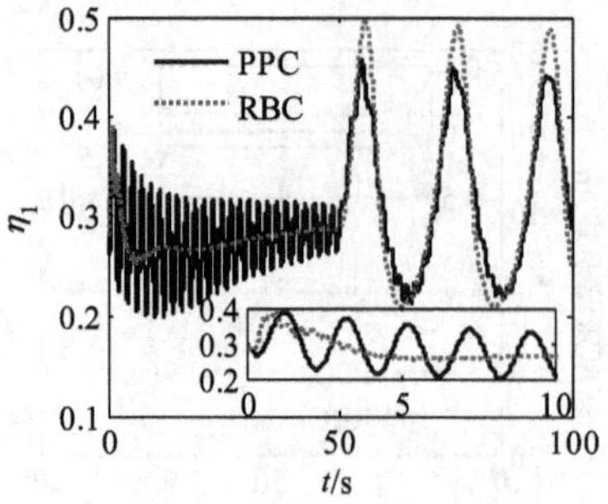


(k) 弹性状态 $\eta_1$ 变化曲线

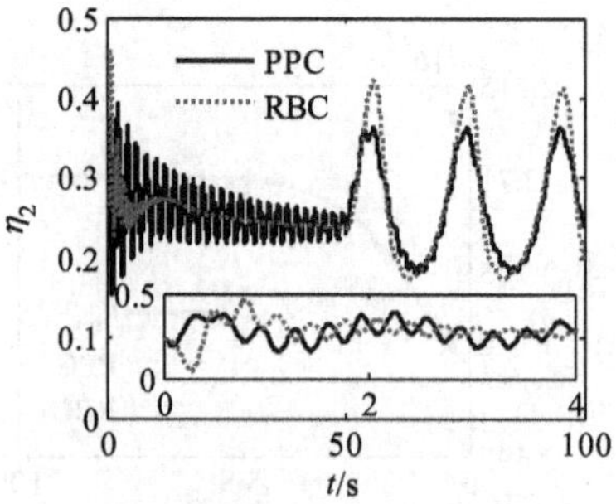


(l) 弹性状态 $\eta_2$ 变化曲线

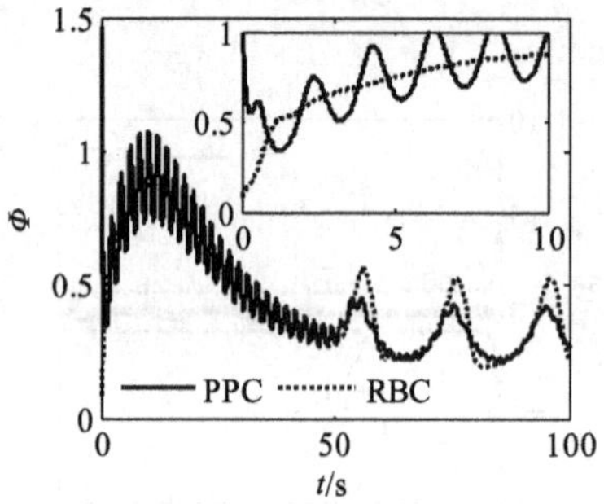


(m) $\Phi$ 变化曲线

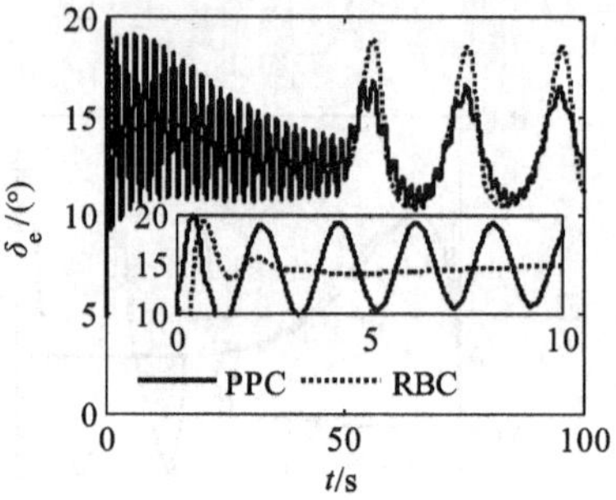


(n) $\delta_e$ 变化曲线

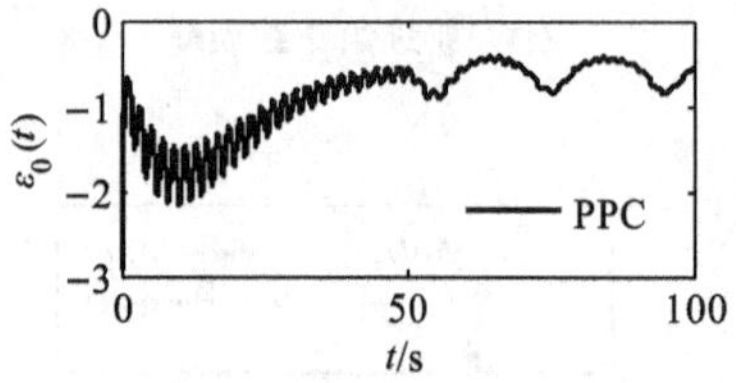


(o) $\varepsilon_0(t)$ 变化曲线

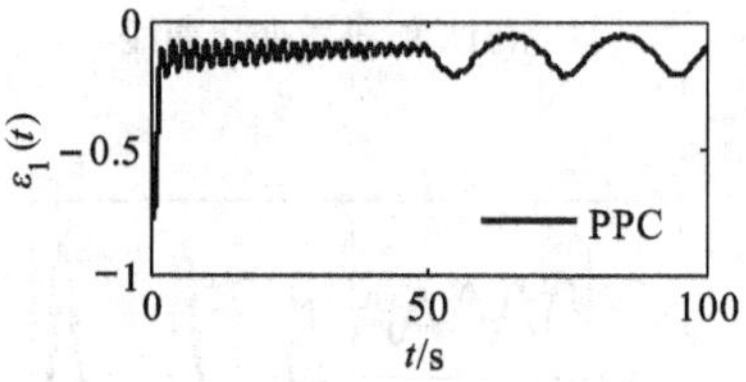


(p) $\varepsilon_1(t)$ 变化曲线

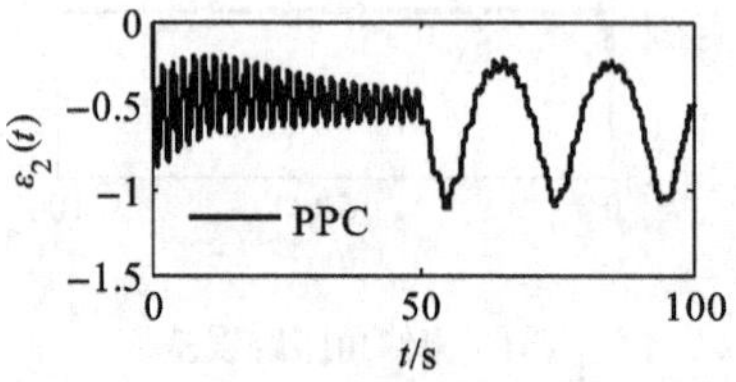


(q) $\varepsilon_2(t)$ 变化曲线

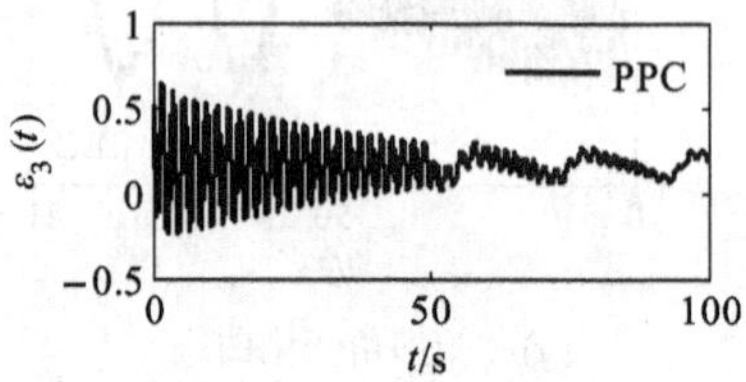


(r) $\varepsilon_3(t)$ 变化曲线

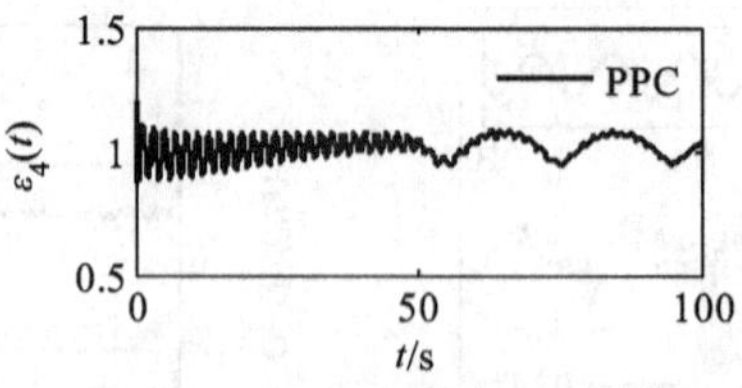


(s) $\varepsilon_4(t)$ 变化曲线

图 5.4 情景一仿真结果

情景二：将本节的 PPC 方法与文献[163]的神经反演控制(Neural Back-stepping Control，NBC)方法作对比仿真。仿真中，速度 $V$ 每 100 s 阶跃幅值为 100 m/s，高度参考

输入选幅值为 100 m、周期为 200 s 的方波信号。同样假设 HFV 模型气动系数存在±40%的摄动量，并定义

$$C=\begin{cases} C_0 & 0\ \mathrm{s}\leqslant t<50\ \mathrm{s} \\ C_0[1+0.4\sin(0.1\pi t)] & 50\ \mathrm{s}\leqslant t<100\ \mathrm{s} \\ C_0 & 100\ \mathrm{s}\leqslant t<150\ \mathrm{s} \\ C_0[1+0.4\sin(0.1\pi t)] & 150\ \mathrm{s}\leqslant t<200\ \mathrm{s} \\ C_0 & 200\ \mathrm{s}\leqslant t<250\ \mathrm{s} \\ C_0[1+0.4\sin(0.1\pi t)] & 250\ \mathrm{s}\leqslant t\leqslant 300\ \mathrm{s} \end{cases} \tag{5.73}$$

情景二的仿真结果如图 5.5 所示。图(a)～图(d)表明，与 NBC 相比，采用 PPC 时的速度跟踪误差与高度跟踪误差不仅动态性能更好，而且稳态精度也更高。图(e)～图(h)表明，两种控制方法的航迹角与俯仰角控制效果相当。图(i)与图(j)表明，PPC 的俯仰角速度响应没有高频抖振现象，虽然采用 PPC 时的俯仰角速度跟踪误差未收敛到零，但仍被限定在预设区域内。由图(k)～图(n)可见，两种控制方法的弹性状态与控制输入也较平滑，无高频抖振现象。图(o)～图(s)表明，$\varepsilon_0(t)$、$\varepsilon_1(t)$、$\varepsilon_2(t)$、$\varepsilon_3(t)$与$\varepsilon_4(t)$均有界。

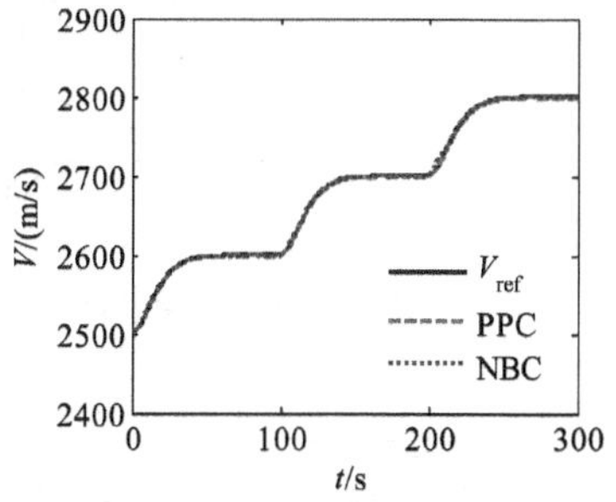


(a)　速度跟踪效果

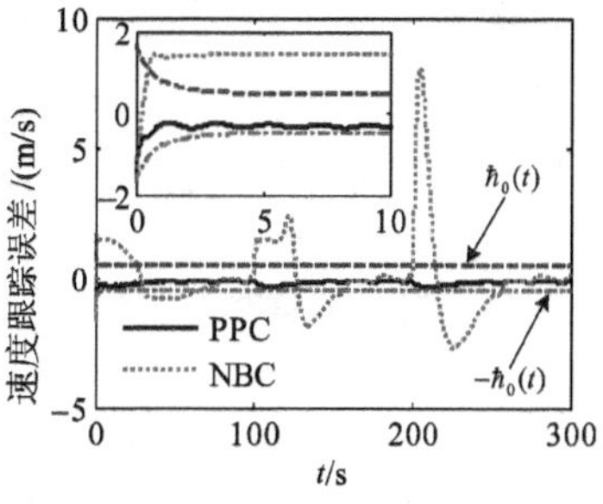


(b)　速度跟踪误差

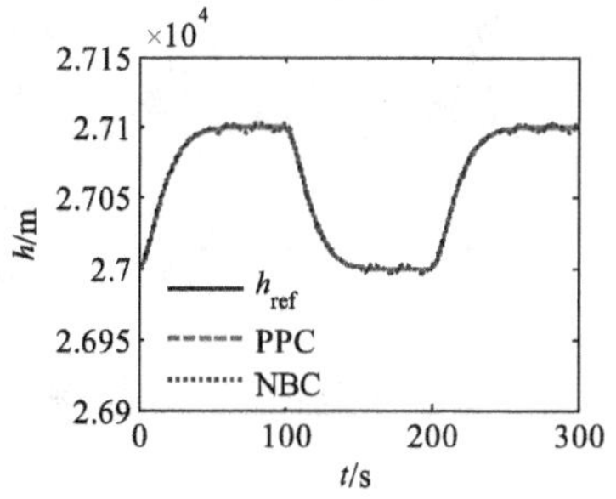


(c)　高度跟踪效果

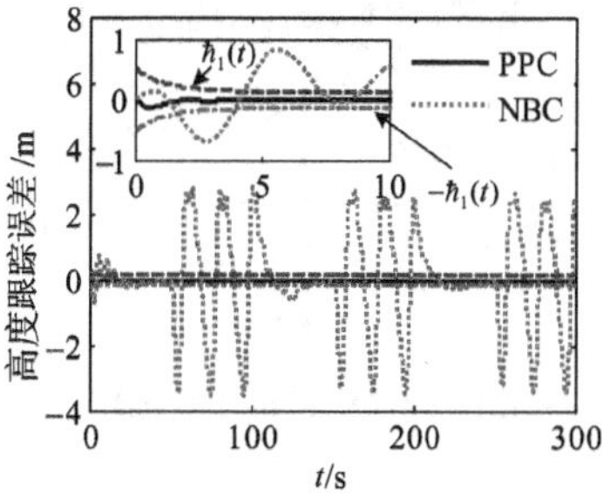


(d)　高度跟踪误差

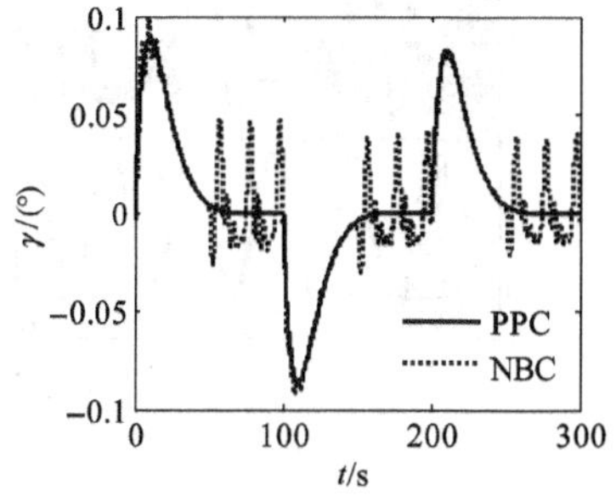


(e)　航迹角变化曲线

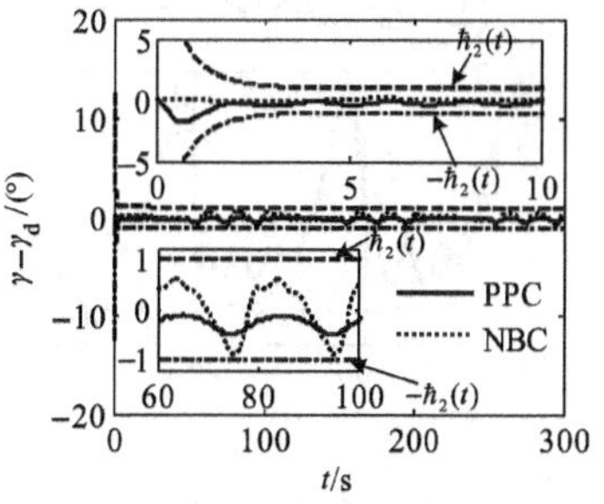


(f)　航迹角跟踪误差

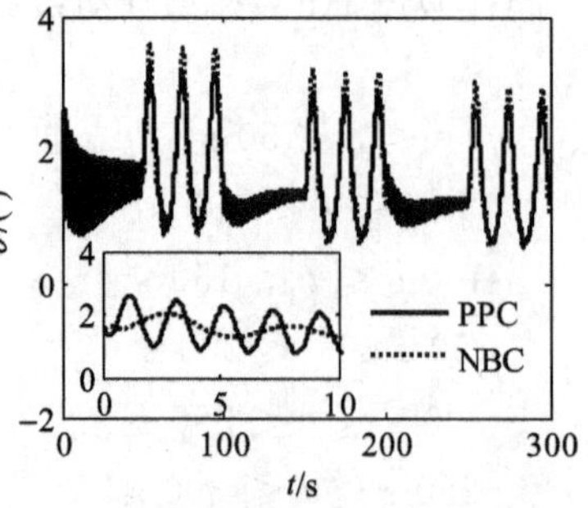


(g) 俯仰角变化曲线

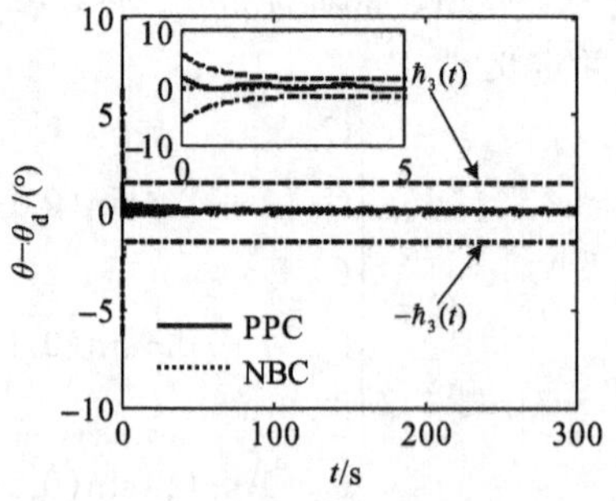


(h) 俯仰角跟踪误差

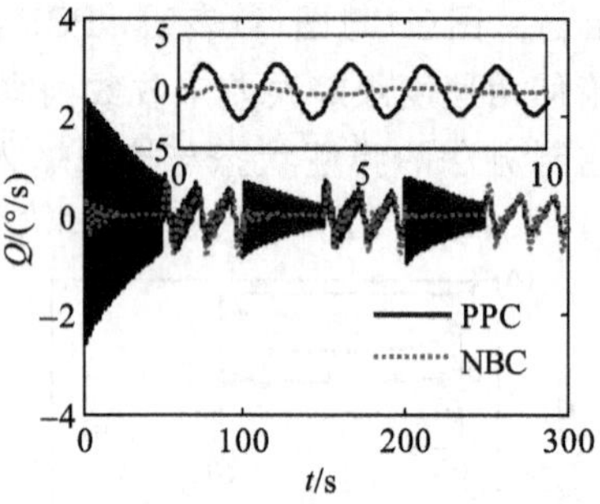


(i) 俯仰角速度变化曲线

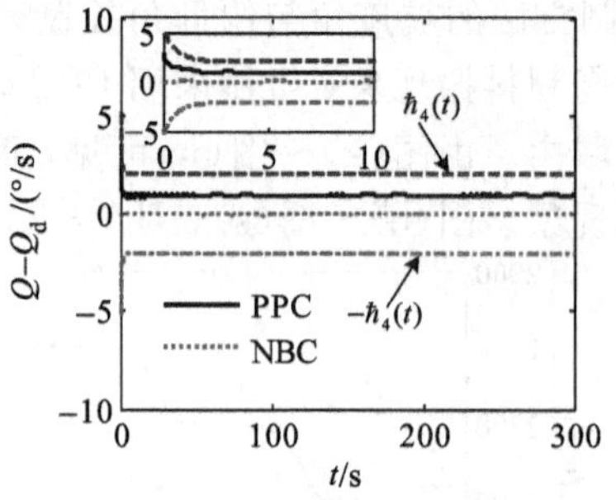


(j) 俯仰角速度跟踪误差

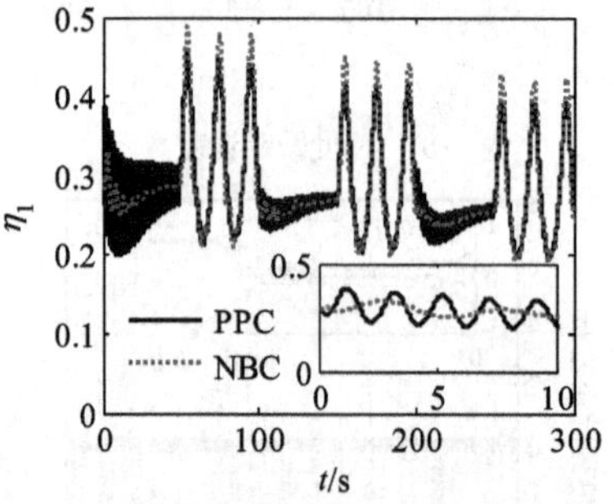


(k) 弹性状态 $\eta_1$ 变化曲线

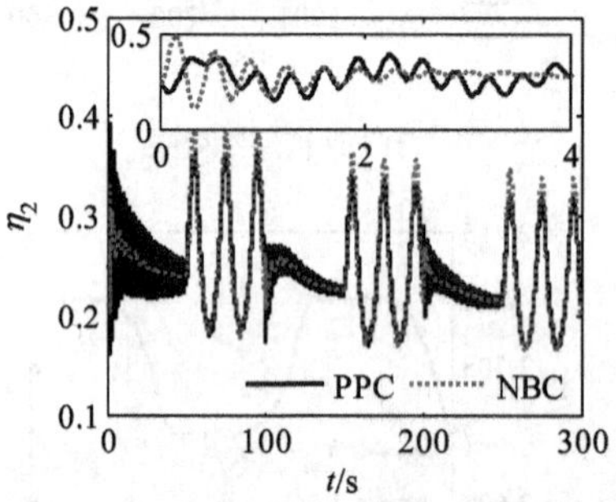


(l) 弹性状态 $\eta_2$ 变化曲线

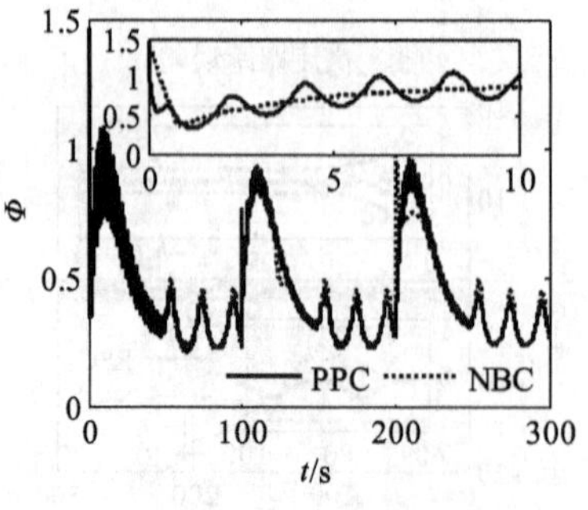


(m) $\Phi$ 变化曲线

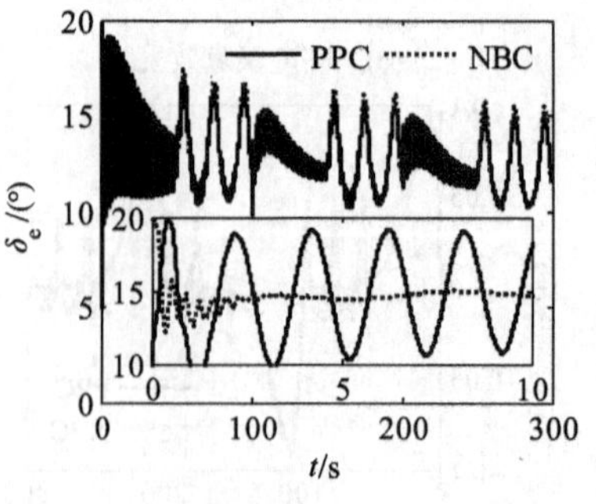


(n) $\delta_e$ 变化曲线

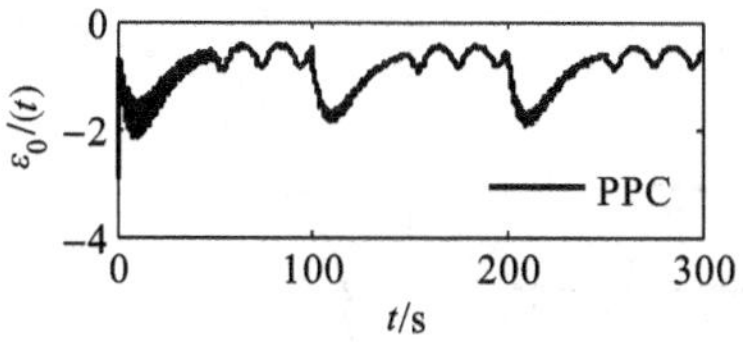


(o)　$\varepsilon_0(t)$ 变化曲线

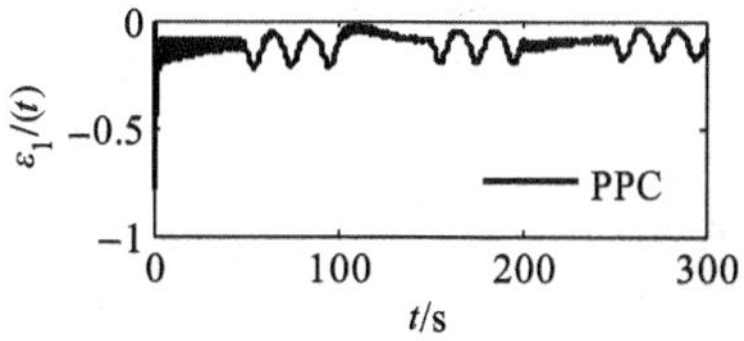


(p)　$\varepsilon_1(t)$ 变化曲线

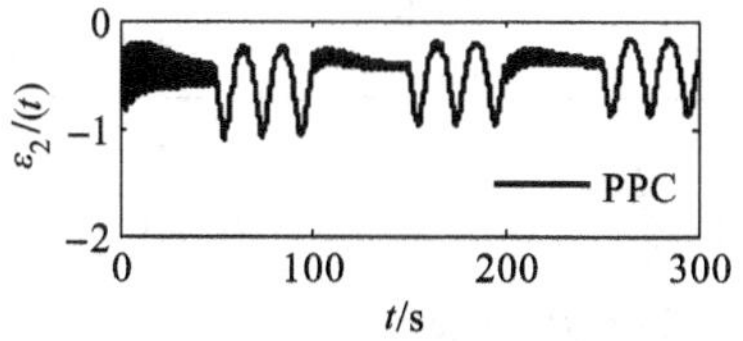


(q)　$\varepsilon_2(t)$ 变化曲线

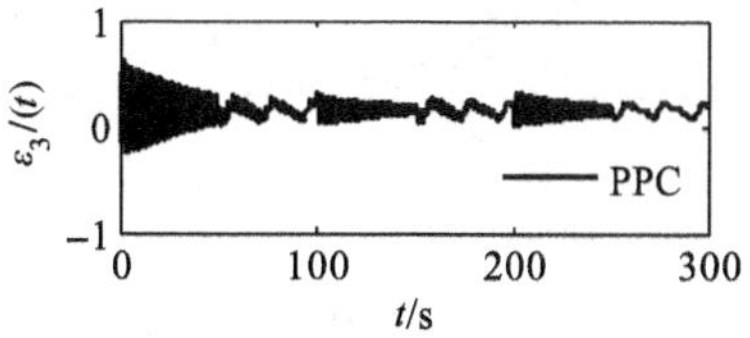


(r)　$\varepsilon_3(t)$ 变化曲线

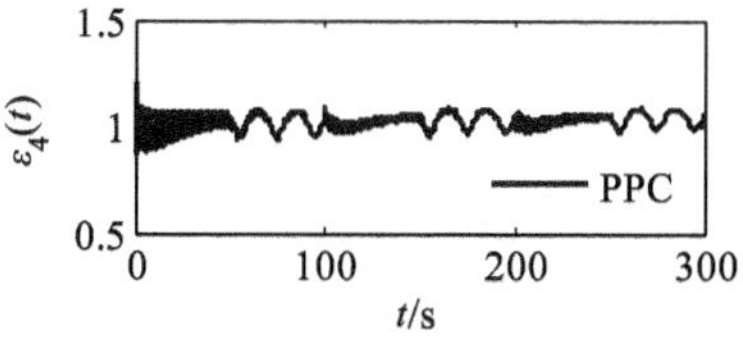


(s)　$\varepsilon_4(t)$ 变化曲线

图 5.5　情景二仿真结果

## 5.3　不依赖初始误差的 HFV 小超调非仿射预设性能神经控制

5.2 节的预设性能控制方法为了摆脱对跟踪误差初值的依赖，要求 $h(0)$ 的取值要足够大。由于 $h(0)$ 表示跟踪误差 $e(t)$ 所允许的最大超调，故 5.2 节方法并不能保证 $e(t)$ 小超调甚至零超调收敛。为此，本节为 HFV 提出一种不依赖误差初值且能确保跟踪误差小超调收敛的新型预设性能控制方法。

### 5.3.1　新型性能函数设计

根据定义 5.1，通过设计两个新型性能函数，本节提出一种不依赖跟踪误差初值的新型预设性能，表述如下：

$$P_l(t) < e(t) < P_r(t) \tag{5.74}$$

将式(5.74)中的新型性能函数 $P_l(t)$ 与 $P_r(t)$ 设计为

$$\begin{cases} P_l(t) = [\mathrm{sign}(e(0)) - \delta_l]\rho(t) - \rho_\infty \mathrm{sign}(e(0)) \\ P_r(t) = [\mathrm{sign}(e(0)) + \delta_r]\rho(t) - \rho_\infty \mathrm{sign}(e(0)) \end{cases} \tag{5.75}$$

式中：$\rho(t) = (\rho_0 - \rho_\infty)\mathrm{e}^{-lt} + \rho_\infty$，$\rho_0 > \rho_\infty$，$l \in \mathbf{R}^+$，$0 \leqslant \delta_l \leqslant 1$，$0 \leqslant \delta_r \leqslant 1$ 为待设计参数。

所定义的新型预设性能(式(5.74))如图 5.6 所示。

由式(5.74)、式(5.75)与图 5.6 可知，引入符号函数 $\mathrm{sign}(e(0))$ 后，$P_l(t)$ 与 $P_r(t)$ 可以根据 $e(0)$ 的不同符号自适应地改变自身函数形状。进一步，通过为 $P_l(t)$ 与 $P_r(t)$ 选择合适的设计参数，能够实现误差 $e(t)$ 小超调甚至零超调收敛。

由于无法直接针对式(5.74)设计控制律，故定义如下转换误差 $\eta(t)$

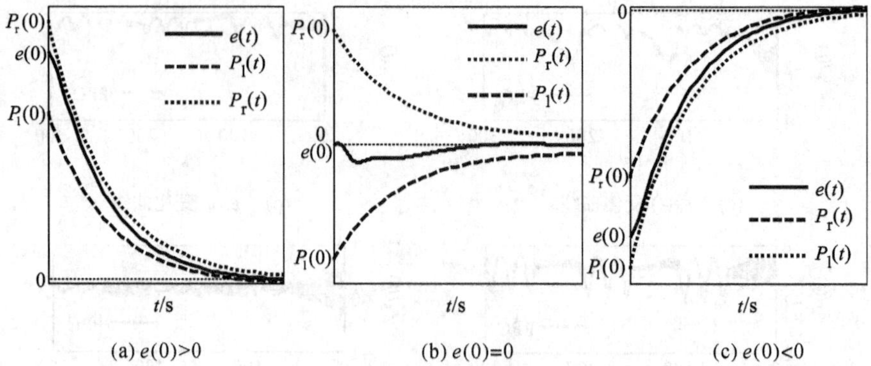


图 5.6　式(5.74)所定义的预设性能示意图

$$\eta(t)=\ln\left(\frac{\bar{\vartheta}(t)}{1-\bar{\vartheta}(t)}\right) \tag{5.76}$$

式中：$\bar{\vartheta}(t)=\dfrac{e(t)-P_1(t)}{P_r(t)-P_1(t)}$。

得到如下定理。

**定理 5.5**：若 $\eta(t)$ 有界，则有 $P_1(t)<e(t)<P_r(t)$。

**证明**：式(5.76)的逆变换为

$$e^{\eta(t)}=\frac{\bar{\vartheta}(t)}{1-\bar{\vartheta}(t)} \tag{5.77}$$

由式(5.77)进一步可得

$$\bar{\vartheta}(t)=\frac{e^{\eta(t)}}{1+e^{\eta(t)}} \tag{5.78}$$

由于 $\eta(t)$ 有界，必存在有界常数 $\eta_M\in\mathbf{R}^+$ 使得 $|\eta(t)|\leqslant\eta_M$。则式(5.78)变为

$$0<\frac{e^{-\eta_M}}{1+e^{-\eta_M}}<\bar{\vartheta}(t)<\frac{e^{\eta_M}}{1+e^{\eta_M}}<1 \tag{5.79}$$

又因为 $\bar{\vartheta}(t)=\dfrac{e(t)-P_1(t)}{P_r(t)-P_1(t)}$，则有

$$0<\frac{e(t)-P_1(t)}{P_r(t)-P_1(t)}<1 \tag{5.80}$$

亦即

$$P_1(t)<e(t)<P_r(t) \tag{5.81}$$

故定理 5.5 成立。证毕。

**注 5.11**：基于式(5.76)设计控制律，只要 $\eta(t)$ 有界，便能将 $e(t)$ 限定在式(5.74)所定义的预设区域内。再通过为 $P_1(t)$ 与 $P_r(t)$ 选取合适的设计参数，就能保证 $e(t)$ 具有满意的动态性能与稳态精度。

### 5.3.2　速度控制律设计与稳定性分析

HFV 的控制目标是：在 4.2 节的基础上，为速度子系统(式(4.1))设计一个基于神经逼近的预设性能控制律 $\Phi$，将速度跟踪误差限定在预设区域内以保证其具有满意的动态性能与稳态精度。

定义速度跟踪误差

$$\tilde{V}=V-V_{\mathrm{ref}} \tag{5.82}$$

对式(5.82)求时间的一阶导数并将式(4.1)代入可得

$$\dot{\tilde{V}}=\dot{V}-\dot{V}_{\mathrm{ref}}=k_V\Phi+F_V(V,\Phi)-\dot{V}_{\mathrm{ref}} \tag{5.83}$$

式中：$k_V\in\mathbf{R}^+$ 为待设计参数，$F_V(V,\Phi)=f_V(V,\Phi)-k_V\Phi$ 为连续可微的未知函数。

定义转换误差 $\eta_V(t)$

$$\eta_V(t)=\ln\left(\frac{\bar{\vartheta}_1(t)}{1-\bar{\vartheta}_1(t)}\right) \tag{5.84}$$

式中

$$\bar{\vartheta}_1(t)=\frac{\tilde{V}-P_{\mathrm{l1}}(t)}{P_{\mathrm{r1}}(t)-P_{\mathrm{l1}}(t)}$$

$$P_{\mathrm{l1}}(t)=[\mathrm{sign}(\tilde{V}(0))-\delta_{\mathrm{l1}}]\rho_1(t)-\rho_{1\infty}\mathrm{sign}(\tilde{V}(0))$$

$$P_{\mathrm{r1}}(t)=[\mathrm{sign}(\tilde{V}(0))+\delta_{\mathrm{r1}}]\rho_1(t)-\rho_{1\infty}\mathrm{sign}(\tilde{V}(0))$$

$$\rho_1(t)=(\rho_{10}-\rho_{1\infty})\mathrm{e}^{-l_1t}+\rho_{1\infty}$$

式中：$0\leqslant\delta_{\mathrm{l1}}\leqslant1$，$0\leqslant\delta_{\mathrm{r1}}\leqslant1$，$\rho_{10}>\rho_{1\infty}>0$，$l_1>0$ 均为待设计参数。

对式(5.84)求时间的一阶导数并将式(5.83)代入可得

$$\begin{aligned}\dot{\eta}_V(t)=r_1\Big[&k_V\Phi+F_V(V,\Phi)-\dot{V}_{\mathrm{ref}}\\&+\frac{P_{\mathrm{l1}}(t)\dot{P}_{\mathrm{r1}}(t)-\dot{P}_{\mathrm{l1}}(t)P_{\mathrm{r1}}(t)-\tilde{V}[\dot{P}_{\mathrm{r1}}(t)-\dot{P}_{\mathrm{l1}}(t)]}{P_{\mathrm{r1}}(t)-P_{\mathrm{l1}}(t)}\Big]\end{aligned} \tag{5.85}$$

式中

$$r_1=\frac{1}{[1-\bar{\vartheta}_1(t)][P_{\mathrm{r1}}(t)-P_{\mathrm{l1}}(t)]\bar{\vartheta}_1(t)}>0$$

$$\dot{P}_{\mathrm{l1}}(t)=[\mathrm{sign}(\tilde{V}(0))-\delta_{\mathrm{l1}}]\dot{\rho}_1(t)$$

$$\dot{P}_{\mathrm{r1}}(t)=[\mathrm{sign}(\tilde{V}(0))+\delta_{\mathrm{r1}}]\dot{\rho}_1(t)$$

$$\dot{\rho}_1=-l_1(\rho_{10}-\rho_{1\infty})\mathrm{e}^{-l_1t}$$

将控制律 $\Phi$ 设计为

$$\Phi=k_V^{-1}(\Phi_0-\Phi_1) \tag{5.86}$$

式中

$$\Phi_0=-k_{V1}\eta_V(t)+\dot{V}_{\mathrm{ref}}-\frac{P_{\mathrm{l1}}(t)\dot{P}_{\mathrm{r1}}(t)-\dot{P}_{\mathrm{l1}}(t)P_{\mathrm{r1}}(t)-\tilde{V}[\dot{P}_{\mathrm{r1}}(t)-\dot{P}_{\mathrm{l1}}(t)]}{P_{\mathrm{r1}}(t)-P_{\mathrm{l1}}(t)}$$

$k_{V1}\in\mathbf{R}^+$ 为待设计参数，$\Phi_1$ 为待设计的神经控制律，用以抵消未知项 $F_V(V,\Phi)$的影响。

定义$\boldsymbol{X}_1=[V,\Phi_0]^{\mathrm{T}}\in\mathbf{R}^2$ 为 RBFNN 的输入向量，并采用 RBFNN 对 $F_V(V,\Phi)$进行逼近

$$F_V(V,\Phi)=\boldsymbol{W}_1^{*\mathrm{T}}\boldsymbol{h}_1(\boldsymbol{X}_1)+\iota_1,\quad |\iota_1|\leqslant\iota_{1\mathrm{M}} \tag{5.87}$$

式中：$\boldsymbol{W}_1^*=[w_{11}^*,w_{12}^*,\cdots,w_{1p_1}^*]^{\mathrm{T}}\in\mathbf{R}^{p_1}$ 为理想权值向量，$\iota_1$ 与 $\iota_{1\mathrm{M}}$分别为逼近误差及其上界，$\boldsymbol{h}_1(\boldsymbol{X}_1)=[h_{11}(\boldsymbol{X}_1),h_{12}(\boldsymbol{X}_1),\cdots,h_{1p_1}(\boldsymbol{X}_1)]^{\mathrm{T}}\in\mathbf{R}^{p_1}$，$h_{1j}(\boldsymbol{X}_1)(j=1,2,\cdots,p_1)$为与

式(3.5)相同的高斯基函数，$p_1$ 为节点个数。

定义 $\varphi_1=\|\boldsymbol{W}_1^*\|^2$ 并将 $\Phi_1$ 设计为

$$\Phi_1=\frac{1}{2}\eta_V(t)\hat{\varphi}_1\boldsymbol{h}_1^{\mathrm{T}}(\boldsymbol{X}_1)\boldsymbol{h}_1(\boldsymbol{X}_1) \tag{5.88}$$

式中：$\hat{\varphi}_1$ 为 $\varphi_1$ 的估计值，其自适应律为

$$\dot{\hat{\varphi}}_1=r_1\left[\frac{\lambda_1}{2}\eta_V^2(t)\boldsymbol{h}_1^{\mathrm{T}}(\boldsymbol{X}_1)\boldsymbol{h}_1(\boldsymbol{X}_1)-2\hat{\varphi}_1\right] \tag{5.89}$$

式中：$\lambda_1\in\mathbf{R}^+$ 为待设计参数。

下面进行稳定性分析。

**定理 5.6**：针对 HFV 的速度子系统(式(4.1))，在假设 4.1 的前提下，若采用控制律式(5.86)与自适应律式(5.89)，则闭环控制系统局部一致渐近稳定。

**证明**：定义误差

$$\tilde{\varphi}_1=\hat{\varphi}_1-\varphi_1 \tag{5.90}$$

将式(5.86)～式(5.88)代入式(5.85)可得

$$\begin{aligned}\dot{\eta}_V(t)=r_1\Big[&-k_{V1}\eta_V(t)+\boldsymbol{W}_1^{*\mathrm{T}}\boldsymbol{h}_1(\boldsymbol{X}_1)\\&-\frac{1}{2}\eta_V(t)\hat{\varphi}_1\boldsymbol{h}_1^{\mathrm{T}}(\boldsymbol{X}_1)\boldsymbol{h}_1(\boldsymbol{X}_1)+\iota_1\Big]\end{aligned} \tag{5.91}$$

选取如下 Lyapunov 函数

$$W_V=\frac{\eta_V^2(t)}{2}+\frac{\tilde{\varphi}_1^2}{2\lambda_1} \tag{5.92}$$

对式(5.92)求时间的一阶导数并将式(5.89)～式(5.91)代入可得

$$\begin{aligned}\dot{W}_V&=\eta_V(t)\dot{\eta}_V(t)+\frac{\tilde{\varphi}_1\dot{\hat{\varphi}}_1}{\lambda_1}\\&=r_1\left[-k_{V1}\eta_V^2(t)+\eta_V(t)\boldsymbol{W}_1^{*\mathrm{T}}\boldsymbol{h}_1(\boldsymbol{X}_1)-\frac{1}{2}\eta_V^2(t)\varphi_1\boldsymbol{h}_1^{\mathrm{T}}(\boldsymbol{X}_1)\boldsymbol{h}_1(\boldsymbol{X}_1)\right.\\&\qquad\left.+\eta_V(t)\iota_1-\frac{2\tilde{\varphi}_1\hat{\varphi}_1}{\lambda_1}\right]\end{aligned} \tag{5.93}$$

由于

$$\begin{aligned}\eta_V(t)\boldsymbol{W}_1^{*\mathrm{T}}\boldsymbol{h}_1(\boldsymbol{X}_1)&\leqslant\frac{\eta_V^2(t)}{2}\|\boldsymbol{W}_1^{*\mathrm{T}}\boldsymbol{h}_1(\boldsymbol{X}_1)\|^2+\frac{1}{2}\\&=\frac{\eta_V^2(t)}{2}\|\boldsymbol{W}_1^*\|^2\|\boldsymbol{h}_1(\boldsymbol{X}_1)\|^2+\frac{1}{2}\\&=\frac{\eta_V^2(t)}{2}\varphi_1\boldsymbol{h}_1^{\mathrm{T}}(\boldsymbol{X}_1)\boldsymbol{h}_1(\boldsymbol{X}_1)+\frac{1}{2}\end{aligned}$$

$$\frac{2\tilde{\varphi}_1\hat{\varphi}_1}{\lambda_1}\geqslant\frac{\tilde{\varphi}_1^2-\varphi_1^2}{\lambda_1}$$

$$\eta_V(t)\iota_1\leqslant\frac{\eta_V^2(t)}{4}+\iota_{1\mathrm{M}}^2$$

式(5.93)变为

$$\dot{W}_V \leqslant r_1\left[-\left(k_{V1}-\frac{1}{4}\right)\eta_V^2(t)-\frac{\tilde{\varphi}_1^2}{\lambda_1}+\frac{1}{2}+\iota_{1M}^2+\frac{\varphi_1^2}{\lambda_1}\right] \tag{5.94}$$

令 $k_{V1}>1/4$ 并定义如下紧集

$$\Omega_{\eta_V(t)}=\left\{\eta_V(t)\ \middle|\ |\eta_V(t)|\leqslant\sqrt{\left(\frac{1}{2}+\iota_{1M}^2+\frac{\varphi_1^2}{\lambda_1}\right)\Big/\left(k_{V1}-\frac{1}{4}\right)}\right\}$$

$$\Omega_{\tilde{\varphi}_1}=\left\{\tilde{\varphi}_1\ \middle|\ |\tilde{\varphi}_1|\leqslant\sqrt{\left(\frac{1}{2}+\iota_{1M}^2+\frac{\varphi_1^2}{\lambda_1}\right)\Big/\left(\frac{1}{\lambda_1}\right)}\right\}$$

若 $\eta_V(t)\notin\Omega_{\eta_V(t)}$ 或 $\tilde{\varphi}_1\notin\Omega_{\tilde{\varphi}_1}$，则 $\dot{W}_V<0$，故闭环控制系统局部一致渐近稳定，$\eta_V(t)$ 与 $\tilde{\varphi}_1$ 半全局一致最终有界。证毕。

**注 5.12**：由于 $\eta_V(t)$ 有界，故有 $P_{l1}(t)<\tilde{V}<P_{r1}(t)$。通过为 $P_{l1}(t)$ 与 $P_{r1}(t)$ 选取合适的设计参数，即可保证 $\tilde{V}$ 具有满意的动态性能与稳态精度。

### 5.3.3　高度控制律设计与稳定性分析

HFV 的控制任务是：针对高度子系统式(2.2)～式(2.5)，在 4.2 节的基础上，通过设计基于神经逼近的预设性能控制律 $\delta_e$，将高度跟踪误差限定在预设区域内以保证其具有满意的动态性能与稳态精度。

定义高度跟踪误差

$$\tilde{h}=h-h_{\text{ref}} \tag{5.95}$$

定义转换误差 $\eta_h(t)$

$$\eta_h(t)=\ln\left(\frac{\bar{\vartheta}_2(t)}{1-\bar{\vartheta}_2(t)}\right) \tag{5.96}$$

式中

$$\bar{\vartheta}_2(t)=\frac{\tilde{h}-P_{l2}(t)}{P_{r2}(t)-P_{l2}(t)}$$

$$P_{l2}(t)=[\operatorname{sign}(\tilde{h}(0))-\delta_{l2}]\rho_2(t)-\rho_{2\infty}\operatorname{sign}(\tilde{h}(0))$$

$$P_{r2}(t)=[\operatorname{sign}(\tilde{h}(0))+\delta_{r2}]\rho_2(t)-\rho_{2\infty}\operatorname{sign}(\tilde{h}(0))$$

$$\rho_2(t)=(\rho_{20}-\rho_{2\infty})\,\mathrm{e}^{-l_2 t}+\rho_{2\infty}$$

式中：$0\leqslant\delta_{l2}\leqslant 1$，$0\leqslant\delta_{r2}\leqslant 1$，$\rho_{20}>\rho_{2\infty}>0$，$l_2>0$ 均为待设计参数。

将航迹角参考输入取为

$$\gamma_d=\arcsin\left(\frac{-k_\gamma\eta_h(t)+\dot{h}_{ref}}{V}-\frac{P_{l2}(t)\dot{P}_{r2}(t)-\dot{P}_{l2}(t)P_{r2}(t)-\tilde{h}(\dot{P}_{r2}(t)-\dot{P}_{l2}(t))}{V(P_{r2}(t)-P_{l2}(t))}\right) \tag{5.97}$$

式中：$k_\gamma\in\mathbf{R}^+$ 为待设计参数，

$$\dot{P}_{l2}(t)=[\operatorname{sign}(\tilde{h}(0))-\delta_{l2}]\dot{\rho}_2(t)$$

$$\dot{P}_{r2}(t)=[\operatorname{sign}(\tilde{h}(0))+\delta_{r2}]\dot{\rho}_2(t)$$

$$\dot{P}_2=-l_2(\rho_{20}-\rho_{2\infty})\,\mathrm{e}^{-l_2 t}$$

若 $\gamma\to\gamma_d$，则 $\eta_h(t)$ 的动态响应为 $\dot{\eta}_h(t)+k_\gamma\eta_h(t)=0$，故 $\eta_h(t)$ 必有界[161]。进而，控制任务变为使 $\gamma\to\gamma_d$。

接下来的控制律设计与稳定性分析过程同 4.2.2 节，不再赘述。至此，已经完成了全部的控制律设计过程，所设计的不依赖初始误差的 HFV 小超调非仿射预设性能神经控制系统结构框图如图 5.7 所示。

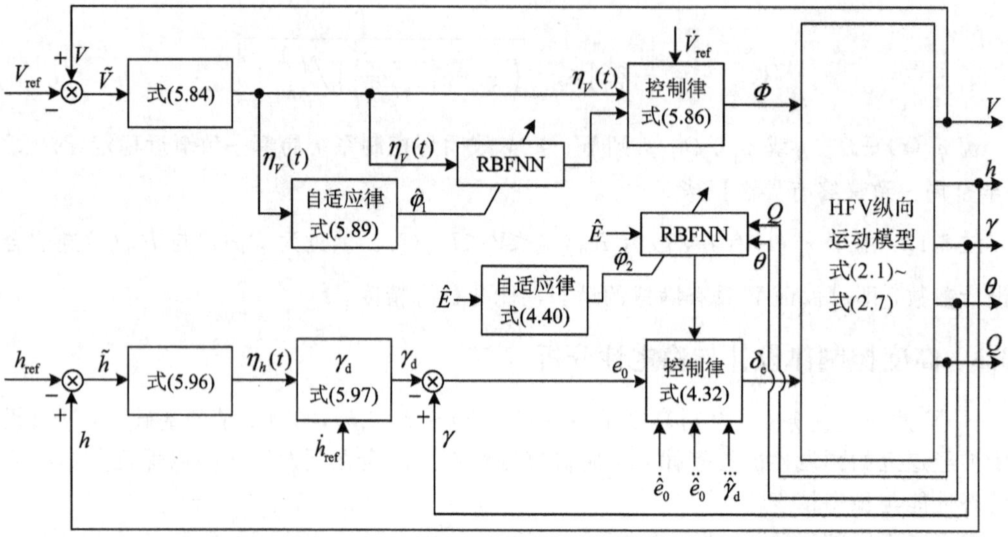


图 5.7　不依赖初始误差的 HFV 小超调非仿射预设性能神经控制系统结构框图

### 5.3.4　仿真与分析

以 HFV 的纵向运动模型(式(2.1)～式(2.7))为被控对象，进行速度与高度参考输入的跟踪仿真。仿真采用四阶 Runge-Kutta 法进行求解，仿真步长取为 0.01 s。速度与高度参考输入均由图 2.21 所示的二阶参考模型给出。仿真采用控制律式(5.86)、式(5.97)、式(4.32)与自适应律式(5.89)、式(4.40)。仿真中，HFV 的初始状态取值见表 2.5。将性能函数取为

$$\begin{cases}P_{l1}(t)=[\mathrm{sign}(\tilde{V}(0))-0.5]\rho_1(t)-0.09\mathrm{sign}(\tilde{V}(0))\\P_{r1}(t)=[\mathrm{sign}(\tilde{V}(0))+0.5]\rho_1(t)-0.09\mathrm{sign}(\tilde{V}(0))\\P_{l2}(t)=[\mathrm{sign}(\tilde{h}(0))-0.5]\rho_2(t)-0.03\mathrm{sign}(\tilde{h}(0))\\P_{r2}(t)=[\mathrm{sign}(\tilde{h}(0))+0.5]\rho_2(t)-0.03\mathrm{sign}(\tilde{h}(0))\\\rho_1(t)=(0.76-0.09)\mathrm{e}^{-0.1t}+0.09\\\rho_2(t)=(0.21-0.03)\mathrm{e}^{-0.1t}+0.03\end{cases}$$

宽度向量 $\boldsymbol{b}_2$ 的元素均取为 3.5，其他所有设计参数和仿真条件与 4.2.3 节完全相同。假设 HFV 模型气动系数存在±40%的摄动量，定义 $C=C_0[1+0.4\sin(0.05\pi t)]$，其中，$C_0$ 表示 HFV 气动系数的标称值，$C$ 为仿真中 $C_0$ 的取值。仿真中，速度 $V$ 阶跃幅值为 100 m/s，高度 $h$ 阶跃幅值为 100 m。为了验证本节 PPC 方法的优越性，与文献[142]的神经反演控制(Neural Back-stepping Control，NBC)方法进行对比仿真。分别在以下两种情景下进行仿真。

情景一：取 $\tilde{V}(0)=0.76$ m/s，$\tilde{h}(0)=0.15$ m。

情景二：取 $\tilde{V}(0)=-0.76\ \mathrm{m/s}$，$\tilde{h}(0)=-0.15\ \mathrm{m}$。

情景一与情景二的仿真结果如图 5.8 与图 5.9 所示。由图(a)～图(d)可见，在模型参数存在摄动的情况下，本节的 PPC 方法可以保证速度跟踪误差与高度跟踪误差具有更好的动态性能与更高的稳态精度，且实现了速度跟踪误差小超调收敛和高度跟踪误差零超调收敛。图(e)～图(k)表明，两种控制方法的姿态角、弹性状态与控制输入均较平滑，无高频抖振现象。图(l)与图(m)为 $\hat{\varphi}_1$ 与 $\hat{\varphi}_2$ 的学习效果。图(n)与图(o)表明，$\eta_V(t)$ 与 $\eta_h(t)$ 均有界。综合情景一与情景二的仿真结果可见，本节提出的 PPC 方法不但摆脱了对跟踪误差初值的依赖，且能保证速度跟踪误差小超调收敛和高度跟踪误差零超调收敛。同时，控制律对参数摄动具有一定的鲁棒性，控制系统的动态性能与稳态精度均能满足要求。

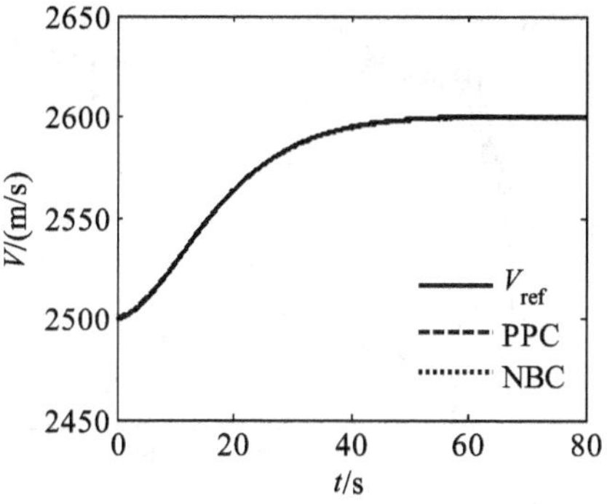


(a) 速度跟踪效果

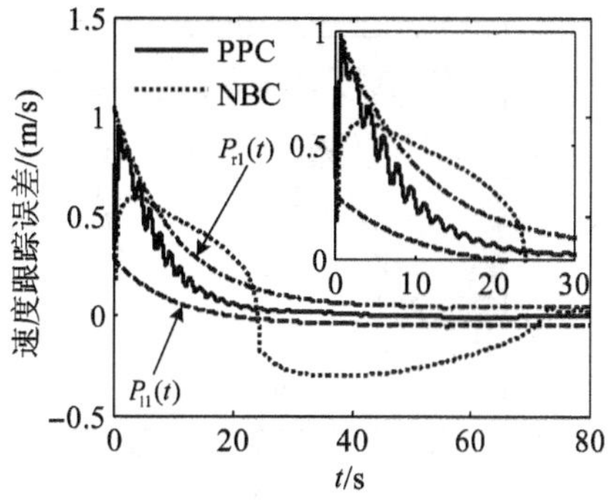


(b) 速度跟踪误差

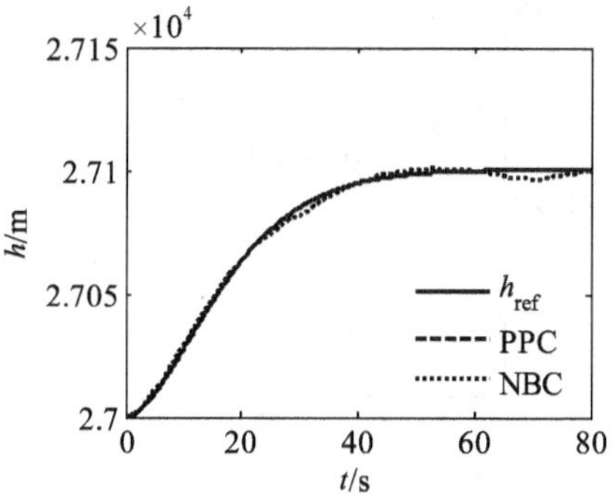


(c) 高度跟踪效果

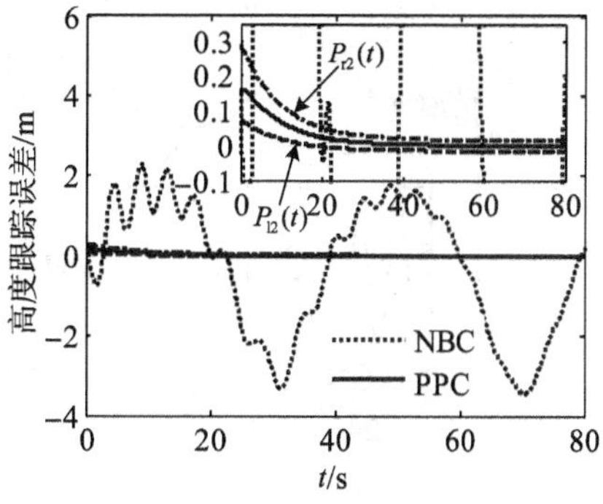


(d) 高度跟踪误差

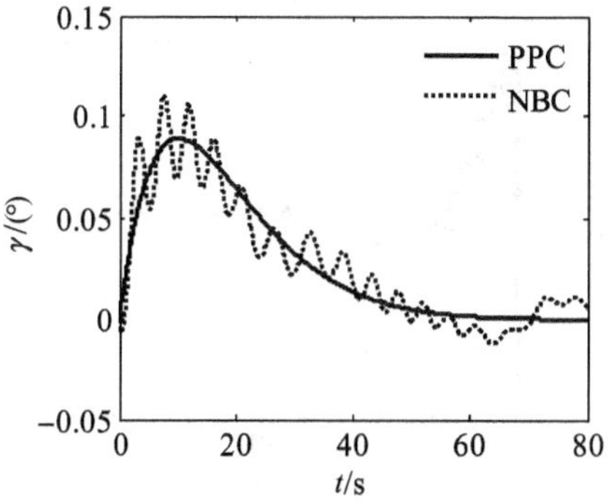


(e) 航迹角变化曲线

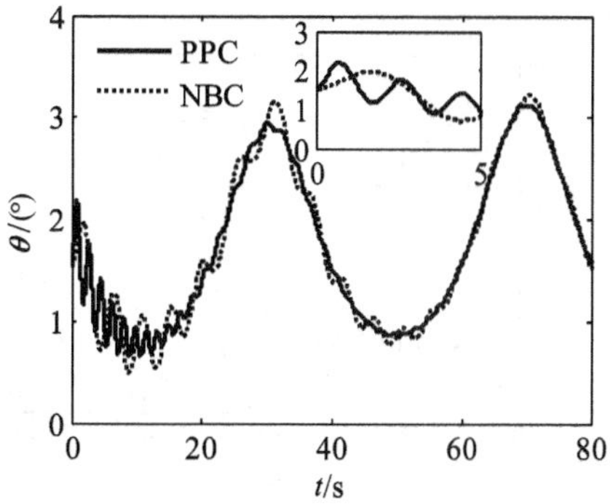


(f) 俯仰角变化曲线

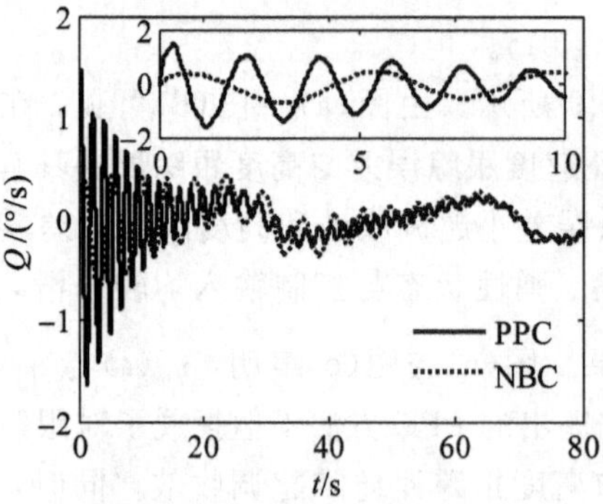


(g) 俯仰角速度变化曲线

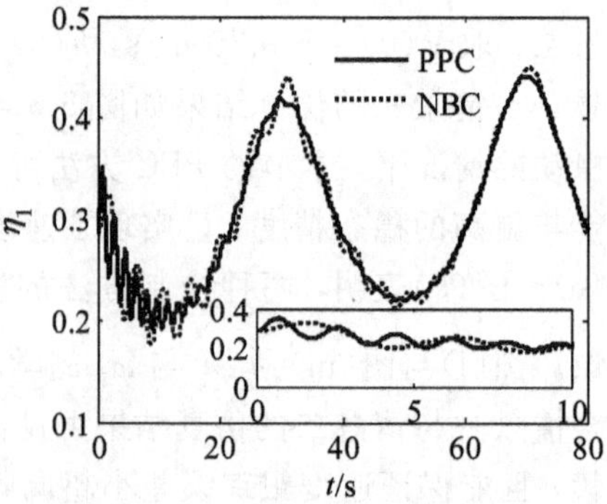


(h) 弹性状态$\eta_1$变化曲线

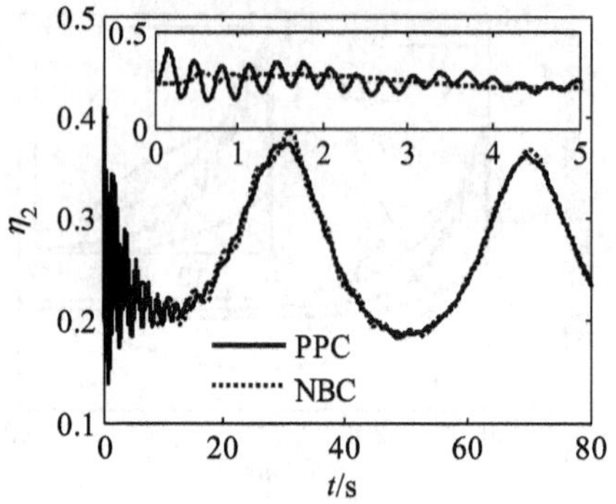


(i) 弹性状态$\eta_2$变化曲线

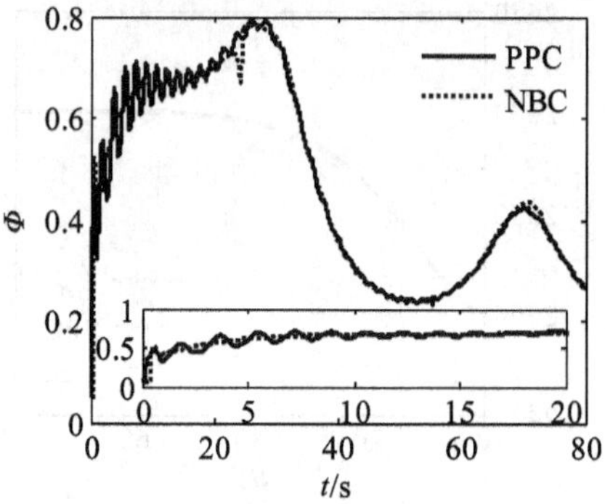


(j) $\Phi$变化曲线

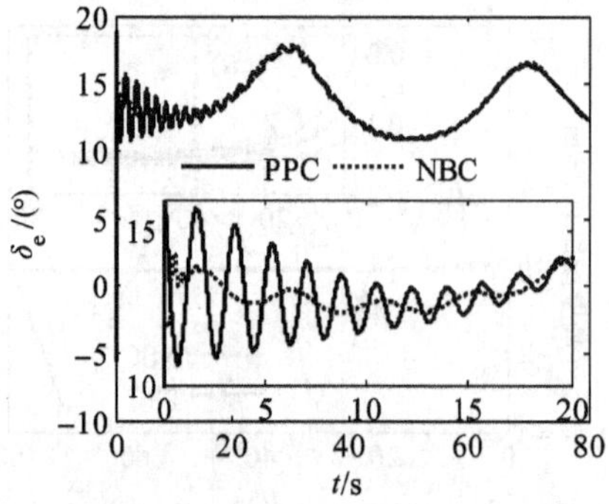


(k) $\delta_e$变化曲线

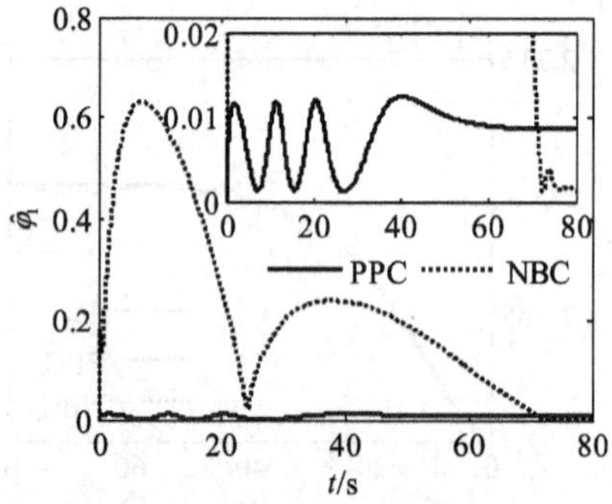


(l) $\hat{\varphi}_1$变化曲线

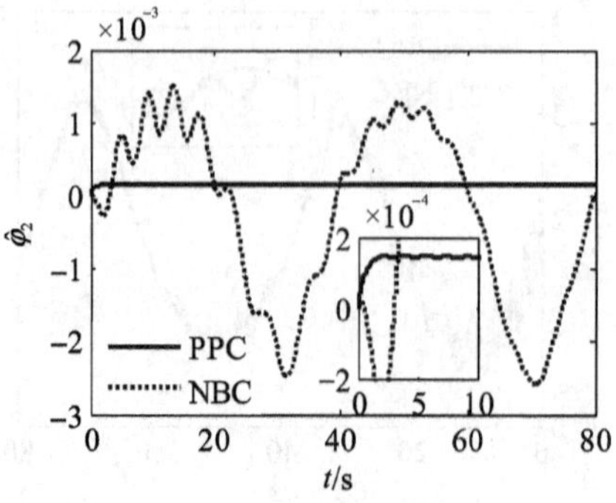


(m) $\hat{\varphi}_2$变化曲线

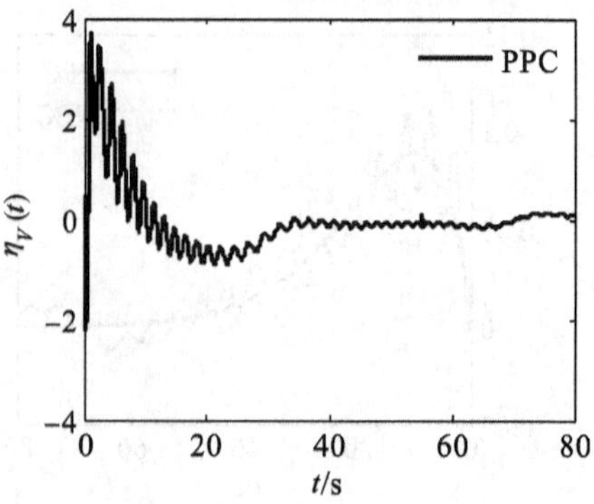


(n) $\eta_V(t)$变化曲线

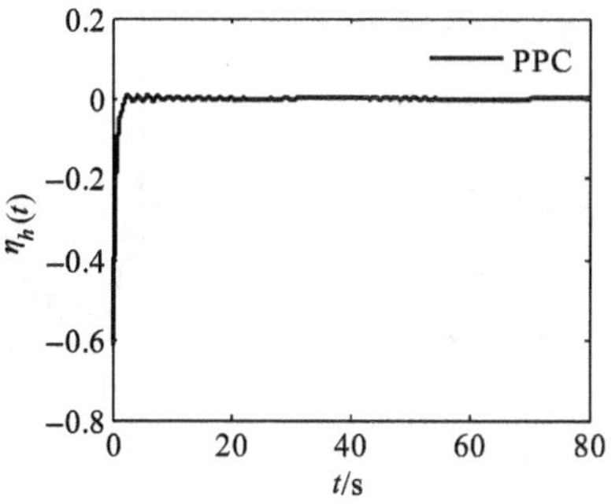


(o)　$\eta_h(t)$变化曲线

图 5.8　情景一仿真结果

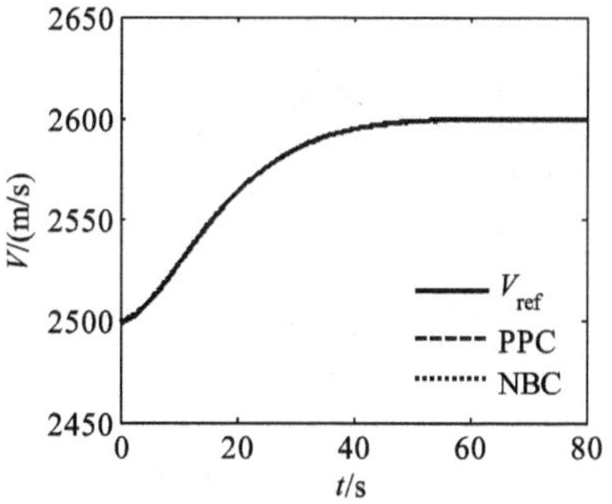


(a)　速度跟踪效果

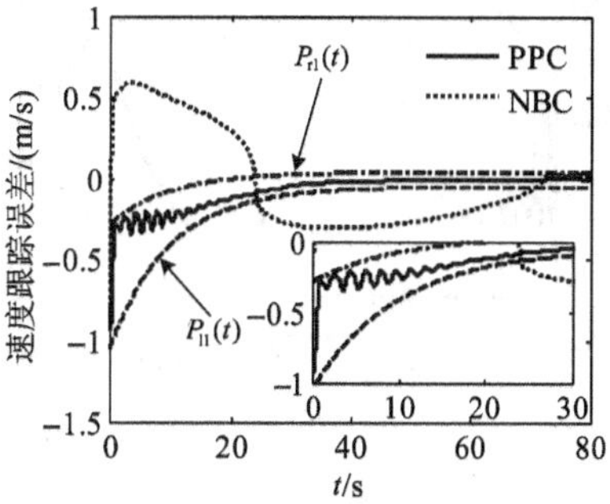


(b)　速度跟踪误差

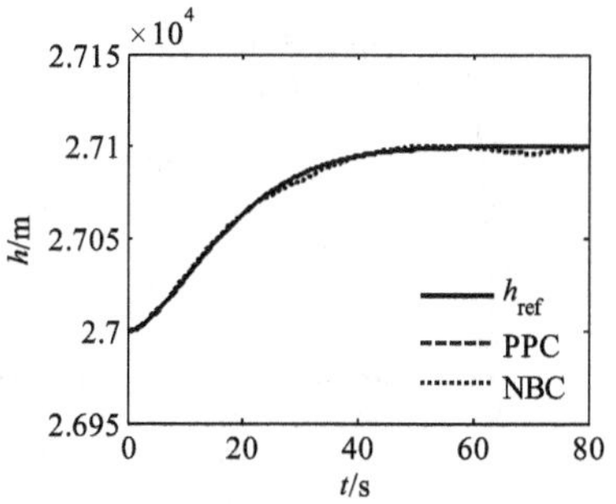


(c)　高度跟踪效果

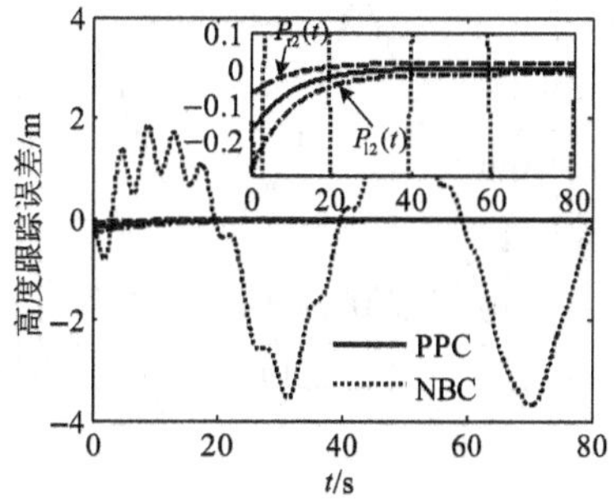


(d)　高度跟踪误差

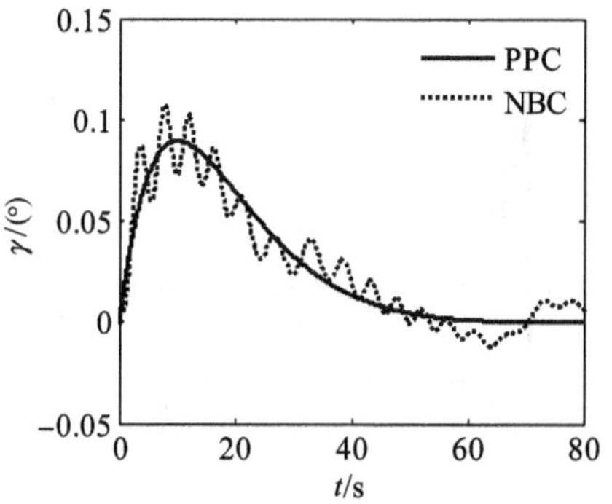


(e)　航迹角变化曲线

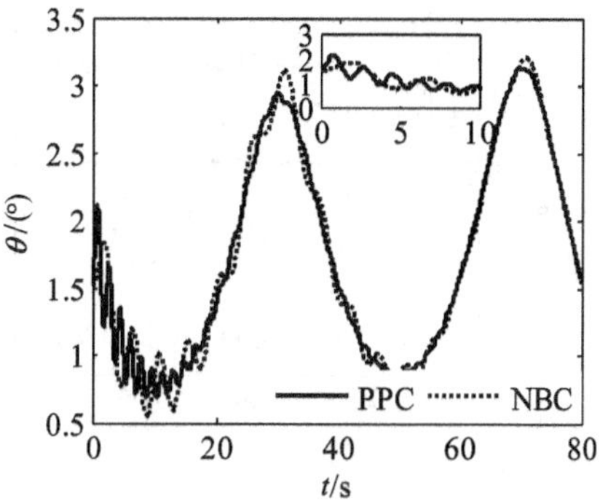


(f)　俯仰角变化曲线

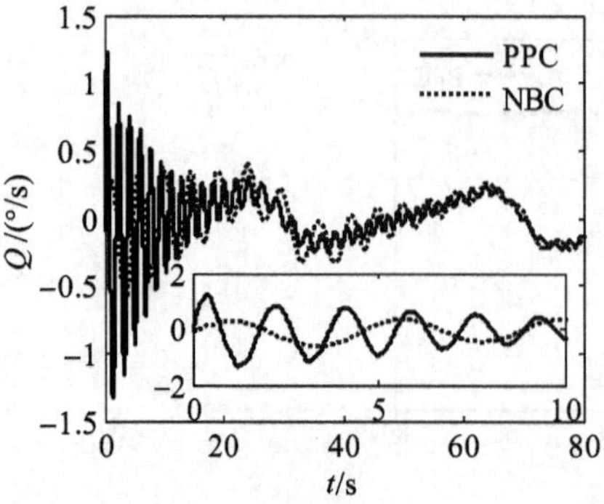


(g) 俯仰角速度变化曲线

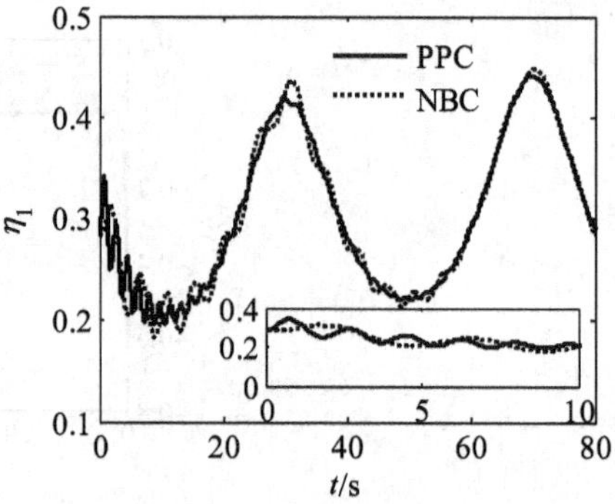


(h) 弹性状态 $\eta_1$ 变化曲线

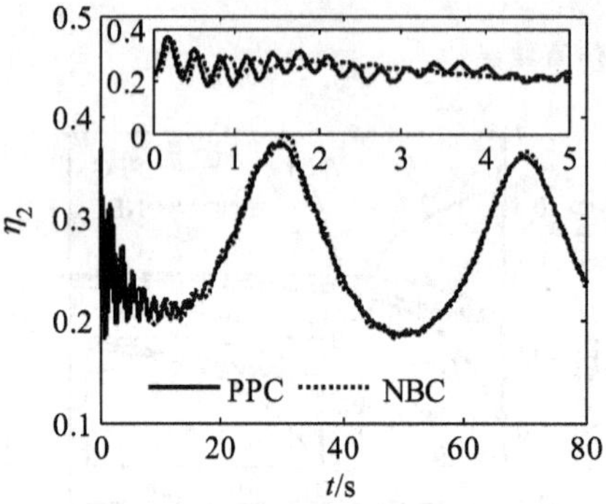


(i) 弹性状态 $\eta_2$ 变化曲线

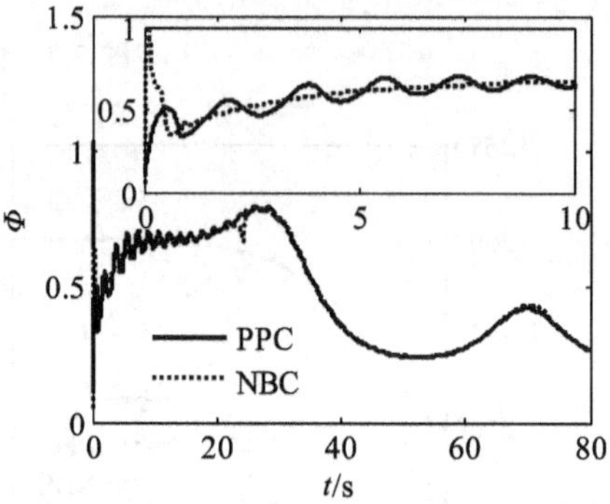


(j) $\Phi$ 变化曲线

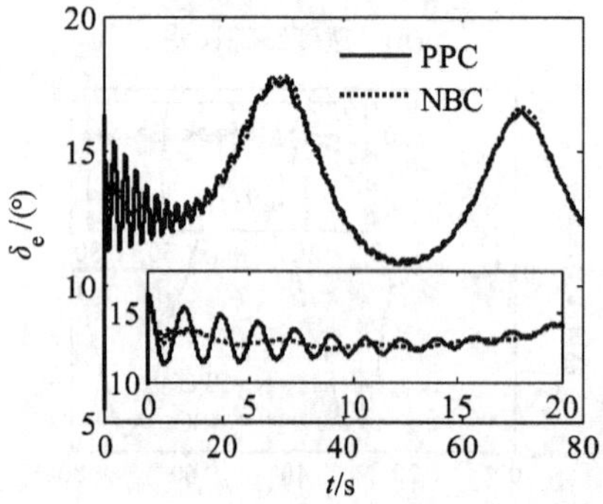


(k) $\delta_e$ 变化曲线

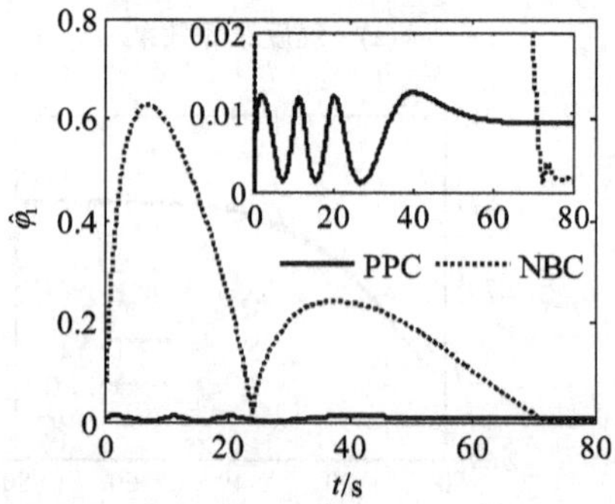


(l) $\hat{\varphi}_1$ 变化曲线

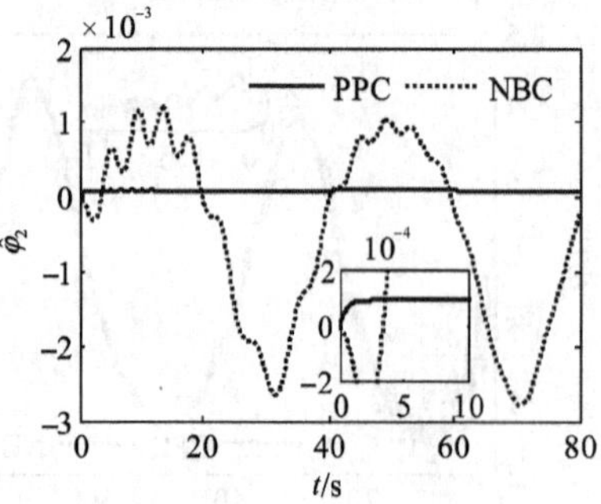


(m) $\hat{\varphi}_2$ 变化曲线

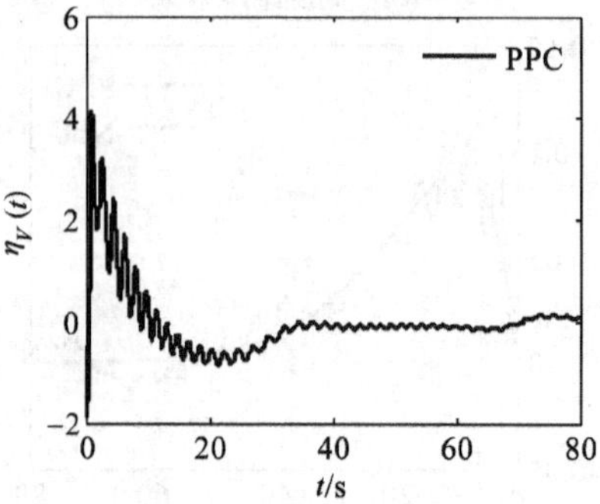


(n) $\eta_V(t)$ 变化曲线

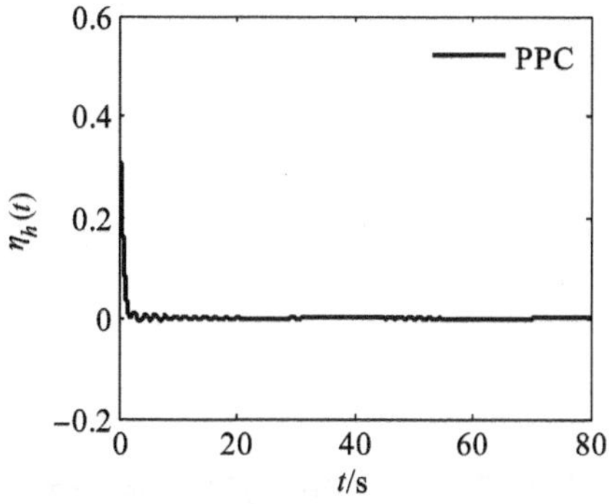


(o) $\eta_h(t)$变化曲线

图 5.9　情景二仿真结果

## 5.4　本章小结

本章研究了 HFV 的新型非仿射预设性能控制方法。首先，提出了一种不依赖初始误差的 HFV 新型非仿射预设性能控制方法。通过设计一种新型性能函数，使控制律摆脱了对跟踪误差精确初值的依赖，且能保证所有跟踪误差具有良好的动态性能与稳态精度。所设计的控制律不含有任何自适应参数或学习参数，具有良好的实时性。然后，提出了一种能保证跟踪误差小超调甚至零超调收敛的 HFV 新型预设性能控制方法。通过设计一种不依赖跟踪误差初值的新型性能函数，提出了一种能确保跟踪误差小超调甚至零超调收敛的新型预设性能。仿真结果表明，所提方法能保证速度跟踪误差小超调收敛和高度跟踪误差零超调收敛。

# 附　录

## 附录A　模型参数

| 符号 | 描述 | 数值 | 单位 |
| --- | --- | --- | --- |
| $L_V$ | 机体长度 | 30.48 | m |
| $L_f$ | 前体长度 | 14.33 | m |
| $L_n$ | 发动机长度 | 6.1 | m |
| $L_a$ | 后体长度 | 10.05 | m |
| $\bar{x}_f$ | 质心距机体头部水平距离 | 16.76 | m |
| $\bar{x}_a$ | 质心距机体尾部水平距离 | 13.72 | m |
| $\tau_{1,u}$ | 机体前端相对于 $x$ 轴的上转角 | 3 | ° |
| $\tau_{1,l}$ | 机体前端相对于 $x$ 轴的下转角 | 6 | ° |
| $\tau_2$ | 机体后端夹角 | 14.41 | ° |
| $h_i$ | 发动机进气口高度 | 1.07 | m |
| $\theta_s$ | 斜激波角 | — | ° |
| $m$ | 飞行器质量 | $1.44\times10^4$ | kg/m |
| $I_{yy}$ | 转动惯量 | $2.22\times10^6$ | kg·m²/m |
| $S$ | 机体参考面积 | 30.48 | m²/m |
| $\bar{c}$ | 平均气动弦长 | 5.18 | m |
| $z_T$ | 推力力臂耦合系数 | 2.55 | — |
| $h_0$ | 参考高度 | 25 908 | m |
| $h_s$ | 高度常数 | $6.51\times10^3$ | m |
| $\bar{\rho}_0$ | $h_0$ 处大气密度 | $3.48\times10^{-2}$ | kg/m³ |
| $\varsigma_1$ | 一阶阻尼比 | 0.02 | — |
| $\varsigma_2$ | 二阶阻尼比 | 0.02 | — |
| $\omega_1$ | 一阶振动频率 | 16.02 | rad/s |
| $\omega_2$ | 二阶振动频率 | 19.58 | rad/s |
| $\hat{m}_f$ | 前体质量密度 | $3.86\times10^2$ | kg·m⁻¹/m |
| $\hat{m}_a$ | 后体质量密度 | $5.76\times10^2$ | kg·m⁻¹/m |

# 附录 B　主要符号表

| 符号 | 描述 | 单位 |
| --- | --- | --- |
| $V$ | 速度 | m/s |
| $h$ | 高度 | m |
| $\gamma$ | 航迹角(弹道角) | ° |
| $\alpha$ | 攻角 | ° |
| $\theta$ ($\theta=\alpha+\gamma$) | 俯仰角 | ° |
| $Q$ | 俯仰角速度 | °/s |
| $\eta_1$、$\eta_2$ | 弹性状态 | — |
| $\bar{q}$ | 飞行动压 | Pa |
| $\bar{\rho}$ | 空气密度 | $kg/m^3$ |
| $\Phi$ | 燃料当量比 | — |
| $\delta_e$ | 升降舵偏角 | ° |
| $V_{ref}$ | 速度参考输入 | m/s |
| $h_{ref}$ | 高度参考输入 | m |
| $T$ | 推力 | N |
| $L$ | 升力 | N |
| $D$ | 阻力 | N |
| $M$ | 俯仰力矩 | N·m |
| $N_1$、$N_2$ | 广义弹性力 | N |
| $g$ | 重力加速度 | $m/s^2$ |
| $C_L^\alpha$ | $L$ 中 $\alpha$ 系数 | $rad^{-1}$ |
| $C_L^{\delta_e}$ | $L$ 中 $\delta_e$ 系数 | $rad^{-1}$ |
| $C_L^0$ | $L$ 中常系数 | — |
| $C_D^{\alpha^2}$ | $D$ 中 $\alpha$ 的第二阶系数 | $rad^{-2}$ |
| $C_D^\alpha$ | $D$ 中 $\alpha$ 的第一阶系数 | $rad^{-1}$ |

| | | |
|---|---|---|
| $C_D^{\delta_e^2}$ | $D$ 中 $\delta_e$ 的第二阶系数 | $\mathrm{rad}^{-2}$ |
| $C_D^{\delta_e}$ | $D$ 中 $\delta_e$ 的第一阶系数 | $\mathrm{rad}^{-1}$ |
| $C_D^0$ | $D$ 中常系数 | — |
| $C_{M,\alpha}^{\alpha^2}$ | $M$ 中 $\alpha$ 的第二阶系数 | $\mathrm{rad}^{-2}$ |
| $C_{M,\alpha}^{\alpha}$ | $M$ 中 $\alpha$ 的第一阶系数 | $\mathrm{rad}^{-1}$ |
| $C_{M,\alpha}^0$ | $M$ 中常系数 | — |
| $c_e$ | $M$ 中 $\delta_e$ 系数 | $\mathrm{rad}^{-1}$ |
| $\beta_1$ | 第一阶推力拟合参数 | $\mathrm{kg \cdot m^{-1} \cdot rad^{-3}}$ |
| $\beta_2$ | 第二阶推力拟合参数 | $\mathrm{kg \cdot m^{-1} \cdot rad^{-3}}$ |
| $\beta_3$ | 第三阶推力拟合参数 | $\mathrm{kg \cdot m^{-1} \cdot rad^{-2}}$ |
| $\beta_4$ | 第四阶推力拟合参数 | $\mathrm{kg \cdot m^{-1} \cdot rad^{-2}}$ |
| $\beta_5$ | 第五阶推力拟合参数 | $\mathrm{kg \cdot m^{-1} \cdot rad^{-1}}$ |
| $\beta_6$ | 第六阶推力拟合参数 | $\mathrm{kg \cdot m^{-1} \cdot rad^{-1}}$ |
| $\beta_7$ | 第七阶推力拟合参数 | $\mathrm{kg \cdot m^{-1}}$ |
| $\beta_8$ | 第八阶推力拟合参数 | $\mathrm{kg \cdot m^{-1}}$ |
| $N_1^{\alpha^2}$ | $N_1$ 中 $\alpha$ 的第二阶系数 | $\mathrm{kg \cdot m^{-1} \cdot kg^{-0.5} \cdot rad^{-2}}$ |
| $N_1^{\alpha}$ | $N_1$ 中 $\alpha$ 的第一阶系数 | $\mathrm{kg \cdot m^{-1} \cdot kg^{-0.5} \cdot rad^{-1}}$ |
| $N_1^0$ | $N_1$ 中常系数 | $\mathrm{kg \cdot m^{-1} \cdot kg^{-0.5}}$ |
| $N_2^{\alpha^2}$ | $N_2$ 中 $\alpha$ 的第二阶系数 | $\mathrm{kg \cdot m^{-1} \cdot kg^{-0.5} \cdot rad^{-2}}$ |
| $N_2^{\alpha}$ | $N_2$ 中 $\alpha$ 的第一阶系数 | $\mathrm{kg \cdot m^{-1} \cdot kg^{-0.5} \cdot rad^{-1}}$ |
| $N_2^{\delta_e}$ | $N_2$ 中 $\delta_e$ 系数 | $\mathrm{kg \cdot m^{-1} \cdot kg^{-0.5} \cdot rad^{-1}}$ |
| $N_2^0$ | $N_2$ 中常系数 | $\mathrm{kg \cdot m^{-1} \cdot kg^{-0.5}}$ |
| $\mathbf{R}$ | 实数集 | — |
| $\mathbf{R}^+$ | 正实数集 | — |
| $\mathbf{R}^n$ | $n$ 维欧氏空间 | — |

# 附录C 假设2.1～假设2.3的证明

证明假设2.1：存在一个原点的开邻域 $U_\varepsilon$ 满足 $0<x_1<x_2<\cdots<x_n<1$。选取如下Lyapunov函数

$$V_0=\int_0^{x_1}a_1\tanh(\tau)\mathrm{d}\tau+\int_{x_1}^{x_2}A_2\tanh(\tau)\mathrm{d}\tau+\cdots+\int_{x_{n-2}}^{x_{n-1}}A_{n-1}\tanh(\tau)\mathrm{d}\tau+\frac{A_{n-1}}{a_{n-1}}x_n^2+1 \tag{C1}$$

式中：$A_2\in\max\{a_1, a_2\}$，$A_3\in\max\{a_1, a_2, a_3\}$，…，$A_{n-1}\in\max\{a_1, a_2, \cdots, a_{n-1}\}$。

对 $V_0$ 求时间的一阶导数并将式(2.17)代入，有

$$\begin{aligned}\dot{V}_0&=a_1\tanh(x_1)\dot{x}_1+[A_2\tanh(x_2)\dot{x}_2-A_2\tanh(x_1)\dot{x}_1]\\&\quad+\cdots+[A_{n-1}\tanh(x_{n-1})\dot{x}_{n-1}-A_{n-1}\tanh(x_{n-2})\dot{x}_{n-2}]+\frac{A_{n-1}}{a_{n-1}}2x_n\dot{x}_n\\&=a_1\tanh(x_1)x_2+[A_2\tanh(x_2)x_3-A_2\tanh(x_1)x_2]\\&\quad+\cdots+[A_{n-1}\tanh(x_{n-1})x_n-A_{n-1}\tanh(x_{n-2})x_{n-1}]+\frac{A_{n-1}}{a_{n-1}}2x_n\dot{x}_n\end{aligned} \tag{C2}$$

注意到 $0<a_1\leqslant A_2\leqslant A_3\leqslant\cdots\leqslant A_{n-1}$，$a_{n-1}\leqslant A_{n-1}$，则式(C2)变为

$$\begin{aligned}\dot{V}_0&\leqslant A_{n-1}\tanh(x_{n-1})x_n+\frac{A_{n-1}}{a_{n-1}}2x_n\dot{x}_n\\&=A_{n-1}\tanh(x_{n-1})x_n+\frac{2A_{n-1}}{a_{n-1}}[-a_1\tanh(x_1)x_n-a_2\tanh(x_2)x_n-\cdots\\&\quad-a_{n-1}\tanh(x_{n-1})x_n-a_n\tanh(x_n)x_n]\\&\leqslant-a_1\tanh(x_1)x_n-a_2\tanh(x_2)x_n-\cdots-a_{n-1}\tanh(x_{n-1})x_n-a_n\tanh(x_n)x_n\\&\leqslant-a_1\tanh(x_1)x_1-a_2\tanh(x_2)x_2-\cdots-a_{n-1}\tanh(x_{n-1})x_{n-1}\end{aligned} \tag{C3}$$

根据拉格朗日中值定理，必存在一系列的变量 $\sigma_1\in[0, x_1]$，$\sigma_2\in[x_1, x_2]$，…，$\sigma_n\in[x_{n-1}, x_n]$，使得

$$\begin{cases}\displaystyle\int_0^{x_1}a_1\tanh(\tau)\mathrm{d}\tau=a_1x_1\tanh(\sigma_1)\leqslant a_1x_1\tanh(x_1)\\\displaystyle\int_{x_1}^{x_2}A_2\tanh(\tau)\mathrm{d}\tau=A_2(x_2-x_1)\tanh(\sigma_2)\\\qquad\leqslant A_2x_2\tanh(\sigma_2)\leqslant A_2x_2\tanh(x_2)\\\qquad\vdots\\\displaystyle\int_{x_{n-2}}^{x_{n-1}}A_{n-1}\tanh(\tau)\mathrm{d}\tau=A_{n-1}(x_{n-1}-x_{n-2})\tanh(\sigma_n)\\\qquad\leqslant A_{n-1}x_{n-1}\tanh(\sigma_n)\leqslant A_{n-1}x_{n-1}\tanh(x_{n-1})\end{cases} \tag{C4}$$

则式(C3)变为

$$\begin{aligned}\dot{V}_0&\leqslant-\int_0^{x_1}a_1\tanh(\tau)\mathrm{d}\tau-\int_{x_1}^{x_2}a_2\tanh(\tau)\mathrm{d}\tau-\cdots-\int_{x_{n-2}}^{x_{n-1}}a_{n-1}\tanh(\tau)\mathrm{d}\tau\\&=-V_0+\Sigma_0\end{aligned} \tag{C5}$$

式中，$\Sigma_0=\int_{x_1}^{x_2}(A_2-a_2)\tanh(\tau)\mathrm{d}\tau+\cdots+\int_{x_{n-2}}^{x_{n-1}}(A_{n-1}-a_{n-1})\tanh(\tau)\mathrm{d}\tau+x_n^2+1>0$。

令$-V_0+\Sigma_0=-(V_0)^\beta$，$\beta>0$，可得$(V_0)^\beta=V_0-\Sigma_0<V_0$。由于$V_0>1$，$(V_0)^\beta<V_0$，则必有

$$\dot{V}_0\leqslant-(V_0)^\beta,\quad \beta\in(0,1) \tag{C6}$$

可见，假设2.1成立。证毕。

证明假设2.2与假设2.3：考虑到

$$\left|\lim_{x\to y}\frac{\tanh(x)-\tanh(y)}{x-y}\right|=\left|\frac{\mathrm{d}[\tanh(x)]}{\mathrm{d}x}\right|=|1-\tanh^2(x)|\leqslant 1,\quad \forall x\neq y\in\mathbf{R} \tag{C7}$$

有

$$|\tanh(x)-\tanh(y)|\leqslant|x-y|,\quad \forall x,y\in\mathbf{R} \tag{C8}$$

进一步，可得

$$\begin{aligned}&|f_A(\tilde{x}_1,\tilde{x}_2,\cdots,\tilde{x}_n)-f_A(\bar{x}_1,\bar{x}_2,\cdots,\bar{x}_n)|\\&=|[a_1\tanh(\bar{x}_1)-a_1\tanh(\tilde{x}_1)]+[a_2\tanh(\bar{x}_2)-a_2\tanh(\tilde{x}_2)]\\&\quad+\cdots+[a_n\tanh(\bar{x}_n)-a_n\tanh(\tilde{x}_n)]|\\&\leqslant a_1|\bar{x}_1-\tilde{x}_1|+a_2|\bar{x}_2-\tilde{x}_2|+\cdots+a_n|\bar{x}_n-\tilde{x}_n|\\&\leqslant\bar{d}\sum_{i=1}^{n}|\bar{x}_i-\tilde{x}_i|\end{aligned} \tag{C9}$$

式中：$\bar{d}=\max\{a_1,a_2,\cdots,a_n\}$。

可见，假设2.2与假设2.3也同样成立。证毕。

# 附录D 缩略词表

| 英文缩略词 | 定义 |
|---|---|
| HFV | 高超声速飞行器 |
| FD | 有限时间收敛微分器 |
| GS | 增益调度 |
| HJI | 哈密尔顿—雅克比—艾萨克斯 |
| HSMD | 高阶滑模微分器 |
| HyFly | 高超声速飞行 |
| Hyper-X | 高超声速吸气式推进 |
| JAPHAR | 组合吸气式发动机 |
| LPV | 线性变参数 |

| | |
|---|---|
| LQR | 线性二次调节器 |
| MLP | 最少学习参数 |
| NASA | (美国)国家航空航天局 |
| NASP | (美国)国家空天飞机计划 |
| NBC | 神经反演控制 |
| NDO | 非线性干扰观测器 |
| NN | 神经网络 |
| PID | 比例一积分一微分 |
| PPC | 预设性能控制 |
| PREPHA | 高超声速研究与技术 |
| PROMETHEE | 高超声速隐身巡航导弹 |
| RBC | 鲁棒反演控制 |
| RBFNN | 径向基函数神经网络 |
| Scramjet | 超燃冲压发动机 |
| Shyfe | 高超声速飞行试验 |
| SMC | 滑模控制 |
| SPUA | 在线同步更新算法 |
| TD | 跟踪微分器 |
| T-S | 高木一关野 |

# 参考文献


[1] Morelli E A. Flight-test experiment design for characterizing stability and control of hypersonic vehicles[J]. Journal of Guidance, Control, and Dynamics, 2009, 32(3): 949-959.

[2] Bertin J J, Cummings R M. Fifty years of hypersonics: where we've been, where we're going[J]. Progress in Aerospace Sciences, 2003, 39: 511-536.

[3] Preller D, Smart M K. Longitudinal control strategy for hypersonic accelerating vehicles[J]. Journal of Spacecraft and Rockets, 2015, 52(3): 993-998.

[4] Voland R T, Huebner L D, Mcclinton C R. X-43A hypersonic vehicle technology development[J]. Acta Astronautica, 2006, 59: 181-191.

[5] 黄琳，段志生，杨剑影. 近空间高超声速飞行器对控制科学的挑战[J]. 控制理论与应用，2011，28(10)：1496-1505.

[6] Soloway D I, Ouzts P J, Wolpert D H, et al. The role of guidance, navigation, and control in hypersonic vehicle multidisciplinary design and optimization[C]. 16th AIAA/DLR/DGLR International Space Planes and Hypersonic Systems and Technologies Conference, AIAA 2009-7329.

[7] Curran E T. Scramjet engines: the first forty years[J]. Journal of Propulsion and Power, 2001, 17(6): 1138-1148.

[8] Mcclinton C R, Hunt J L, Ricketts R H, et al. Airbreathing hypersonic technology vision vehicles and development dreams[C]. 9th International Space Planes and Hypersonic Systems and Technologies Conference and 3rd Weakly Ionized Gases Workshop. Norfolk, VA: AIAA, 1999: 1-16.

[9] Powell O A, Edwards J T, Norris R B, et al. Development of hydrocarbon-fueled scramjet engines: the hypersonic technology (HyTech) program[J]. Journal of Propulsion and Power, 2001, 17(6): 1170-1176.

[10] Brase L O, Haudrich D P. Flutter and divergence assessment of the HyFly missile [C]. 50th AIAA/ASME/ASCE/AHS/ASC Structures, Structural Dynamics, and Materials Conference. Palm Springs, California: AIAA, 2009: 1-16.

[11] Richman M S, Kenyon J A, Sega R M. High speed and hypersonic science and technology[C]. 41st AIAA/ASME/SAE/ASEE Joint Propulsion Conference & Exhibit. Tucson, Arizona: AIAA, 2005: 1-9.

[12] Freeman D, Reubush D, Mcclinton C, et al. The NASA Hyper-X program[C]. 48th International Astronautical Congress. Italy, Turin: NASA, 1997: 1-10.

[13] Hank J M, Murphy J S, Mutzman R C. The X-51A scramjet engine flight demonstration program[C]. 15th AIAA International Space Planes and Hypersonic Systems and Technologies Conference. Dayton, Ohio: AIAA, 2008: 1-13.

[14] Hypersonic X-51 programme ends in success. http://www.flightglobal.com/news/articles/ hypersonic-x-51-programme-ends-in-success-385481, 2013-05-02.

[15] 葛东明. 临近空间高超声速飞行器鲁棒变增益控制[D]. 哈尔滨：哈尔滨工业大学，2011.

[16] 熊柯. 高超声速飞行器巡航控制技术研究[D]. 长沙：国防科技大学，2012.

[17] 刘燕斌. 高超声速飞行器建模及其先进飞行控制机理的研究[D]. 南京：南京航空航天大学，2007.

[18] Falempin F. French contribution to hypersonic airbreathing propulsion technology development[J]. Journal of Propulsion Technology, 2010, 31(6): 650-659.

[19] 王飞. 高超声速飞行器 QFT/$\mu$ 鲁棒动态逆控制技术研究[D]. 哈尔滨：哈尔滨工程大学，2013.

[20] 张园园. 高超声速飞行器纵向模型的非线性控制方法研究[D]. 武汉：华中科技大学，2014.

[21] 孙长银，穆朝絮，张瑞民. 高超声速飞行器终端滑模控制技术[M]. 北京：科学出版社，2014.

[22] Duan H B, Li P. Progress in control approaches for hypersonic vehicle[J]. Science China Technological Sciences, 2012, 55(10): 2965-2970.

[23] Xu B, Shi Z K. An overview on flight dynamics and control approaches for hypersonic vehicles[J]. Science China Information Sciences, 2015, 58(070201): 1-18.

[24] 吴宏鑫，孟斌. 高超声速飞行器控制研究综述[J]. 力学进展，2009，39(6)：756-765.

[25] 孙长银，穆朝絮，余瑶. 近空间高超声速飞行器控制的几个科学问题研究[J]. 自动化学报，2013，39(11)：1901-1913.

[26] 方洋旺，柴栋，毛东辉，等. 吸气式高超声速飞行器制导与控制研究现状及发展趋势[J]. 航空学报，2014，35(7)：1776-1786.

[27] Korad A S. Modeling, analysis, and control of a hypersonic vehicle with significant aero-thermo-elastic-propulsion interactions, and propulsive uncertainty [D]. Phoenix: Arizona State University, 2010.

[28] 唐硕，祝强军. 吸气式高超声速飞行器动力学建模研究进展[J]. 力学进展，2011，41(2)：187-200.

[29] 郁嘉，杨鹏飞，严德. 高超声速飞行器模型不确定性影响分析[J]. 航空学报，2015，36(1)：192-200.

[30] Parker J T, Serrani A, Yurkovich S, et al. Control-oriented modeling of an air-breathing hypersonic vehicle[J]. Journal of Guidance, Control, and Dynamics, 2007, 30(3): 856-869.

[31] Bolender M A, Doman D B. Nonlinear longitudinal dynamical model of an air-breathing hypersonic vehicle[J]. Journal of Spacecraft and Rockets, 2007, 44

(2): 374-387.

[32] Wilcox Z D, MacKunis W, Bhat S, et al. Lyapunov-based exponential tracking control of a hypersonic aircraft with aerothermoelastic effects[J]. 2010, 33(4): 1213-1224.

[33] Falkiewicz N J, Cesnik C E, Crowell A R, et al. Reduced-order aerothermoelastic framework for hypersonic vehicle control simulation[J]. AIAA Journal, 2011, 49(8): 1625-1646.

[34] 罗金玲，李超，徐锦. 高超声速飞行器机体/推进一体化设计的启示[J]. 航空学报，2015，36(1)：39-48.

[35] 吴颖川，贺元元，贺伟，等. 吸气式高超声速飞行器机体推进一体化技术研究进展[J]. 航空学报，2015，36(1)：245-260.

[36] Skujins T, Cesnik C E, Oppenheimer M W, et al. Canard-elevon interactions on a hypersonic vehicle[J]. Journal of Spacecraft and Rockets, 2010, 47(1): 90-100.

[37] Larson G L, Klyde D H, Myers T T, et al. Military missions and linearized model for a hypersonic vehicle[C]. 33rd Aerospace Sciences Meeting and Exhibit. Reno, NV: AIAA, 1995: 1-14.

[38] Schmidt D K. Dynamics and control of hypersonic aeropropulsive/aeroelastic vehicles[C]. AIAA, 1992: 161-171.

[39] 杨超，许赟，谢长川. 高超声速飞行器气动弹性力学研究综述[J]. 航空学报，2010，31(1)：1-11.

[40] Li H F, Lin P, Xu D J. Control-oriented modeling for air-breathing hypersonic vehicle using parameterized configuration approach[J]. Chinese Journal of Aeronautics, 2011, 24(1): 81-89.

[41] Shaughnessy J D, Pinckney S Z, McMinn J D, et al. Hypersonic vehicle simulation model: winged-cone configuration[R]. NASA TM-102610, 1990.

[42] Clark A, Wu C, Mirmirani M, et al. Development of an airframe-propulsion integrated generic hypersonic vehicle model[C]. 44th AIAA Aerospace Sciences Meeting and Exhibit, Reno, Nevada, AIAA, 2006.

[43] Chavez F R, Schmidt D K. Analytical aeropropulsive/aeroelastic hypersonic vehicle model with dynamic analysis[J]. Journal of Guidance, Control, and Dynamics, 1994, 17(6): 1308-1319.

[44] 尉建利，于云峰，闫杰. 高超声速飞行器鲁棒控制方法研究[J]. 宇航学报，2008，29(5)：1526-1530.

[45] 孟中杰，闫杰. 弹性高超声速飞行器建模及精细姿态控制[J]. 宇航学报，2011，32(8)：1683-1687.

[46] 黄宜庆，王莉，孙长银. 具有极点约束的高超声速飞行器非脆弱最优 $H_2$/LQR 控制[J]. 上海交通大学学报，2011，45(3)：423-428.

[47] 曲鑫，李菁菁，宋勋，等. 考虑推进和气动弹性影响的高超飞行器的建模与控制[J]. 宇航学报，2011，32(2)：303-309.

[48] 张军，赵德安，王玫. 一种高超声速飞行器的鲁棒解耦控制方法[J]. 宇航学报，2011，32(5)：1100-1107.

[49] Guo C, Wu H N, Luo B, et al. H-infinity control for air-breathing hypersonic vehicle based on online simultaneous policy update algorithm[J]. International Journal of Intelligent Computing and Cybernetics, 2013, 6(2): 126-143.

[50] Wu H N, Liu Z Y, Guo L. Robust $L_\infty$-gain fuzzy disturbance observer-based control design with adaptive bounding for a hypersonic vehicle[J]. IEEE Transactions on Fuzzy Systems, 2014, 22(6): 1401-1412.

[51] Su X F, Jia Y M. Self-scheduled robust decoupling control with $H_\infty$ performance of hypersonic vehicles[J]. Systems & Control Letters, 2014, 70: 38-48.

[52] 吴振东，王青，董朝阳. 高超声速飞行器异步切换的鲁棒 $H_\infty$ 控制[J]. 北京航空航天大学学报，2014，40(2)：177-182.

[53] 秦伟伟，刘刚，汪立新，等. 基于参数依赖滚动时域 $H_\infty$ 控制的高超声速飞行器控制[J]. 控制与决策，2014，29(3)：403-410.

[54] Qin W W, Liu J Y, Liu G, et al. Robust parameter dependent reseding horizon $H_\infty$ control of flexible air-breathing hypersonic vehicles with input constraints[J]. Asian Journal of Control, 2015, 17(2): 508-522.

[55] Guo C, Liang X G, Wang W J, et al. Mixed $H_2/H_\infty$ decentralized fuzzy tracking control design for a flexible air-breathing hypersonic vehicle[J]. Proceedings of the Institution of Mechanical Engineers, Part I: Journal of Systems and Control Engineering, 2015, 229(5): 388-405.

[56] Shamma J S, Athans M. Gain scheduling: potential hazards and possible remedies [J]. IEEE Control System, 1992, 12(3): 101-107.

[57] Lee C H, Shin M H, Chung M J. A design of gain-scheduled control for a linear parameter varying system: an application to flight control[J]. Control Engineering Practice, 2001, 9(1): 11-21.

[58] 黄显林，葛东明. 吸气式高超声速飞行器纵向机动飞行的鲁棒线性变参数控制[J]. 宇航学报，2010，31(7)：1789-1797.

[59] 黄显林，葛东明. 输入受限高超声速飞行器鲁棒变增益控制[J]. 系统工程与电子技术，2011，33(8)：1829-1836.

[60] 秦伟伟，郑志强，刘刚，等. 高超声速飞行器的 LPV 鲁棒变增益控制[J]. 系统工程与电子技术，2011，33(6)：1327-1331.

[61] 张增辉，杨凌宇，申功璋. 高超声速飞行器大包线切换 LPV 控制方法[J]. 航空学报，2012，33(9)：1706-1716.

[62] 王明昊，刘刚，赵鹏涛，等. 高超声速飞行器的 LPV 变增益状态反馈 $H_\infty$ 控制[J]. 宇航学报，2013，34(4)：488-495.

[63] Wu L G, Yang X B, Li F B. Nonfragile output tracking control of hypersonic air-breathing vehicles with an LPV model[J]. IEEE/ASME Transactions on Mechatronics, 2013, 18(4): 1280-1287.

[64] Huang Y Q, Sun C Y, Qian C S, et al. Non-fragile switching tracking control for a flexible air-breathing hypersonic vehicle based on polytopic LPV model[J]. Chinese Journal of Aeronautics, 2013, 26(4): 948-959.

[65] Huang Y Q, Sun C Y, Qian C S, et al. Polytopic LPV modeling and gain-scheduled switching control for a flexible air-breathing hypersonic vehicle [J]. Journal of Systems Engineering and Electronics, 2013, 24(1): 118-127.

[66] Huang Y Q, Sun C Y, Qian C S. Linear parameter varying switching attitude tracking control for a near space hypersonic vehicle via multiple Lyapunov functions [J]. Asian Journal of Control, 2015, 17(2): 523-534.

[67] Huang Y Q, Sun C Y, Qian C S, et al. Linear parameter varying switching attitude control for a near space hypersonic vehicle with parametric uncertainties [J]. International Journal of Systems Science, 2015, 46(16): 3019-3031.

[68] Cai G H, Song J M, Chen X X. Flight control system design for hypersonic reentry vehicle based on LFT-LPV method[J]. Proceedings of the Institution of Mechanical Engineers, Part G: Journal of Aerospace Engineering, 2014, 228(7): 1130-1140.

[69] Lan X J, Wang Y J, Liu L. Dynamic decoupling tracking control for the polytopic LPV model of hypersonic vehicle[J]. Science China Information Sciences, 2015, 58 (092203): 1-14.

[70] Edwards C, Spurgeon S K. Sliding mode control: theory and applications[M].London: Taylor and Francis, 1998.

[71] Utkin V. Sliding mode in control optimization[M]. Berlin: Springer-Verlag, 1992.

[72] 刘金琨. 滑模变结构控制 MATLAB 仿真[M]. 2 版. 北京：清华大学出版社，2012.

[73] Xu H J, Mirmirani M D, Ioannou P A. Adaptive sliding mode control design for a hypersonic flight vehicle[J]. Journal of Guidance, Control, and Dynamics, 2004, 27 (5): 829-838.

[74] 周凤岐，王延，周军，等. 高超声速飞行器耦合系统变结构控制设计[J]. 宇航学报，2011，32(1)：66-71.

[75] 宋超，赵国荣，陈洁. 基于鲁棒滑模观测器的高超声速飞行器双环滑模控制[J]. 固体火箭技术，2012，35(4)：438-456.

[76] 吴云洁，王建敏，刘晓东，等. 带有干扰观测器的高超声速飞行器滑模控制[J]. 控制理论与应用，2015，32(6)：717-724.

[77] 王建敏，吴云洁，董小萌. 基于滑模干扰观测器的高超声速飞行器滑模控制[J]. 航空学报，2015，36(6)：2027-2036.

[78] 熊柯，夏智勋，郭振云. 倾斜转弯高超声速飞行器滚动通道的自适应全局积分滑模控制[J]. 国防科技大学学报，2012，34(2)：114-118.

[79] 韩钊，宗群，田柏苓，等. 基于 Terminal 滑模的高超声速飞行器姿态控制[J]. 控制与决策，2013，28(2)：259-263，268.

[80] 宗群，苏芮，王婕，等. 高超声速飞行器自适应高阶终端滑模控制[J]. 天津大学学报(自然科学与工程技术版)，2014，47(11)：1031-1037.

[81] Wang J M, Wu Y J, Dong X M. Recursive terminal sliding mode control for hypersonic flight vehicle with sliding mode disturbance observer[J]. Nonlinear Dynamics, 2015, 81: 1489-1510.

[82] Sun H B, Li S H, Sun C Y . Finite time integral sliding mode control of hypersonic vehicles[J]. Nonlinear Dynamics, 2013, 73: 229-244.

[83] Hu X X, Wu L G, Hu C H, et al. Adaptive sliding mode tracking control for a flexible air-breathing hypersonic vehicle[J]. Journal of the Franklin Institute, 2012, 349: 559-577.

[84] Wang J, Zong Q, Tian B L, et al. Flight control for a flexible air-breathing hypersonic vehicle based on quasi-continuous high-order sliding mode[J]. Journal of Systems Engineering and Electronics, 2013, 24(2): 288-295.

[85] Zong Q, Wang J, Tian B L, et al. Quasi-continuous high-order sliding mode controller and observer design for flexible hypersonic vehicle[J]. Aerospace Science and Technology, 2013, 27: 127-137.

[86] Wang J, Zong Q, Su R, et al. Continuous high order sliding mode controller design for a flexible air-breathing hypersonic vehicle[J]. ISA Transactions, 2014, 53: 690-698.

[87] Mu C X, Zong Q, Tian B L, et al. Continuous sliding mode controller with disturbance observer for hypersonic vehicles[J]. IEEE/CAA Journal of Automatica Sinica, 2015, 2(1): 45-55

[88] Tian B L, Su R, Fan W R. Multiple-time scale smooth second order sliding mode controller design for flexible hypersonic vehicles[J]. Proceedings of the Institution of Mechanical Engineers, Part G: Journal of Aerospace Engineering, 2015, 229(5): 781-791.

[89] 胡云安，晋玉强，李海燕. 非线性系统鲁棒自适应反演控制[M]. 北京：电子工业出版社，2010.

[90] 乔继红. 反演控制方法与实现[M]. 北京：机械工业出版社，2012.

[91] 周丽. 基于回馈递推方法的近空间飞行器鲁棒自适应控制[D]. 南京：南京航空航天大学，2008.

[92] 卜祥伟，吴晓燕，陈永兴，等. 吸气式高超声速飞行器鲁棒反演控制器设计[J]. 固体火箭技术，2014，37(6)：743-748.

[93] 卜祥伟，吴晓燕，陈永兴，等. 非线性干扰观测器的高超声速飞行器自适应反演控制[J]. 国防科技大学学报，2014，36(5)：44-49.

[94] 卜祥伟，吴晓燕，陈永兴，等. 基于非线性干扰观测器的高超声速飞行器滑模反演控制[J]. 控制理论与应用，2014，31(11)：1473-1479.

[95] Hou D L, Wang Q, Dong X M. Output feedback dynamic surface controller design for airbreathing hypersonic flight vehicle[J]. IEEE/CAA Journal of Automatica Sinica, 2015, 2(2): 186-197.

[96] Zhou L, Fei S M. Adaptive dynamic surface control for air-breathing hypersonic

vehicle[J]. Journal of Systems Engineering and Electronics, 2013, 24(3): 463-479.
[97] 胡超芳，刘艳雯. 基于动态面的高超声速飞行器模糊自适应非线性控制[J]. 控制与决策，2013，28(12)：1849-1854.
[98] Zhou L, Yin L P. Dynamic surface control based on neural network for an air-breathing hypersonic vehicle[J]. Optimal Control Applications and Methods, 2015, 36(6): 774-793.
[99] 陈洁，周绍磊，宋召青. 基于不确定性的高超声速飞行器动态面自适应反演控制系统设计[J]. 宇航学报，2010，31(11)：2550-2556.
[100] 陈洁，周绍磊，宋召青. 高超声速飞行器迎角观测器及控制器设计[J]. 北京航空航天大学学报，2011，37(7)：827-832.
[101] 黄喜元，王青，董朝阳. 基于 Backstepping 的高超声速飞行器鲁棒自适应控制[J]. 系统工程与电子技术，2011，33(6)：1321-1326.
[102] 黄喜元，王青，董朝阳. 基于动态逆的高超声速飞行器鲁棒自适应控制[J]. 北京航空航天大学学报，2011，37(5)：560-563.
[103] Fiorentini L, Serrani A. Adaptive restricted trajectory tracking for a non-minimum phase hypersonic vehicle model[J]. Automatica, 2012, 48: 1248-1261.
[104] Zong Q, Ji Y H, Zeng F L, et al. Output feedback back-stepping control for a generic hypersonic vehicle via small-gain theorem [J]. Aerospace Science and Technology, 2012, 23: 409-417.
[105] 张强，吴庆宪，姜长生，等. 近空间飞行器鲁棒自适应 Backstepping 控制[J]. 系统工程与电子技术，2012，34(4)：754-760.
[106] 后德龙，王青，王通，等. 高超声速飞行器抗干扰反步滑模控制[J]. 北京航空航天大学学报，2014，40(1)：80-85.
[107] 王芳，宗群，田栢苓，等. 基于鲁棒自适应反步的可重复使用飞行器再入姿态控制[J]. 控制与决策，2014，29(1)：12-18.
[108] 路遥，董朝阳，王青. 高超声速飞行器自适应反步控制器设计[J]. 航空学报，2015，36(3)：970-978.
[109] Fiorentini L, Serrani A, Bolender M A, et al. Nonlinear robust adaptive control of flexible air-breathing hypersonic vehicles[J]. Journal of Guidance, Control, and Dynamics, 2009, 32(2): 401-416.
[110] Fiorentini L. Nonlinear adaptive controller design for air-breathing hypersonic vehicles [D]. Columbus: The Ohio State University, 2010.
[111] 时建明，王洁，王琨，等. 吸气式高超声速飞行器纵向运动反演控制器设计[J]. 西安交通大学学报，2013，47(3)：102-107.
[112] 卜祥伟，吴晓燕，白瑞阳，等. 基于滑模微分器的吸气式高超声速飞行器鲁棒反演控制[J]. 固体火箭技术，2015，38(1)：12-17.
[113] Xu B, Su F, Liu H, et al. Adaptive Kriging controller design for hypersonic flight vehicle via back-stepping[J]. IET Control Theory & Applications, 2012, 6(4): 487-497.

[114] Ji Y H, Zong Q, Zhou H L. Command filtered back-stepping control of a flexible air-breathing hypersonic flight vehicle [J]. Proceedings of the Institution of Mechanical Engineers, Part G: Journal of Aerospace Engineering, 2014, 228(9): 1617-1626.

[115] Gao D X, Wang S X, Zhang H J. A singularly perturbed system approach to adaptive neural back-stepping control design of hypersonic vehicles[J]. Journal of Intelligent & Robotic Systems, 2014, 73: 249-259.

[116] Zhang Y H, Jiang Z Y, Yang H B, et al. High-order extended state observer-enhanced control for a hypersonic flight vehicle with parameter uncertainty and external disturbance[J]. Proceedings of the Institution of Mechanical Engineers, Part G: Journal of Aerospace Engineering, 2015, 229(13): 2481-2496.

[117] Yang J, Li S H, Sun C Y, et al. Nonlinear-disturbance-observer-based robust flight control for airbreathing hypersonic vehicles [J]. IEEE Transactions on Aerospace and Electronic Systems, 2013, 49(2): 1263-1275.

[118] Bu X W, Wu X Y, Chen Y X, et al. Design of a class of new nonlinear disturbance observers based on tracking differentiators for uncertain dynamic systems [J]. International Journal of Control, Automation, and Systems, 2015, 13 (3): 595-602.

[119] Sun H B, Li S H, Yang J, et al. Non-linear disturbance observer-based back-stepping control for airbreathing hypersonic vehicles with mismatched disturbances [J]. IET Control Theory & Applications, 2014, 8(17): 1852-1865.

[120] Bu X W, Wu X Y, Zhang R, et al. Tracking differentiator design for the robust backstepping control of a flexible air-breathing hypersonic vehicle[J]. Journal of the Franklin Institute, 2015, 352(4): 1739-1765.

[121] Xu B, Zhang Y. Neural discrete back-stepping control of hypersonic flight vehicle with equivalent prediction model[J]. Neurocomputing, 2015, 154: 337-346.

[122] 卜祥伟，吴晓燕，马震，等. 基于状态重构的吸气式高超声速飞行器鲁棒反演控制[J]. 固体火箭技术，2015，38(3)：314-319，355.

[123] Hu X, Wu L, Hu C, et al. Fuzzy guaranteed cost tracking control for a flexible air-breathing hypersonic vehicle[J]. IET Control Theory & Applications, 2012, 6 (9): 1238-1249.

[124] Hu X X, Guo Y, Zhang L X, et al. Fuzzy stable inversion-based output tracking for nonlinear non-minimum phase system and application to FHFVs[J]. Journal of the Franklin Institute, 2015, 352(12): 5529-5550.

[125] Hu X X, Wu L, Hu C H, et al. Dynamic output feedback control of a flexible air-breathing hypersonic vehicle via T-S fuzzy approach[J]. International Journal of Systems Science, 2014, 45(8): 1740-1756.

[126] Luo X, Li J. Fuzzy dynamic characteristic model based attitude control of hypersonic vehicle in gliding phase[J]. Science China Information Sciences, 2011, 54(3):

448-459.

[127] Bu X W, Wu X Y, Huang J Q, et al. A guaranteed transient performance-based adaptive neural control scheme with low-complexity computation for flexible air-breathing hypersonic vehicles[J]. Nonlinear Dynamics, 2016, 84(4): 2175-2194.

[128] Yang F, Yuang R Y, Yi J Q, et al. Direct adaptive type-2 fuzzy neural network control for a generic hypersonic flight vehicle[J]. Soft Computing, 2013, 17: 2053-2064.

[129] Shen Q K, Jiang B, Cocquempot V. Fuzzy logic system-based adaptive fault-tolerant control for near-space vehicle attitude dynamics with actuator faults[J]. IEEE Transactions on Fuzzy Systems, 2013, 31(2): 289-300.

[130] Wang Y H, Zhu L, Wu Q X, et al. Fuzzy approximation by a novel levenberg-marquardt method for two-degree-of-freedom hypersonic flutter model[J]. Journal of Vibration and Acoustics, 2014, 136(044502): 1-6.

[131] Xu B, Gao D X, Wang S X. Adaptive neural control based on HGO for hypersonic flight vehicles[J]. Science China Information Sciences, 2011, 54(3): 511-520.

[132] Xu B, Wang D W, Sun F C, et al. Direct neural discrete control of hypersonic flight vehicle[J]. Nonlinear Dynamics, 2012, 70: 269-278.

[133] Xu B, Wang D W, Sun F C, et al. Direct neural control of hypersonic flight vehicles with prediction model in discrete time[J]. Neurocomputing, 2013, 115: 39-48.

[134] 高道祥，孙增圻，罗熊，等. 基于 Backstepping 的高超声速飞行器模糊自适应控制[J]. 控制理论与应用，2008，25(5)：805-810.

[135] Wang Y F, Jinag C S, Wu Q X. Attitude tracking control for variable structure near space vehicles based on switched nonlinear systems[J]. Chinese Journal of Aeronautics, 2013, 26(1): 186-193.

[136] Xu B. Robust adaptive neural control of flexible hypersonic flight vehicle with dead-zone input nonlinearity[J]. Nonlinear Dynamics, 2015, 80: 1509-1520.

[137] Xu B, Zhang Q, Pan Y P. Neural network based dynamic surface control of hypersonic flight dynamics using small-gain theorem[J]. Neurocomputing, 2016, 173: 690-699.

[138] Xu B, Yang C G, Pan Y P. Global neural dynamic surface tracking control of strict-feedback systems with application to hypersonic flight vehicle[J]. IEEE Transactions on Neural Networks and Learning Systems, 2015, 26(10): 2563-2575.

[139] Bu X W, Wu X Y, Ma Z, et al. Nonsingular direct neural control of air-breathing hypersonic vehicle via back-stepping[J]. Neurocomputing, 2015, 153: 164-173.

[140] Xu B, Fan Y H, Zhang SM. Minimal-learning-parameter technique based adaptive neural control of hypersonic flight dynamics without back-stepping [J]. Neurocomputing, 2015, 164: 201-209.

[141] Bu X W, Wu X Y, Ma Z, et al. Novel adaptive neural control of flexible air-

breathing hypersonic vehicles based on sliding mode differentiator[J]. Chinese Journal of Aeronautics, 2015, 28(4): 1209-1216.

[142] Bu X W, Wu X Y, Huang J Q, et al. Minimal-learning-parameter based simplified adaptive neural back-stepping control of flexible air-breathing hypersonic vehicles without virtual controllers[J]. Neurocomputing, 2016, 175: 816-825.

[143] Bu X W, Wu X Y, Zhang R, et al. A neural approximation based novel back-stepping control scheme for air-breathing hypersonic vehicles with uncertain parameters[J]. Proceedings of the Institution of Mechanical Engineers, Part I: Journal of Systems and Control Engineering, 2016, 230(3): 231-243.

[144] 李静，左斌，段洣毅. 输入受限的吸气式高超声速飞行器自适应 Terminal 滑模控制[J]. 航空学报，2012，33(2)：220-233.

[145] Bu X W, Wu X Y, Wei D Z, et al. Neural-approximation-based robust adaptive control of flexible air-breathing hypersonic vehicles with parametric uncertainties and control input constraints[J]. Information Sciences, 2016, 346: 29-43.

[146] Sun H B, Li S H, Sun C Y. Adaptive fault-tolerant controller design for airbreathing hypersonic vehicle with input saturation[J]. Journal of Systems Engineering and Electronics, 2013, 24(3): 488-499.

[147] Liu Y B, Xiao D B, Lu Y P. Research on advanced flight control methods based on actuator constraints for elastic model of hypersonic vehicle[J]. Proceedings of the Institution of Mechanical Engineers, Part G: Journal of Aerospace Engineering, 2014, 228(9): 1627-1637.

[148] 吴振东，王青，董朝阳，等. 高超声速飞行器多回路抗饱和鲁棒切换控制[J]. 哈尔滨工程大学学报，2013，34(8)：1028-1033，1051.

[149] 王青，吴振东，董朝阳，等. 高超声速飞行器抗饱和鲁棒自适应切换控制[J]. 北京航空航天大学学报，2013，39(11)：1470-1474.

[150] Zong Q, Wang F, Tian B L, et al. Robust adaptive approximate backstepping control of a flexible air-breathing hypersonic vehicle with input constraint and uncertainty[J]. Proceedings of the Institution of Mechanical Engineers, Part I: Journal of Systems and Control Engineering, 2014, 228(7): 521-539.

[151] Chen M, Ren B B, Wu Q X, et al. Anti-disturbance control of hypersonic flight vehicles with input saturation using disturbance observer[J]. Science China Information Sciences, 2015, 58(7): 1-12.

[152] Zong Q, Wang F, Su R, et al. Robust adaptive backstepping tracking control for a flexible air-breathing hypersonic vehicle subject to input constraint[J]. Proceedings of the Institution of Mechanical Engineers, Part G: Journal of Aerospace Engineering, 2015, 229(1): 10-25.

[153] Su X F, Jia Y M. Constrained adaptive tracking and command shaped vibration control of flexible hypersonic vehicles[J]. IET Control Theory & Applications, 2015, 9(12): 1857-1868.

[154] Xu B, Shi Z K, Yang C G, et al. Neural control of hypersonic flight vehicle model via time-scale decomposition with throttle setting constraint [J]. Nonlinear Dynamics, 2013, 73: 1849-1861.

[155] Gao G, Wang J Z. Reference command tracking control for an air-breathing hypersonic vehicle with parametric uncertainties[J]. Journal of the Franklin Institute, 2013, 350: 1155-1188.

[156] Gao G, Wang J Z, Wang X H. Robust tracking control for an air-breathing hypersonic vehicle with input constraints[J]. International Journal of Systems Science, 2014, 45(12): 2466-2479.

[157] Xu B, Huang X Y, Wang D W, et al. Dynamic surface control of constrained hypersonic flight models with parameter estimation and actuator compensation [J]. Asian Journal of Control, 2014, 16(1): 162-174.

[158] Butt W A, Yan L, Kendrick A S. Adaptive integral dynamic surface control of a hypersonic flight vehicle[J]. International Journal of Systems Science, 2015, 46 (10): 1717-1728.

[159] Farrell J, Sharma M, Polycarpou M. Backstepping-based flight control with adaptive function approximation[J]. Journal of Guidance, Control, and Dynamics, 2005, 28 (6): 1089-1102.

[160] Xu B, Wang S X, Gao D X, et al. Command filter based robust nonlinear control of hypersonic aircraft with magnitude constraints on states and actuators [J]. Journal of Intelligent & Robotic Systems, 2014, 73: 233-247.

[161] Zong Q, Wang F, Tian B L, et al. Robust adaptive dynamic surface control design for a flexible air-breathing hypersonic vehicle with input constraints and uncertainty[J]. Nonlinear Dynamics, 2014, 78: 289-315.

[162] Chen M, Ge S S, Ren B B. Adaptive tracking control of uncertain MIMO nonlinear systems with input constraints[J]. Automatica, 2011, 47(3): 452-465.

[163] Bu X W, Wu X Y, Ma Z, et al. Novel auxiliary error compensation design for the adaptive neural control of a constrained flexible air-breathing hypersonic vehicle [J]. Neurocomputing, 2016, 171: 313-324.

[164] Bu X W, Wu X Y, Tian M Y, et al. High-order tracking differentiator based adaptive neural control of a flexible air-breathing hypersonic vehicle subject to actuators constraints[J]. ISA Transactions, 2015, 58: 237-247.

[165] Xu D Z, Jiang B, Liu H T, et al. Decentralized asymptotic fault tolerant control of near space vehicle with high order actuator dynamics[J]. Journal of the Franklin Institute, 2013, 350: 2519-2534.

[166] Hu X X, Karimi H R, Wu L G, et al. Model predictive control-based non-linear fault tolerant control for air-breathing hypersonic vehicles[J]. IET Control Theory & Applications, 2014, 8(13): 1147-1153.

[167] Gao G, Wang J Z. Observer-based fault-tolerant control for an air-breathing hypersonic

vehicle model[J]. Nonlinear Dynamics, 2014, 76: 409-430.

[168] Ji Y H, Zhou H L, Zong Q. Adaptive active fault-tolerant control of generic hypersonic flight vehicles[J]. Proceedings of the Institution of Mechanical Engineers, Part I: Journal of Systems and Control Engineering, 2015, 229(2): 130-138.

[169] Gao G, Wang J Z, Wang X H. Adaptive fault-tolerant control for feedback linearizable systems with an aircraft application [J]. International Journal of Robust and Nonlinear Control, 2015, 25: 1301-1326.

[170] He J J, Qi R Y, Jiang B, et al. Adaptive output feedback fault-tolerant control design for hypersonic flight vehicles[J]. Journal of the Franklin Institute, 2015, 352: 1811-1835.

[171] Yu J, Chen M. Fault tolerant control for near space vehicles with input saturation using disturbance observer and neural networks[J]. Circuits Systems and Signal Processing, 2015, 34: 2091-2107.

[172] Xu B, Guo Y Y, Yuan Y, et al. Fault-tolerant control using command-filtered adaptive backstepping technique: Application to hypersonic longitudinal flight dynamics[J]. International Journal of Adaptive Control and Signal Processing, 2016, 30(4): 553-557.

[173] Gao Z F, Lin J X, Cao T. Robust fault tolerant tracking control design for a linearized hypersonic vehicle with sensor fault[J]. International Journal of Control, Automation, and Systems, 2015, 13(3): 672-679.

[174] Gao H Y, Cai Y L, Chen Z Y, et al. Offset-free output feedback robust model predictive control for a generic hypersonic vehicle [J]. Journal of Aerospace Engineering, 2015, 28(6): 04014147.

[175] Gao H Y, Cai Y L. Nonlinear disturbance observer-based model predictive control for a generic hypersonic vehicle[J]. Proceedings of the Institution of Mechanical Engineers, Part I: Journal of Systems and Control Engineering, 2016, 230(1): 3-12.

[176] Tao X Y, Li N, Li S Y. Multiple model predictive control for large envelope flight of hypersonic vehicle systems[J]. Information Sciences, 2016, 328: 115-126.

[177] Zhang J, Sun T R. Disturbance observer-based sliding manifold predictive control for reentry hypersonic vehicles with multi-constraint [J]. Proceedings of the Institution of Mechanical Engineers, Part G: Journal of Aerospace Engineering, 2016, 230(3): 485-495.

[178] 张天翼，周军，郭建国. 基于干扰观测器的高超声速飞行器预测控制器设计[J]. 航空学报，2014，35(1)：215-222.

[179] Yang J, Zhao Z H, Li S H, et al. Composite predictive flight control for airbreathing hypersonic vehicles[J]. International Journal of Control, 2014, 87(9): 1970-1984.

[180] Pu Z Q, Tan X M, Fan G L, et al. Uncertainty analysis and robust trajectory linearization control of a flexible air-breathing hypersonic vehicle [J]. Acta

Astronautica, 2014, 101: 16-32.

[181] Shao X L, Wang H L. Sliding mode based trajectory linearization control for hypersonic reentry vehicle via extended disturbance observer[J]. ISA Transactions, 2014, 53: 1771-1786.

[182] Shao X L, Wang H L, Zhang H P. Enhanced trajectory linearization control based advanced guidance and control for hypersonic reentry vehicle with multiple disturbances[J]. Aerospace Science and Technology, 2015, 46: 523-536.

[183] Shao X L, Wang H L. Active disturbance rejection based trajectory linearization control for hypersonic reentry vehicle with bounded uncertainties [J]. ISA Transactions, 2015, 54: 27-38.

[184] Wu F, Cai X J. Switching fault-tolerant control of a flexible air-breathing hypersonic vehicle[J]. Proceedings of the Institution of Mechanical Engineers, Part I: Journal of Systems and Control Engineering, 2012, 227(1): 24-38.

[185] Li Z, Zhang Z H, Peng T, et al. Sampled-data switched control for flexible air-breathing hypersonic vehicles [J]. Proceedings of the Institution of Mechanical Engineers, Part I: Journal of Systems and Control Engineering, 2012, 227(1): 110-120.

[186] Bai C, Chen J, Ren Z, et al. Adaptive decoupling control of hypersonic vehicle using fuzzy-neural network observer [J]. Proceedings of the Institution of Mechanical Engineers, Part G: Journal of Aerospace Engineering, 2016, 230(7): 1216-1223.

[187] Zhang Y, Xian B. Continuous nonlinear asymptotic tracking control of an air-breathing hypersonic vehicle with flexible structural dynamics and external disturbances[J]. Nonlinear Dynamics, 2016, 83(1): 867-891.

[188] Sun H F, Yang Z L, Zeng J P. New tracking-control strategy for airbreathing hypersonic vehicles[J]. Journal of Guidance, Control, and Dynamics, 2013, 36(3): 846-859.

[189] Sun H F, Yang Z L, Meng B. Tracking control of a class of non-linear systems with applications to cruise control of air-breathing hypersonic vehicles [J]. International Journal of Control, 2015, 88(5): 885-896.

[190] Bu X W, Wu X Y, Zhu F J, et al. Novel prescribed performance neural control of a flexible air-breathing hypersonic vehicle with unknown initial errors[J]. ISA Transactions, 2015, 59: 149-159.

[191] Bu X W, Wu X Y, Huang J Q, et al. Robust estimation-free prescribed performance backstepping control of air-breathing hypersonic vehicles without affine models[J]. International Journal of Control, 2016, 89(11): 2185-2200.

[192] Zhu G Q, Liu J K. Neural network-based adaptive backstepping control for hypersonic flight vehicles with prescribed tracking performance[J]. Mathematical Problems in Engineering, 2015, 591789: 1-10.

[193] 闫立冰. 高超声速飞行器的鲁棒跟踪控制[D]. 沈阳：东北大学，2012.

[194] 华如豪，叶正寅. 吸气式高超声速飞行器多学科动力学建模[J]. 航空学报，2015，36(1)：346-356.

[195] 卜祥伟，吴晓燕，马震，等. 改进的反正切跟踪微分器设计[J]. 上海交通大学学报，2015，49(2)：164-168.

[196] 韩京清，王伟. 非线性跟踪—微分器[J]. 系统科学与数学，1994，14(2)：177-183.

[197] Tang Y G, Wu Y X, Wu M P, et al. Nonlinear tracking-differentiator for velocity determination using carrier phase measurements[J]. IEEE Journal of Selected Topics in Signal Processing, 2009, 3(4): 716-725.

[198] Guo B Z, Zhao Z L. Weak convergence of nonlinear high-gain tracking differentiator[J]. IEEE Transactions on Automatic Control, 2013, 58(4): 1074-1080.

[199] 谢云德，龙志强. 高精度快速非线性离散跟踪微分器[J]. 控制理论与应用，2009，26(2)：127-132.

[200] 卜祥伟，吴晓燕，张蕊，等. 双曲正弦非线性跟踪微分器设计[J]. 西安交通大学学报，2015，49(1)：107-111，138.

[201] 赵鹏，姚敏立，陆长捷，等. 高稳快速非线性—线性跟踪微分器[J]. 西安交通大学学报，2011，45(8):43-48.

[202] Levant A. Robust exact differentiation via sliding mode technique[J]. Automatica, 1998, 34(3): 379-384.

[203] Wang X H, Chen Z Q, Yang G. Finite-time-convergent differentiator based on singular perturbation technique[J]. IEEE Transactions on Automatic Control, 2007, 52(9): 1731-1737.

[204] 王新华，刘金琨. 微分器设计与应用—信号滤波与求导[M]. 北京：电子工业出版社，2010.

[205] Qi G Y, Chen Z Q, Yuan Z Z. New tracking-differentiator design and analysis of its stability and convergence[J]. Journal of Systems Engineering and Electronics, 2004, 15(4): 780-787.

[206] Chen W H. A nonlinear disturbance observer for robotic manipulators[J]. IEEE Transactions on Automatic Control, 2000, 47(4): 932-938.

[207] Chen W H. Nonlinear disturbance observer-enhanced dynamic inversion control of missiles[J]. Journal of Guidance, Control, and Dynamics, 2003, 26(1): 161-166.

[208] 黄喜元，王青，董朝阳. 基于 Backstepping 的高超声速飞行器鲁棒自适应控制[J]. 系统工程与电子技术，2011，23(6)：1321-1326.

[209] Bu X W, Wu X Y, He G J, et al. Novel adaptive neural control design for a constrained flexible air-breathing hypersonic vehicle based on actuator compensation[J]. Acta Astronautica, 2016, 120: 75-86.

[210] 胡寿松. 自动控制原理[M]. 5 版. 北京：科学出版社，2007.

[211] Sanner R, Slotine J. Gaussian networks for direct adaptive control[J]. IEEE Transactions on Neural Networks, 1992, 3(6): 837-863.

[212] 刘金琨. RBF 神经网络自适应控制 MATLAB 仿真[M]. 北京：清华大学出版社，2014.

[213] Wang H Q, Liu X P, Liu K F, et al. Adaptive neural control for a general class of purefeedback stochastic nonlinear systems [J]. Neurocomputing, 2014, 135: 348-356.

[214] Park J H, Huh S H, Kim S H, et al. Direct adaptive controller for nonaffine nonlinear systems using self-structuring neural networks[J]. IEEE Transactions on Neural Networks, 2005, 16(2): 414-422.

[215] Calise A J, Hovakimyan N, Idan M. Adaptive output feedback control of nonlinear systems using neural networks[J]. Automatica, 2001, 37 (1): 1201-1211.

[216] Khalil H. Nonlinear systems-third edition[M].New York: Prentice Hall, 2002.

[217] Bechlioulis C P, Rovithakis G A. Robust adaptive control of feedback linearizable MIMO nonlinear systems with prescribed performance[J]. IEEE Transactions on Automatic Control, 2008, 53(9): 2090-2099.

[218] 胡云安，耿宝亮，盖俊峰. 初始误差未知的不确定系统预设性能反演控制[J]. 华中科技大学学报(自然科学版)，2014，42(8)：43-47.

[219] 耿宝亮，胡云安. 控制方向未知的不确定系统预设性能自适应神经网络反演控制[J]. 控制理论与应用，2014，31(3)：397-403.

[220] Hu Y A, Li H Y, Huang H. Prescribed performance-based backstepping design for synchronization of cross-strict feedback hyperchaotic systems with uncertainties [J]. Nonlinear Dynamics, 2014, 76: 103-113.

[221] Sontag E D. Mathematical control theory[M].London, UK: Springer, 1998.

[222] Bechlioulis C P, Rovithakis G A. A low-complexity global approximation-free control scheme with prescribed performance for unknown pure feedback systems [J]. Automatica, 2014, 50: 1217-1226.